蜗牛壳里的世界

大灭绝时代的
蜗牛故事

A WORLD IN A SHELL
Snail Stories for a Time of Extinctions

[澳] 托姆·凡·多伦 / 著
Thom van Dooren
肖永贺 / 译

中国科学技术出版社
·北 京·

A world in a shell: snail stories for a time of extinctions by Thom van Dooren, ISBN: 9780262047029

北京市版权局著作权合同登记　图字：01-2024-0648

图书在版编目（CIP）数据

蜗牛壳里的世界：大灭绝时代的蜗牛故事 /（澳）托姆·凡·多伦著；肖永贺译 . -- 北京：中国科学技术出版社，2025. 2. -- ISBN 978-7-5236-1014-5

Ⅰ . Q959.212-49

中国国家版本馆 CIP 数据核字第 2024EK5403 号

策划编辑	刘　畅　宋竹青
责任编辑	刘　畅
版式设计	蚂蚁设计
封面设计	东合社
责任校对	焦　宁
责任印制	李晓霖

出　　版	中国科学技术出版社
发　　行	中国科学技术出版社有限公司
地　　址	北京市海淀区中关村南大街 16 号
邮　　编	100081
发行电话	010-62173865
传　　真	010-62173081
网　　址	http://www.cspbooks.com.cn

开　　本	880mm × 1230mm　1/32
字　　数	219 千字
印　　张	9.5
版　　次	2025 年 2 月第 1 版
印　　次	2025 年 2 月第 1 次印刷
印　　刷	北京盛通印刷股份有限公司
书　　号	ISBN 978-7-5236-1014-5 / Q · 284
定　　价	69.00 元

致艾米莉（Emily）

本书所讲述的故事都源自夏威夷群岛的陆地、天空和海洋。感谢这些岛屿上的先民卡纳卡毛利人（Kānaka Maoli），感谢他们祖祖辈辈与这个地方的紧密联系，感谢他们一直以来为阿罗哈岛（aloha‘āina）所做的不懈努力。

目录

导言
探寻者：寻找蜗牛之旅

我们脚踏着泥土路，沿着夏威夷欧胡岛（O‘ahu）蜿蜒的岩石山脊前行。狭窄的小路两旁长满了各种迎风招展的植物，其中最引人注目的是姹紫嫣红的桃金娘花。如果我们在 100 年前，甚至在 50 年前走过这条路，这些树枝上还会有另一番色彩斑斓的景象，那就是树蜗牛“卡胡利”（kāhuli）。在这样的高地森林中，曾经到处都是色彩鲜艳的蜗牛，一棵树上可能就生活着数百只蜗牛。与我们大多数人更熟悉的食叶花园物种不同，这些蜗牛不会伤害它们的植物宿主。相反，它们的食物是树叶表面薄薄的一层真菌和其他微生物。当蜗牛夜间在树枝间穿梭时，它们会边走边吃掉这些食物。

但是，这里再也找不到这些蜗牛了。我们走过的这片土地上，已经没有了曾经以这里为家的大多数物种。尽管如此，我们还是踏上了寻找蜗牛之旅。

我的向导是两位自然保护主义者，戴夫·西斯科（Dave Sischo）和库帕·阿希（Kupa‘a Hee）。更准确地说，是我跟随着他们进行这次例行旅行，前往怀阿奈山脉（Wai‘anae mountain range）中少数几个还能找到蜗牛的地方。事实上，这也是夏威夷群岛上为数不多可以发现大量蜗牛的地方之一。经过大约 1 个小时的步行，穿过蜿蜒崎岖、泥泞不堪的地带，我们终于到达了目的地。森林通向一片空地，在我们面前矗立着一道齐肩高的绿色金属栅栏：帕利克（Palikea）围栏区。

围栏环绕着的约 1 600 平方米的植被地，是珍稀蜗牛的避难所。之所以称其为“围栏”（exclosure）而非“围墙”（enclosure），是因为它的主要功能不是把这里的蜗牛困在里面，而是把其他捕食者拒之门外。具体而言，建造围栏的目的是将许多跟随人类来到这些岛屿的蜗牛的天敌拒之门外，这些天敌包括大鼠、杰克逊变色龙，以及最可怕的玫瑰狼蜗牛（*Euglandina rosea*）——这是一种肉食性蜗牛，能以毁灭性的效率追踪和捕食当地物种。

这个围栏区是预防蜗牛灭绝计划［Snail Extinction Prevention Program（SEPP）］的重要组成部分，该计划是夏威夷州政府与由戴夫领导的美国鱼类和野生动物管理局之间的合作项目。目前在整个欧胡岛共有 9 个这样的围栏区，主要集中在怀阿奈山脉，还有 2 个围栏区正处于规划和建设阶段。此外，其他一些岛屿也在建立围栏区，其中 2 个围栏区已在拉纳伊岛（Lāna‘i）建成，1 个在毛伊岛（Maui）建成（还有 2 个正在开发中）。许多围栏区是与美国陆军合作建造并管理的，这是美国陆军履行法律义务的一部分，以抵消军事行动对环境的持续影响。除了这些围栏区域，预防蜗牛灭绝计划还在实验室里圈养了一系列濒危蜗牛物种。所谓的“实验室”其实是一辆大型拖车，里面装有类似冰箱的“环境室”，可以说是蜗牛们的“生存方舟”。然而，可悲的现实是，即使有了这些不同的设施，预防蜗牛灭绝计划也只能保护一小部分夏威夷濒危蜗牛。随着时间的推移，将有越来越多的物种需要保护。

简单地说，夏威夷蜗牛所面临的形势非常严峻。交谈中，戴夫和他的同事描述了一场即将迅速发展的大规模危机。这些岛屿曾经是地球上蜗牛种类最丰富的地方之一，有成百上千种形状、颜色、大小各异的独特物种。然而，据说其中近三分之二的物种已经灭绝，且大部分是在过去100多年里灭绝的。同样令人担忧的是，在这些幸存下来的物种中，大多数都面临着同样的命运。戴夫估计，目前有多达50个物种濒临灭绝，除非在未来几年内发生重大变化，改善它们的处境，否则这些物种就会消失，或者只能在某个圈养空间中存活。

面对这场不断升级的危机，预防蜗牛灭绝计划团队正在进行戴夫所称的"疏散"（evacuation）工作，拼命寻找最后残存的蜗牛物种，并将它们带离危险地带。夏威夷主岛大部分地区地形崎岖，因此这项工作经常需要长途徒步，如果无法徒步，就需要通过直升机进入偏远地区。过去，保护主义者只从这些种群中取了少量蜗牛作为后备，其余则留在森林中。但在过去几年里，情况迅速恶化。戴夫解释道，在这段时间里，他目睹了大约15个以前很强大的种群完全消失，每个种群都有数百只蜗牛。有些是其品种中已知的最后一个野生种群，比如里拉小玛瑙螺（*Achatinella lila*），这种蜗牛的壳有黄色、绿色和最深的桃花心木棕色等多种颜色。因此，尽管最初并不情愿，但预防蜗牛灭绝计划团队现在会把他们能找到的每一只蜗牛都抓出来，小心翼翼地装进容器里，然后把它们带进实验室或围栏区。该团队表示："我们这么做是想在为时已晚之前把它们从危险中解救出来。"

夏威夷群岛蜗牛种群数量减少的原因复杂多样。夏威夷蜗牛目前面临的最大威胁是天敌——变色龙、大鼠和肉食性蜗牛，而森林围栏区就是为了保护它们免受这些天敌的威胁。正如戴夫向我解释的那样，玫瑰狼蜗牛是许多当地蜗牛物种目前面临的最大威胁："它们是最可怕的天敌，不幸的是，玫瑰狼蜗牛已经进入了最高等级的森林保护区，而那里是这些蜗牛最后的庇护所。玫瑰狼蜗牛正在吞噬一切。"

这些影响是在长时间的蜗牛灭绝史之后出现的。问题的关键在于岛上森林的大面积消失。在某种程度上，这一过程始于大约 1 000 年前波利尼西亚人（Polynesian）的到来。[1] 他们砍伐森林，为种植芋头、红薯和其他农业植物腾出空间，以维持人类的生活。与此同时，他们带来的大鼠——种子和果实的贪婪消费者——被认为是显著改变岛屿森林生态环境的"罪魁祸首"。

18 世纪末，欧洲探险家到来后，这些影响急剧扩大。他们引入的奶牛和山羊等动物遍布整个岛屿，严重破坏了林下植被。从 19 世纪中叶开始，欧洲人和此时已永久定居的美国人推动了大规模的土地改造进程。在这一过程中，大片森林被砍伐，为牧场和种植园腾出空地；从 20 世纪开始，又为旅游、城市和军事发展开辟了道路。

本书中的大部分故事都发生在欧胡岛，那里的情况尤其糟糕。正如生物学家萨姆·奥胡·贡（Sam ʻOhu Gon）和卡维卡·温特（Kawika Winter）所总结的那样："欧胡岛 85% 的原生土地已经完全消失，只在岛上最高的山峰上留下了少量残余。这些土地曾经是多种生态系统和独特物种的家园。"[2]

西方人的到来也拉开了采集蜗牛壳热潮的序幕。从 19 世纪 20 年代开始，人们以惊人的规模收集蜗牛壳，并在 19 世纪后半叶达到了真正的狂热。数以百万计的活蜗牛被私人收藏为标本，其中许多标本的数量远远超过了 10 000 枚。来自夏威夷境外的采集兴趣进一步推动了这一收藏热潮，因为世界各地的博物馆和博物学家都想获得自己的标本。

如今，气候变化的影响又使这一困难局面雪上加霜，整个群岛的降雨和气温模式都发生了变化，而人们对这些变化还不甚了解。然而，模拟结果表明，我们可以预期天气将普遍变得更加炎热和干燥，这对依赖水分的蜗牛来说可不是什么好兆头。

不过，在帕利克围栏区内，蜗牛们看起来过得很好。一小群白色和棕色相间的鼬鼠小玛瑙螺（*Achatinella mustelina*）聚集在树干和树枝上，其他稀有的地栖蜗牛正在腐烂的树叶中穿行，比如美丽的血红薄板蜗牛[①]，其红橙色的外壳上有一系列独特的闪电般的条纹，从壳的顶端一直延伸到孔口。围栏内脆弱的“生命气泡”是经过精心打造和照料的，这儿现在是 4 个极度濒危的蜗牛物种的家园。但在围栏外，情况却在继续恶化。这些物种中的许多根本不可能恢复或复原，至少目前是这样。戴夫解释道：“在未来十年里，我们这个项目的作用只是防止物种灭绝……我们就像

① 血红薄板蜗牛（*Laminella sanguinea*）的外观特征较为独特，壳呈圆锥形，通常直径为 15~25 毫米，颜色多样，从浅黄色到深棕色不等，最显著的特征是壳上有鲜红色或暗红色的螺旋纹路，因此得名血红薄板蜗牛。——译者注

在救生艇上站岗。”

几天后，我来到了位于檀香山的毕夏普博物馆[①]（The Bernice Pauahi Bishop Museum），这里的橱柜收藏着令人难以置信的蜗牛壳。每打开一个抽屉，我们都会发现新的奇迹。细心观察蜗牛壳的颜色、形状和大小的变化，结果总是令人惊奇。在一个抽屉里，我们看到了精致的、半透明的林地琼脂蜗牛[②]；在另一个抽屉里，我们看到了库明纽科螺[③]的灰色锥形壳；在其他抽屉里，我们还看到了粗糙薄板蜗牛[④]细小的斑马条纹壳，这些壳完全长成

---

① 毕夏普博物馆是夏威夷最大的博物馆，致力于研究和保存夏威夷及太平洋史。1889年，美国商人、慈善家查理斯·瑞德·毕夏普（Charles Reed Bishop）为纪念亡妻，在夏威夷首府火奴鲁鲁（又称檀香山）西郊创建了一座综合性博物馆，即毕夏普博物馆。他的妻子伯尼斯·佩萨赫·毕夏普公主（Bernice Pauahi Bishop）是卡美哈美哈王朝（Kamehameha Dynasty）最后一位合法继承人，这座博物馆就以她的名字命名。该博物馆是欧胡岛最具历史意义的场所之一，收藏了数百万件手工艺品，还有关于夏威夷和其他波利尼西亚文化的文字资料及照片。——译者注

② 林地琼脂蜗牛（*Succinea lumbalis*）的壳呈半透明或淡黄色，形状略呈圆锥状，通常有凹槽和纵向皱褶。它们喜欢食用腐殖质和植物碎屑，因此在湿地生态系统中扮演着重要的分解者的角色。——译者注

③ 库明纽科螺（*Newcombia cumingi*），俗称纽科螺树蜗牛，是一种陆生蜗牛，属于肺式腹足纲腹足类动物，隶属于纽科螺属。该物种分布在美国夏威夷群岛，属于当地特有的蜗牛物种。——译者注

④ 粗糙薄板蜗牛（*Laminella aspera*）属于陆生腹足纲物种，它具有粗糙的外壳表面和明显的螺旋形纹路，通常栖息在树木、岩石或枯叶等环境中。——译者注

后长度不过几毫米，却有着复杂的花纹。我们还发现了体型较大的夏威夷小玛瑙螺属[1]树蜗牛五颜六色的壳，有的壳上有带状条纹，有的壳上的图案则让人联想到花呢或龟甲。一个抽屉接着一个抽屉，一个橱柜接着一个橱柜，一排接着一排，我们在博物馆的收藏中穿梭，最终只看到了极少部分的蜗牛壳。

我的导游是诺丽·杨（Nori Yeung），她是蜗牛壳收藏馆的馆长，这里的蜗牛壳大多来自夏威夷群岛和太平洋地区。我请诺丽带我参观这些藏品，并向我介绍它们的历史和意义。在很大程度上，我只是想试着去了解这些岛屿上曾经发现的蜗牛的多样性。可悲的现实是，这些物种中有许多已经消失或极为罕见，现在只有去博物馆才能看到。

但是看着橱柜里的空壳并不能真正捕捉到蜗牛的多样性。一只体型巨大、色彩鲜艳的蜗牛在森林里穿过潮湿的树叶，它的外壳在移动过程中闪闪发光，令人目眩。蜗牛死后留下的外壳很快就会失去光泽和颜色，因为这些色泽大部分都存在于蜗牛壳表面一层薄薄的活层中：角质层[2]。博物馆中的许多蜗牛壳仍然非常美

---

① 小玛瑙螺属蜗牛（*Achatinella*）是一类色彩、花纹多变的树蜗牛，分布在太平洋地区的夏威夷群岛。它们是夏威夷特有的物种，很多种类已经濒临灭绝或已经灭绝。由于人类活动对栖息地的破坏、入侵物种和气候变化的影响，小玛瑙螺属蜗牛面临着严重的威胁，受到《濒危野生动植物国际贸易公约》（*Convention on International Trade in Endangered Species of Wild Fauna and Flora*）保护。——译者注

② 蜗牛壳一般可分为三层，最外一层为角质层，中间为棱柱层，又称“壳层”，内层为珍珠层，或称“壳底”。——译者注

丽，但参观这些橱柜需要大量的想象力，随着时间的流逝，只有想象力足够丰富，才能看到这些生物自己的世界。

那天我见到的所有蜗牛壳中，尖塔蜗牛①（*Carelia turricula*）的外壳最引人注目。这种地栖蜗牛被认为是夏威夷群岛上发现的最大的蜗牛。它们那高大的圆锥形外壳，紫色和棕色色调各异，装满了好几个抽屉。我看到的一些成年蜗牛壳大约有5厘米长，但也有报道说它们的壳只有这个长度的一半。这种蜗牛曾在考艾岛（The Island of Kaua‘i）广泛分布。博物学家戴维·鲍德温（David Baldwin）在1887年撰文称，他发现了含有大量蜗牛壳的冲积层，并推测在不远的过去这些蜗牛壳一定“非常充足”。[3]即使在他那个时代，这种蜗牛壳也很罕见；如今，博物馆橱柜里的这些蜗牛壳是该物种遗留世间的一部分。

那天，当我俯视尖塔蜗牛的外壳时，它们显得如此巨大而笨拙。我试着想象一只蜗牛在地面上移动时，身后伸出一个8厘米长的狭窄突起。然后，我又试着想象满地都是这些非凡生物的景象。我向诺丽询问这些蜗牛的情况，她带着同样的好奇回答道：“如果能看到它们活着爬行的样子，那一定非常令人惊奇。”但我怎么努力也想象不出那种景象。

在夏威夷众多的生物珍宝中，蜗牛是一种不为人知的珍宝。

---

① 尖塔蜗牛是一种已灭绝的小型陆生蜗牛，这种蜗牛的外形特征为高亮、尖锐的螺塔和纺锤形的螺壳，通常呈紫色或棕色。——译者注

虽然蜗牛遍布世界各地——事实上，它们栖息在南极洲以外的每一块大陆和群岛岛屿上——但很少有其他地方的蜗牛像夏威夷岛链中的蜗牛一样种类繁多。迄今为止，分类学家已经确认了750多种夏威夷陆地蜗牛，但它们的实际数量可能要高得多，在1 000种左右。即使只有750种，这些狭小的岛屿上曾经生活着的蜗牛物种数量大约也占到了整个北美洲大陆的三分之二，而北美洲大陆的面积却大约是这些岛屿的1 700倍。更重要的是，几乎所有的蜗牛物种——超过99%——都是这些岛屿的特有物种，只有在这里才能找到。[4] 不管怎么说，夏威夷对蜗牛来说都是一个非凡的地方。

这些物种可以被粗略地分为两类：树蜗牛和地蜗牛，以它们的主要栖息地和食物来区分。这些蜗牛的大小、颜色和形状千差万别，但没有一种蜗牛像大多数人想象的那样过着啃食树叶的生活，它们吃的是有生命的植物，比如花园里嫩嫩的莴苣。在世界其他地方也有肉食性蜗牛，它们主要以其他动物为食。在被人类引入夏威夷之前，这些蜗牛并不属于夏威夷群岛的蜗牛种群。相反，夏威夷的树蜗牛生活在树枝间，吃树叶表面薄薄的一层真菌和其他微生物，用它们像砂纸一样的弧齿（实际上是长着数百颗小牙齿的舌头）把收获的食物刮进嘴里。相比之下，地蜗牛一生都生活在落叶层中，它们用自己特化的桡骨吃枯死和腐烂的植物，最终将其回收到土壤中。

树蜗牛中，欧胡岛特有的夏威夷小玛瑙螺属蜗牛一直吸引着许多人。这些蜗牛的壳完全长成后大约有2厘米长，有各种颜色：绿色、黄色和红色，其中许多带有螺旋、条纹、漩涡和其他图案。19 世纪的历史记录告诉我们，这些蜗牛在过去不仅很常见，而且数量繁多。它们密密麻麻地挂在树上，就像一串串葡萄；它们在潮湿的森林中闪闪发光，就像“活宝石”[5]。夏威夷小玛瑙螺属蜗牛曾经有 41 种。如今，这类蜗牛只剩下 9 种，而且都处于极度濒危状态。

夏威夷的地栖蜗牛也受到了类似的影响。这些物种中许多都是微小的棕色生物，在森林地面上几乎看不到。有一些则色彩鲜艳，引人注目，如带有闪电条纹的血红薄板蜗牛或螺旋纹蜗牛（*Amastra spirizona*），其美丽的棕色圆锥形外壳上环绕着一条浅色的螺旋带。这两个物种所属的同纹螺科（Amastridae）曾经是群岛上最大的科，至少有 325 个物种，现在据说只剩下 23 个物种了。

夏威夷蜗牛惊人的灭绝速度是全球大趋势的一部分。我们正生活在地球第六次生物大灭绝的过程中，世界各地的物种正在大规模消失。当然，物种灭绝是不可避免的事实，随着时间的推移，所有物种最终都会像恐龙一样灭绝。但在我们这个时代，物种灭绝的速度却越来越快——有研究认为，物种灭绝的实际速度比正常灭绝速度快 100 到 1 000 倍。[6]

在所有事件中，蜗牛面临的危险尤为严重。这一事实通常并不为人所知，甚至在自然资源保护主义者中也是如此。蜗牛似乎总是不能引起人们的关注。然而，根据世界自然保护联盟［the International Union for Conservation of Nature（IUCN）］的数据（IUCN 的工作就是保存这些物种的官方名单），全世界有记录的腹足纲动物灭绝的数量比所有鸟类和哺乳动物灭绝的数量总和还要多。[7] 事实上，许多其他岛屿的物种也经历了高损失率，这是一种世界性的现象。夏威夷大学的生物学家罗伯特·考伊（Robert Cowie）撰写了大量关于物种灭绝的文章，他简要地进行了总结："无论是从总数还是从其全球多样性的比例来看，腹足纲动物都是受影响最严重的物种之一。"

"腹足纲"（Gastropoda）一词由博物学家乔治·居维叶（Georges Cuvier）于1797年创造，该词在他的母语法语中是"Gastéropodes"。这个名字将希腊语中的"胃"和"足"的意思结合在一起，为这些靠肚子行走的生物提供了一个简单的参照。[8] 居维叶为我们提供了这一命名法，这一点很奇怪。毕竟，正是他向现代科学和西方世界介绍了物种可能灭绝的概念。[9] 仅仅200多年后的今天，物种灭绝已经成为再真实不过的事实。居维叶对科学的另一项贡献——腹足纲动物——已经成为物种灭绝过程中最重要的体现之一。

事实上，腹足纲动物的实际情况比官方记录要糟糕得多。这些记录只能涵盖地球生物多样性的一小部分，我们没有可靠的数据来了解每个物种的状况。事实上，科学界只鉴定并正式描述（而不是评估）了地球上的一小部分物种，只有20%左右。[10] 虽然鸟类和哺乳动物在大多数情况下都得到了很好的保护，但昆虫、蜗牛等无脊椎动物却没有得到同样多的关注。更重要的是，无脊椎动物的数量非常多，有人认为，无脊椎动物约占动物王国的99%。

因此，尽管《世界自然保护联盟濒危物种红色名录》在过去500年中收录了约900例各类动物灭绝的案例，但实际数字无疑要高得多。同样，这份名单很可能只收录了很多大型哺乳动物和鸟类的灭绝案例，绝大多数无脊椎动物的灭绝案例却没有包括在内。考虑到它们的数量之多，再加上研究的不均衡性和世界自然保护联盟对证据的严格要求，这意味着大多数已知的无脊椎动物物种最终都被归类为“数据不充分”——这还不包括我们甚至还没有发现的无脊椎动物物种，更不用说对其进行正式评估了。

基于此，世界自然保护联盟只正式记录了过去 500 年中全球 267 起腹足纲动物灭绝事件。显然，这其中遗漏了很多。所有专家都认为，仅在夏威夷，蜗牛灭绝的数量就比这个数字还要多。在最近的一项研究中，考伊和他的同事对全世界腹足纲动物的灭绝情况进行了所谓的“更现实但不那么严格的评估”，他们发现了近 1 000 种已知或极有可能灭绝的蜗牛。不过，研究人员指出，他们的研究结果有很大的偏差，因为他们只能评估有资料可查的物种。他们的最佳估计是，这一时期腹足纲动物灭绝的实际数量为 3 000~5 100 种。[11]

即使在全球蜗牛普遍减少的背景下，夏威夷的情况也十分严峻。这些岛屿曾经拥有特别丰富的蜗牛资源，现在却成为受蜗牛种群减少影响最严重的地区之一。诺丽和她的搭档肯·海斯（Ken Hayes，也在毕夏普博物馆工作）对这些岛屿的蜗牛进行了最全面的调查。他们在茂密的森林中工作，这里人迹罕至，因此很难对小蜗牛的存在与否做出明确的判断，更何况有些小蜗牛成年后只有几毫米大。尽管如此，根据博物馆收藏的大量历史调查资料和在整个岛链上数千小时的实地考察，他们估计大约有 450 个物种已经消失。[12] 这些物种的消失大多发生在过去 100 年左右，许多 20 世纪 30 年代初在实地调查中发现的物种现在已不见踪迹。[13]

同样令人担忧的是，诺丽和肯的初步调查显示，剩下的 300 个物种正面临着巨大的麻烦。其中有 100 多个物种处于“极度濒危”状态——其野外已知种群减少到只剩 1 个，还有 120 个物种只剩下两三个种群。他们的研究表明，只有 11 个物种可以归为“稳定物种”。[14] 基于这些数据，夏威夷蜗牛正在经历着不为人知的大规模灭绝，这一说法似乎不无道理。

然而，尽管这种令人难以置信的物种灭绝事件仍在持续，在剩余的 300 多个物种中，仅有 12 个物种被正式列为濒危物种，受到联邦《濒危物种法》[*Endangered Species Act*（ESA）] 的保护。所有上榜的都是体型更大、颜色更鲜艳的树蜗牛。[15] 至于其他物种，就像世界各地的无脊椎动物一样，人们根本没有对它们进行长期、深入的研究，而这却是列入濒危物种名录的要求之一。

在过去的几十年里，用于夏威夷蜗牛保护的资金虽然在缓慢增长，但正如戴夫所说，“现有的资金对于我们需要完成的事业而言并不充足”。全美国乃至全世界的蜗牛保护工作都面临着资金不足的问题，而夏威夷的蜗牛还面临着地理位置和分类学偏见的双重挑战。美国近三分之一的濒危物种分布在夏威夷群岛，然而，夏威夷获得的联邦濒危物种专项资金还不到 10%。[16] 与此同时，用于无脊椎动物保护的资金普遍相对不足。诺丽和肯在最近发表的一篇论文中指出，2015 年，哺乳动物和鸟类等列入名录的脊椎动物平均每种可以获得 200 万美元的联邦资助，而无脊椎动物获得的资助约为这一数字的 6%。[17] 换句话说，夏威夷濒危无脊椎动物的处境尤为艰难。

尽管面临这些巨大的挑战，我们必须有所作为。简而言之，我们当前十年的所作所为将决定夏威夷蜗牛的命运。虽然许多物种已经灭绝，许多幸存下来的物种数量也已锐减，以至于它们现在开始一个接着一个地迅速消失，不过，至少还有一些物种可以存活下来。然而，要做到这一点，需要我们齐心协力。这意味着我们要学会以新的方式来看待并珍视蜗牛。

除了美丽的蝴蝶和聪明的章鱼，无脊椎动物的形象都是一个问题。可悲的是，它们和我们都不能轻易地忽视这个问题，因为这会带来严重的后果。生物学家蒂莫西·纽（Timothy New）曾描述过一场“无脊椎动物保护危机”，其根源在很大程度上就在于这种普遍的不良舆论，即“公众对无脊椎动物的偏见”。[18] 因此，在关于生物多样性丧失的公开讨论中，无数爬行、蠕动、嗡嗡作响和振翅飞舞的物种的灭绝在很大程度上被忽视，甚至有人对此感到庆幸。例如，第一版《濒危物种法》甚至不包括无脊椎动物。因此，虽然大象、老虎和鲸鱼等有魅力的动物种群的减少经常成为头条新闻——这并不是说我们为这些物种所做的已经足够——但在我们周围，一个更安静的系统性灭绝过程正在无情地进行着，许多无脊椎动物还没有被人类注意到就从世界上消失了。

我必须承认，在开始撰写这本书之前，我并没有对蜗牛或其他大多数无脊椎动物进行过深入的研究。但在过去的几年里，我确信，如果我们花时间去了解它们，就会发现它们是非凡的存在。它们有自己独特的故事、联系和意义。不管我们对这些物种毫不关心还是认为它们有利可图，它们都是绝不该被抹杀的物种。许多无脊椎动物还是我们和整个世界赖以生存的重要生态功能的核心，它们是分解者、授粉者、种子传播者、养分循环者。用生物学家爱德华·威尔逊（Edward Wilson）那句令人难忘的话来说，它们是“掌管世界的小东西”。[19]

在撰写这本书的过程中，我与许多人进行了交谈，他们对本书的主题感到惊讶，并且还有些困惑。许多人问我为何花时间来写这个题材，难道没有更重要的自然问题值得关注吗？指导我写这本书的坚定信念是，学会观察和欣赏无脊椎动物是我们这个时代的一项重要任务，也是当前我们应对大规模物种灭绝的一个至关重要但却备受忽视的问题。我们不能只关心那些吸引我们眼球、容易亲近或有魅力的物种。我们需要培养更广阔、更有探究精神的欣赏模式，将我们带入由各种生物组成的广阔且错综复杂的网络中。这些生物共同构成了我们的世界。蜗牛为我们提供了一种解决这些问题的方法。我希望通过这本书，蜗牛也能为其他人提供这样的机会。

大雨倾盆而下，敲打在我们头顶的铁皮屋顶上，宛如响亮的

鼓声。我和科迪·普奥·帕塔（Cody Pueo Pata）坐在帕帕哈纳库奥拉的一个小凉棚里，这是位于欧胡岛向风一侧的一个教育基地，教学以夏威夷生存技能和知识为基础。普奥是一名草裙舞老师，他以传统的形式教授草裙舞，这种传统形式植根于对土地和居住在这片土地上众多神灵的研究和尊重。

我邀请普奥与我见面来谈谈蜗牛，以及蜗牛以何种方式与这些岛屿上的先民卡纳卡毛利人的生活和文化交织在一起。普奥首先告诉我，在传统故事中，蜗牛“经常陪伴着我们的森林女神”。他接着解释说：“人们相信蜗牛会发出鸣叫。当这些女神出现时，她们被鸟儿和鸣叫着的‘卡胡利’所包围，也就是生长在森林中的不同种类的‘pū pū’，或者说蜗牛。”但他问道：“当环境中不再有这些东西时，是否意味着阿库娅（神灵）也不存在了？”随着这么多蜗牛的消失，普奥想知道森林是否变得不再适合神灵居住。

在提出这个棘手的问题时，普奥提到了圣歌中与蜗牛有关的最突出主题之一：蜗牛在森林中歌唱。事实上，除了夏威夷语中的“卡胡利”这个名字外，陆地蜗牛的另一个常见名字是“pū pū-kani-oe”，字面意思是“外壳发出的声音听起来很悠长”。但在关于它们的故事中，蜗牛并不是在任何时候都会唱歌。相反，蜗牛的歌声寓意深远，通常来说，这是一种迹象，表明在经历了一系列冒险、变化或动荡之后，一切又恢复了平静，一切都是正义、正确和美好的。[20]

本书为这个物种灭绝的时代提供了一系列蜗牛的故事。本书

立足于这样一种认识，即讲述关于物种灭绝和生物多样性丧失的故事是一项至关重要的任务。这些故事可以丰富和促进我们对特定物种灭绝的影响和原因的理解，让我们承认灭绝事实并且为之哀悼；这些故事还可以改变我们，把我们带入新的世界，让我们意识到世界的复杂性，懂得欣赏和承担责任。[21]

在讲述蜗牛故事的过程中，本书旨在培养读者对这些动物的欣赏以及对其种群减少的危害的认识：将我们引入它们非凡的微小世界，然后走出去，广泛了解蜗牛，创造并与他人分享关于这些世界的多种方式。这本书讲述的是蜗牛感知和解释世界的方式，从它们以黏液为中心的导航，到它们的社交和繁殖倾向；人类将它们带到这些岛屿的漫长旅程；它们参与的学习和知识创造的历史及持续实践；它们与卡纳卡毛利人的亲密关系，这不仅表现在吟唱、歌曲和故事中，也表现在为土地和文化而进行的持续斗争中。简而言之，这本书讲述了盘踞在每一个小蜗牛壳中的世界。

这本书在关注这些岛屿及其蜗牛特殊性的同时，也关注着世界面临的更大的生物多样性丧失问题。本书的另一个核心是：在这个特定的时间和地点关注蜗牛，将会如何帮助我们重新思考并以不同的方式应对不断升级的物种灭绝危机。

在探讨这一问题时，本书借鉴了自然科学和人文科学的研究成果。本书与其他许多关于物种灭绝的书籍有一个重要区别，后者往往由生物学家或花大量时间与生物学家交谈的记者撰写。这并非没有道理，毕竟，这些科学家显然是这一领域的专家。但是，尽管生物学家的见解是本书的重要组成部分——我在书中也深入阐述了这些见解——但它们并不是唯一可以讲述的故事。这些叙述往往忽略了其他复杂的人际关系，而这些人际关系与物种灭绝息息相关。要深入探讨这些问题，还需要与其他相关领域的人交谈，并涉及不同的文化、历史和哲学问题。

我是一位受过培训的环境哲学家，但从我职业生涯的一开始，我就热衷于实地调查：采访当地人，与他们一起旅行、观察和学习。[22] 在过去的 15 年里，我的研究和写作主要集中在物种灭绝问题上，并致力于更好地理解为什么在我们这个时代，关注动植物种群的消失如此重要，并通过讲述我收集到的故事，让我们与这些复杂的物种灭绝过程相遇。

在本书的研究过程中，我走进森林和山区，寻找各种奇妙的蜗牛；走进实验室，努力保护和繁殖蜗牛，并更好地了解它们的生活和需求；走进博物馆，参观蜗牛壳和历史记录，它们同时影响着我们对过去的了解，并指导着我们今天的保护行动；沿着岩石海岸线，寻找古老的贝壳、过去生活和环境的档案。不过，更重要的是，我花了很多时间在客厅和办公室里与一系列人交谈，倾听他们的心声，了解夏威夷蜗牛及其消失对他们意味着什么。

我坚定地认为，不存在单一的物种灭绝现象。每个物种都会以自己特有的方式离开这个世界，对当地的生活和风景产生独特的影响。这个时代需要更多的故事，更多的声音来分享、挑战、理解、见证，并最终对我们周围正在发生的持续损失负责。

这项工作的一个关键部分是学会把灭绝看作一个过程，并将其叙述为一个过程，而不仅仅是一个发生在大自然“外面”的环境问题，好像与人类生活有着某种程度的隔阂。灭绝也以不同的方式牵涉到我们所有人。我在本书中讲述的故事强调了夏威夷蜗牛的消失是如何与全球化、殖民化、军事化、气候变化等更大的事件进程交织在一起的。

通过这种方式，本书在吸收了科普和自然写作元素的同时，旨在挑战和扩展这些体裁。在大多数情况下，人类往往以两种主要的形式出现在有关物种灭绝的科普作品中：要么以个体或群体保护主义者的形式出现，与物种的消失抗争，通常是英勇地抗争；要么以无定形的、具有威胁性的“人类”的形式出现，他们的行为以某种方式造成了物种的消失。但是，如果我们仔细观察，实际情况总是更加错综复杂。在这些故事中，我们没有看到不同的族群以多样的、不平等的方式遭遇灭绝，也没有看到那些应该对造成特定灭绝负责的政治、经济和文化生活系统。对这些动态的关注凸显了环境破坏与特定的历史、持续的暴力以及剥夺事件是多么密不可分。[23]

近年来，从科学讨论到画廊展览，我们已经进入了一个新的地质时代，即人类世（the Anthropocene），这一概念在全球范围内引起了关注。根据这一观点，人类活动在塑造地球环境方面发挥着越来越重要的作用，包括对气候、生物多样性、氮循环等的影响。从某种程度上来说，这种观点是有益的，它让人们注意到人类当代破坏的规模。但正如许多学者所指出的，“人类世论”可能会掩盖人类社区之间的重大差异，以及人类社区应对环境变化和环境变化升级的特殊方式。[24]关注这种差异意味着要打破关于“人类”和“人为灭绝”的叙事。

在探究导致夏威夷蜗牛消失的主要原因时，我们发现其大都是人类生活的特殊形式造成的，蜗牛的消失过程也是攫取、占有和创造财富的过程。[25]

19 世纪和 20 世纪清理出的绝大多数蜗牛栖息地都曾被大规模的甘蔗种植园和菠萝种植园或养牛场占用，其中大部分早先还曾被人类砍伐，以获取出口到全球市场的檀香木和其他珍贵木材。正是为了保护农作物（尽管计划和执行不力），当地居民于 20 世纪 50 年代引入了玫瑰狼蜗牛，把它作为更早引入的非洲大蜗牛的生物控制剂。[26] 一直到今天，美国军方都对蜗牛及其栖息地产生着重大影响，因为他们经常炸毁这些岛屿上大片生物多样性丰富的土地，作为训练基地。

这些故事不仅仅是关于“人类”的，而是关于特定的人、地点和过程的。了解这种复杂性对于理解物种灭绝的方式和原因至关重要。

许多同样的过程对卡纳卡毛利人产生了重大影响。牧场和军事基地占用了蜗牛的栖息地，也吞噬了他们的传统土地。19 世纪对蜗牛生活的调查和记录，以其自身的方式，成为夏威夷君主制被推翻、夏威夷群岛成为美国领土和其下一个州的更大的定居和侵占过程的一部分。在夏威夷，卡纳卡学者乔纳森·凯·卡玛卡维沃莱·奥索里奥（Jonathan Kay Kamakawiwo‘ole Osorio）认为，尽管当地人一致反对被殖民，但“殖民主义从字面上和形象上将人民（lāhui）从他们的传统、土地以及最终的政府中肢解出来”。[27]

离开这个大背景，夏威夷蜗牛衰落的故事就讲不清楚了。对于沿袭了蜗牛故事的人们来说，蜗牛种群的减少意味着什么？当森林里不再有蜗牛的时候，这些故事以及它们所承载的知识和意义会变成什么？卡纳卡人与土地和文化的联系会受到怎样的进一步挑战？蜗牛世界的毁灭与卡纳卡毛利人有着千丝万缕的联系。[28] 但抵抗、保护和创造未来共同生活可能性的过程也是如此。正如我们将要看到的那样，至少在夏威夷和太平洋地区的一些地方，原住民和蜗牛正在进行重要的团结实践——站在同一条战线上，与科学家、律师和其他相关人士一起——保护他们的土地免受军队和其他人的破坏。

本书中所讲述的蜗牛故事试图以自己的微薄之力，让人们正视历史、现在和未来。故事（Moʻolelo）是夏威夷生活和文化的核心。正如泰·卡维卡·滕甘（Ty P. Kāwika Tengan）所指出的，卡纳卡毛利人“总是通过重新记忆和重述故事来创造并重塑自己的身份，尤其是在急剧的变化威胁到他们作为一个民族继续生存的时候”。[29] 这是一部追溯过去的作品，也是一部持续探索、充满活力的作品，一部寻求开放、创造和保护诺埃拉妮·古德耶·卡奥普亚（Noelani Goodyear-Kaʻōpua）所描述的多元本土未来可能性的作品。[30]

物种灭绝以不同和不平等的方式威胁着我们所有人。它威胁着维系我们生存的生态系统，威胁着赋予我们生命意义和神秘感的文化，而且，在我们许多人对此漠不关心的情况下，物种灭绝也伤害和威胁着我们人类。当物种灭绝重塑生命、景观和可能性时，它迫使我们自问：当物种消失时，我们是谁？我们会成为谁？[31]

如果生活是一幅挂毯，那么解开它，抽出一根线，或者，在这种情况下，抽出一整股线，意味着什么？当这种情况发生时，还有什么会被解开？归根结底，本书是对这些拆解过程，对正在发生的物种灭绝事件的原因、后果和意义的深入探讨。它表明，物种灭绝所造成的缺失并非虚无；相反，它是一种持续的解构，正在以无数种方式波及世界。从这个角度来看，灭绝并不是一个短暂而尖锐的事件，而是一个漫长的过程：许多生物，无论是人类还是非人类，都必须在这个空间里生存。好的故事能帮助我们看到这些波澜起伏的过程，并为之负责。同时，这些故事也为我们开辟了通往其他方向的道路，创造了抵抗和恢复的新机会。

从这个角度来看，本书所详述的保护工作虽然至关重要，但显然还不够。我们需要更广泛的变革。[32] 然而，为了实现这些目标，我真诚地认为，我们需要更全面地了解我们身边正在消失的各种形式的动植物，以及它们的消失对我们的影响有多大。本书中的故事正是在寻求培养人们的这种认识。

正如夏威夷语著名学者普阿凯亚·诺格迈尔（Puakea Nogelmeier）在提到一首传统吟诵诗时对我说的那样，本书是在努力“倾听树蜗牛的声音”。这是一种放慢脚步，倾听和分享故事的努力，这些故事可能会在创造更好的生活可能性方面发挥一些微小的作用。

我低头看着一只蜗牛，它的名字是乔治（George），孤零零地躺在塑料盒里。在它娇小的身躯周围，有一些本地植物，它们被精心地组合在一起，既为蜗牛提供了食物，又让蜗牛仿佛看到了它的祖先和亲戚曾经生活过的树林。但是，现在这里已经找不到其他蜗牛了。事实上，在任何地方都找不到它们。经过十多年在欧胡岛科奥劳山脉（Ko‘olau Range）森林中的搜寻，研究人员现在确信，这只独特的蜗牛是该物种仅存的个体。近十年前，乔治就在这个房间里出生，并被圈养起来，成为同类的化身。数百万年的进化史浓缩在它脆弱的身体里：无数只蜗牛在树枝间穿梭，寻找食物、栖息地或同伴，一代又一代美丽而黏糊糊的生命在树上延续。这一切都将随着乔治的死亡而终结。

在我们周围，矗立着六个看起来很像旧冰箱的环境室，里面嗡嗡作响。顾名思义，这些环境室的功能就是再现环境条件（主要是温度和湿度），以适应特定的居住者。每个环境室都装满了各种各样的塑料容器，大多数环境室都养着同一个物种的多只蜗牛，有成年蜗牛，也有幼年蜗牛。其中一些种群欣欣向荣，繁殖速度几乎无法控制，但其他许多种群却在大幅衰退，迅速朝着与乔治的同类物种——夏威夷金顶树蜗牛（*Achatiella apexfulva*）相同的方向发展。

这是我第一次接触夏威夷的蜗牛。这发生在 2013 年，也就是我开始写这本书的几年前。这次访问给我留下了深刻的印象，从很多方面来说，这本书是与乔治邂逅的产物。我们的会面是在檀香山夏威夷大学马诺阿校区的一个小房间里进行的。那是在预防蜗牛灭绝计划协会成立前几年，当时唯一的蜗牛人工繁殖设施就是迈克·哈德菲尔德（Mike Hadfield）在 20 世纪 80 年代中期以微薄的预算建立的这个空间。当时我正在夏威夷，研究岛上许多濒临灭绝的鸟类，一位共同的朋友唐娜·哈拉维（Donna Haraway）使我与迈克取得了联系。迈克主动提出带我参观蜗牛实验室，我欣然接受了这个提议。

在我开始写这本书的这些年里，我有更多的时间与蜗牛为伴，也有更多的时间与那些热心关注蜗牛及其未来的人们在一起。在此期间，我又遇到了乔治几次。每一次，我都体验到了与“濒临灭绝”的蜗牛相遇时的那种深深的悲痛和绝望。“濒临灭绝”指的是同类中最后的个体。

2019 年 1 月 1 日凌晨，乔治“去世”了。随着这只小蜗牛一起消失的还有夏威夷金顶树蜗这一物种。该物种曾广泛分布于科奥劳山脉中北部。它在 19 世纪被广泛采集，是第一个被授予林奈学名的夏威夷陆地蜗牛——“金顶树蜗”指的是许多成年蜗牛特有的黄色尖壳。它也是第一个以传统夏威夷花环的形式被带到欧洲的物种。[33]

然而，在乔治出生时，这种蜗牛已经非常罕见了。1997 年，十只这样的蜗牛被带到实验室。当时，夏威夷金顶树蜗牛才被重新发现，人们一直以为它属于已经消失的大约四分之三的蜗牛物种。这些“俘虏”生下了几只小蜗牛，科学家通常称它们为“keiki”（夏威夷语中对孩子的称呼）。乔治就是其中之一。然而，在 2010 年前后，实验室里出现了死亡潮，据说是由病原体引起的。该物种的所有其他蜗牛，包括成年蜗牛和小蜗牛，都被杀死了。乔治在与世隔绝中度过了生命中的最后六年，先是在我们相遇的夏威夷大学的设施中，然后是在 2016 年由蜗牛灭绝预防计划建立的后续实验室中。

乔治“去世”后，“他”立即成了“名人”。作为 2019 年的第一个灭绝者，“他”登上了美国乃至世界各地的头条新闻，包括

《卫报》(*the Guardian*)、《纽约时报》(*the New York Times*)、《科学美国人》(*Scientific American*) 和《赫芬顿邮报》(*the Huffington Post*),《大西洋月刊》(*the Atlantic*) 甚至发表了一篇有关乔治的专题文章。(在这些报道中，乔治一般被称为“他”，尽管它像世界上大多数陆地蜗牛一样是雌雄同体。)

乔治生前经常引起人们的关注，各种文章和像我这样的访客都对它产生了浓厚的兴趣。正如戴夫在讣告中所说，他曾在预防蜗牛灭绝计划的设施里照顾乔治多年，乔治是“夏威夷陆地蜗牛困境的大使”。但在死后，这只小蜗牛的地位急剧上升，至少在短时间内是这样。这种关注与人们普遍对夏威夷群岛蜗牛数量不断减少的现状缺乏兴趣形成了鲜明对比。戴夫承认，媒体对乔治死亡的报道令人震惊。在一封电子邮件中，迈克问我：“谁能想到一只蜗牛的死会引起这么大的轰动？”

乔治的死让我更加清楚地认识到，濒临灭绝者可以是极具魅力的角色——即使它们是蜗牛。不过，这种魅力的本质却很难确定。当然，乔治的故事既引人入胜，也令人不安：它孤独的十年“囚禁生活”吸引着人们；它的死亡似乎让物种灭绝变得可关联、可定位、可叙述。[34] 但是，这位“名人”也有一些令人困扰的地方。

一个多世纪以来，夏威夷的陆地蜗牛一直在大规模消失。我们早就知道它们正在消失：至少从 19 世纪 70 年代起，报纸上就有关于它们消失的报道和讨论。更重要的是，十多年来，乔治是同类蜗牛中的最后一只，在“囚禁”中安静地度过了一生。但是，在早期，我们都没有看到像乔治死后出现的那种关注。

尽管夏威夷蜗牛的困境亟须人们的关注，这种关注可能会带来一些好处，但它终究是昙花一现。大约六个月后，这种关注就完全消失了。即使是乔治的故事，最终也只能唤起人们短暂的关注，而关注点则是一个壮观的悲剧时刻。也许，在我们这个媒体饱和的世界里，这就是我们所能期待的最好结果？

虽然这本书的大部分内容在乔治死亡时已经写好，但它的死亡促使我再次思考这本书想要传达的东西。我们需要学会讲述更复杂、更持久的关于物种灭绝的故事，这比什么都重要。我的观点并不是说我们应该忽视乔治和其他濒危物种，我们欠它们的远不止这些。相反，我的论点是，讲述濒临灭绝的故事本身是不够的。我们需要其他的交流方式，而不是仅仅依靠最后一个个体的魅力来传达利害关系。每一只蜗牛——每一个个体和每一个物种——都有其独特之处，只要我们花时间学会观察它们。濒临灭绝的悲剧不能浓缩为单一的死亡。它是一个更加复杂和漫长的过程，是各种关系、可能性和世界被解开并重塑的过程。本书以乔治的生死悲剧为线索，但并不局限于此，而是努力讲述这类蜗牛的故事，既有支持物种灭绝的故事，也有反对物种灭绝的故事。

第一章 | 漫步者：涂满黏液的世界之旅

当我走下梯子进入围栏区时，我必须承认我有点失望。我天真地想象着这个地方会有许多色彩鲜艳的蜗牛。我们徒步走了大约一个小时到达帕利克围栏区，在此过程中，我的期待感一直在慢慢增加。我参加了预防蜗牛灭绝计划的例行监测和维护之旅，与戴夫一起旅行。虽然我在实验室里已经见过许多濒危的夏威夷小玛瑙螺属蜗牛，这些蜗牛在狭窄的塑料容器里度过自己的一生，但是这一次是我第一次真正在树上遇到树蜗牛。

然而，进入围栏区时，我们一只蜗牛也没看到。乍一看，这个地方和夏威夷森林其他任何一块肥沃之地没什么两样。但戴夫向我保证，这里有很多蜗牛，只是需要一点耐心，并改变自己的观察方式，即要缓慢地移动，仔细地观察，寻找特定树林和其他蜗牛经常出没的一些地方。在戴夫的帮助下，我开始搜寻，看到了许多神奇的蜗牛。和我期待的一样，有许多体型大、外表华丽的树蜗牛，它们白棕色的外壳上嵌着各种各样的图案。但是也有许多不太显眼的陆地蜗牛，它们在我们脚下的腐烂叶子中度过一生。

稍后我将对围栏区中特别的蜗牛物种做更详细的介绍。我将逐个讲述它们的故事，希望这样做能让你们更容易地记住它们微小的形态特征和它们的生活细节。正如我们将看到的，每种蜗牛都有其自身的迷人之处。我将在下文中重点介绍这些蜗牛，不是仅仅关注它们多样的壳，以及那些最直观的多样性，而是尽我所能关注这些物种的现实生活。

在谈论蜗牛时，很多人往往只关注它们的壳，彼得·威廉姆斯（Peter Williams）称之为“安全又不引起反感的部位”。[1] 然而，蜗牛的壳并不是它们最有意思的特征，蜗牛与壳是紧密相连的，壳从受精开始就慢慢形成。我们不应该简单地认为蜗牛生活在壳里，而是应该理解为它们的身体在很大程度上就是由壳组成的。在这里，我想向大家展示的是，蜗牛的壳只是冰山一角，它们的真正魅力在于其他方面。

参观围栏区那天，我被蜗牛的世界深深吸引。当我学着在周围环境中寻找蜗牛，并与戴夫谈论它们的习性和栖息地时，我开始意识到，对于蜗牛如何感知、探路、适应周围环境以及它们实际上是如何生活的，我们都知之甚少。受到在围栏区的经历的鼓舞，我当即决定要弥补我对蜗牛了解的不足，于是我开始阅读大量的相关书籍，采访世界各地顶尖的蜗牛生物学家。我发现黏液在蜗牛的生活中扮演着重要的角色，无论是意料之中还是意料之外的。正如我们将看到的那样，蜗牛的黏液不仅能让它们爬行，还能通过感知自身和其他蜗牛黏液发出的化学信号来构建一个充满意义的世界。

沿着蜗牛留下的银白路径，在本章中我们将探索蜗牛的世界，或者至少试图描绘它们的大致轮廓。正如哲学家布雷特·布坎南（Brett Buchanan）所概述的：“我的目标并不是深入蜗牛的内心，也不是准确地理解这些物种，而是追随蜗牛的踪迹和路径，看看它们能告诉我们些什么——关于它们自己抑或是我们自己。”[2] 夏威夷的蜗牛面临着越来越多的挑战，为了能延续它们的生命，我希望我们能关注它们的黏液，这或许能给它们后代的生存提供些许可能，从而开辟新的保护和欣赏蜗牛之旅。

奇怪又有意思的是，黏液常常遭到唾弃，被人们视为令人讨厌又恶心的东西；事实上，人们对黏液的厌恶似乎导致了很多人不关心蜗牛——至少部分原因是这样的。因此，相同物质可能是通往不同事物的途径。就这方面而言，值得记住的是黏液也具有创造力：它是“黑暗中充满生机的生命物质”。[3]在当代生物学和卡纳卡毛利文化的创世故事中，黏液都是从一开始就存在的。黏液是所有生命的源泉。也许是时候重新认识黏液和它孕育而成的多样化的世界了。正如一首重要的宇宙起源圣歌《库穆里波》（*Kumulipo*）所述：

> 黏液，地球起源之源，
> 造成黑暗的黑暗之源，
> 造成夜晚的夜晚之源。[4]

保护泡沫

那天早上，我在围栏区遇到的第一只蜗牛是我亲自找到的。它个头很小，只有大约 4 毫米长，有一层半透明的薄壳，如果你仔细观察，还能看到壳下的肉体和内脏。它苍白的身体似乎没有更常见的蜗牛那种坚固的外壳，即使是布满裂缝的外壳，也很难分辨出哪里是肉的尽头，哪里是黏液的开始。于是，我饶有兴趣地向戴夫打听，他告诉我：“这种蜗牛是琥珀螺属（*Succinea*）

的。”鉴于我刚刚萌生对黏液的兴趣，他向我介绍了这些蜗牛的常见昵称：“我们亲切地称它为‘帽子里的黏液’。”

这只蜗牛和我当天遇到的其他蜗牛一样，栖息在森林中的一个小保护泡里。得益于卓有成效的防护围栏，它能够阻止捕食者的入侵。大鼠和变色龙被阻挡在外：大部分情况下，栅栏顶端的弧形边缘就能起到作用。捕食者要想越过栅栏，就必须抓住湿滑的表面，同时倒立着移动。围栏周围有一大片空地，就像护城河一样，可以防止这些动物利用附近的树枝作为桥梁，而地下的围栏则可以防止它们在下面挖地道。在围栏内持续监控并投放诱饵，目的是消灭任何试图通过这一复杂通道的大鼠或变色龙。

然而，要把肉食性玫瑰狼蜗牛挡在围栏之外，则复杂得多。不过，经过多年的试验和反复摸索，我们终于制造出了一系列错综复杂的障碍物，这些障碍物在大多数情况下都行之有效。当玫瑰狼蜗牛爬上围栏外侧时，它首先会遇到角形障碍物，这是一个从表面向下突出的金属凸缘，内部有一个锐角。当玫瑰狼蜗牛向前爬行时，它的壳最终会撞上金属，使蜗牛停止前进。这项相对基本的技术是由蜗牛养殖者开发和改进的，目的是将蜗牛挡在特定区域内，而不是让其逃出去。该技术充分利用了蜗牛不能向后移动的特性，这是蜗牛以黏液为动力的特殊运动方式，也是蜗牛众多奇特之处之一。

不过，如果我们的蜗牛想方设法爬上并越过这个障碍物，它就会遇到切割网屏障，这是一个大约十厘米宽的小架子，与主围栏成直角。架子的底部铺有带刺的网眼布。玫瑰狼蜗牛必须倒立着爬过这一表面，要在如此小的表面积上保持足够的附着力是非常困难的，大多数蜗牛都会掉下来。

然而，如果一些蜗牛真的成功越过了第二道障碍，它还会遇到第三道障碍：电屏障。在这里，它必须穿过几根电线，这些电线在太阳能电池的驱动下会不断产生低压电荷。这种电荷并不致命，但它所产生的冲击力足以让蜗牛收缩身体，从而失去控制，摔向地面。

帕利克围栏区的障碍物给蜗牛捕食者带来了强大的阻碍。这些障碍物是 20 多年试验和改进的产物。夏威夷的第一个围栏由州政府于 1998 年建造，位于帕利克以北约 15 千米处的帕霍尔自然保护区（The Pahole Natural Area Reserve）内。迈克结束在法属波利尼西亚的莫奥里亚岛（Mo‘orea）之旅后，将建造围栏保护区的想法带回了夏威夷。迈克在 20 世纪 90 年代中期访问了该岛，并对濒临灭绝的帕图螺属蜗牛（Partula snails）产生了浓厚的兴趣。伦敦动物学会的保罗·皮尔斯-凯利（Paul Pearce-Kelly）和其他工作人员最近建立了一个小型围栏区，以保护这些蜗牛免受 20 世纪 70 年代引入的玫瑰狼蜗牛的侵害。莫奥里亚人建的围栏很低，迈克回忆说："你可以从上面跨过去。"不过，由于这些围栏得到了积极的维护，最终似乎还是起到了作用。

第一个夏威夷蜗牛围栏保护区的建立，是为了解决小玛瑙螺属蜗牛少数残存物种的困境。艾伦·哈特（Alan Hart）根据他在全岛范围内进行的历时五年半的独立调查，提交了一份申请，最终这些蜗牛于 1981 年被列入《濒危物种法》。在该属的 41 个公认物种中，哈特只找到了 19 个，他认为所有这些物种都是稀有的或极其稀有的（目前仅有 9 个物种存活）。[5] 其他一些个人和组织也根据列名程序提交了材料，其中包括迈克。迈克报告了他于 1974 年开始的对鼬鼠小玛瑙螺种群的首次深入研究结果，包括研究种群随着狼蜗牛进入该地区而迅速灭绝的情况。

20 世纪 90 年代末，自小玛瑙螺属蜗牛被列入名录以来已经过去了近 20 年，但它们的处境每况愈下。尽管迈克和同事们在夏威夷大学马诺阿分校建立的人工饲养实验室已经成为其中一些物种的小种群家园，但它们在岛上森林中的数量仍在逐步下降。迈克说服州政府，只要稍加改动，建设围栏保护区的方法也许能帮助这些蜗牛存活更长的时间。

第一个夏威夷蜗牛围栏保护区是最基础的。围栏由波纹金属板制成，上沿有一个小顶棚，顶棚下有一个装满粗海盐的水槽，食肉蜗牛无法越过这个槽。为了确保万无一失，他们还安装了一个由太阳能电池板供电的双线电屏障。虽然因雨水进入水槽而产生的高盐度水最终腐蚀了金属围栏，并在屏障上造成了孔洞，但它在足够长的时间内运作良好，这让我们确信这种保护方法可能是夏威夷蜗牛的现实选择。竣工后，迈克告诉我："我们看着蜗牛从周围的树上消失，但值得庆幸的是，围栏区里面的蜗牛种群依然存在。"

此后的几年中，夏威夷群岛共建造了 12 个蜗牛围栏保护区，目前还有 4 个围栏保护区正处于不同的规划和建设阶段。其中一些设施由州政府出资建造，另一些设施由美国鱼类和野生动物管理局出资建造，但大多数设施是由美国陆军建造的，以履行军队的法律责任，保护其土地上的濒危物种（第五章将进一步讨论）。陆军在这一领域的工作主要由欧胡岛陆军自然资源计划（O‘ahu Army Natural Resources Program）负责。如今，分布在欧胡岛的各种蜗牛围栏保护区由蜗牛灭绝预防计划或欧胡岛陆军自然资源计划负责管理和运营，或由其联合管理和运营。

无论谁在技术上负责某个特定地点，这两个组织都会密切合作，经常共享资源和专业知识以及蜗牛种群：一个团队发现的种群如果放在另一个团队管理的围栏区或实验室中会生存得更好，这些蜗牛种群就经常会被转移。虽然到目前为止，军队拥有建造大部分围栏保护区的资源，但随着预防蜗牛灭绝计划致力于在欧胡岛和毛伊岛建造更多这样的保护区，平衡正在发生变化，毛伊岛的公认蜗牛物种数量仅次于欧胡岛，其中包括许多被认为受到类似威胁但直到最近才被发现的物种。[6]

在我们参观帕利克围栏区的那天，戴夫还有一项额外的工作，那就是手工修剪一片约 3 平方米的入侵草地，以寻找狼蜗牛的踪迹。尽管人们为保护围栏区免受这些捕食者的侵害做出了种种努力，但它们仍有可能进入围栏保护区。因此，蜗牛预防灭绝计划团队在监测过程中需要时刻保持警惕。我主动要求提供帮助，于是也加入了这项工作。在大约一个小时的时间里，我们手脚并用，用小镰刀割草。每割一把草，连同留在地上的草墩，都必须检查是否有活的狼蜗牛或它们的外壳，以及更细微的痕迹，如它们的黏液痕迹或卵［戴夫向我描述说，蜗牛卵看起来很像

“嘀嗒糖”（Tic Tacs），也是亮白色的，形状又细又长]。幸运的是，那天我们没有发现令人不安的迹象。据我们所知，帕利克围栏区已经有好几年没有发现蜗牛捕食者了。

在最初建立帕利克围栏区的时候，这样艰苦的检查工作要在草丛、灌木丛和树木中日复一日地进行，以清除狼蜗牛和它们的卵。与夏威夷其余的蜗牛物种相比，狼蜗牛的体型明显较大，它们粉红色外壳的长度通常在5厘米到7.5厘米之间。即便如此，在植被中也很难发现它们，因此不能保证通过目测就找到所有的狼蜗牛。事实上，戴夫怀疑，多年来偶尔在围栏区里发现的狼蜗牛很可能是一直低调潜伏的狼蜗牛的后代，而不是越过围栏入侵的。因此，最近建造的一些围栏区采用了“焦土”法，除了零星的几棵树，所有植被都会被移除，然后重新种植。当然，这种激进的做法需要数年的恢复时间，然后该地区才有可能适合蜗牛生存。要想让夏威夷蜗牛在森林中生存，找不到简单的解决方案，即使是在精心设计围栏保护区的情况下，这也是一项极其艰巨的工作。

定期监测围栏保护区内的狼蜗牛尤为重要，因为个体很快就会繁殖。与世界上大多数陆地蜗牛物种一样，狼蜗牛也是雌雄同体。一个进入围栏保护区的玫瑰狼蜗牛个体可能在一年内产下数百个卵。这些卵中的每一个都可能长成蜗牛，并在第一年内开始繁殖，产下数百个卵。

这种繁殖能力是蜗牛保护工作所面临挑战的关键部分。与天敌惊人的繁殖力相比，夏威夷的许多蜗牛物种，尤其是较大的树蜗牛，如小玛瑙螺属蜗牛，寿命长且繁殖慢。事实上，这可能是一种轻描淡写的说法。迈克和他的同事们在这一领域进行了首次持续研究，令他们震惊的是，这种蜗牛通常能活 15 年或更长时间，直到 5 岁左右才达到性成熟。当它们开始繁殖时，它们每年都会产下一些活的幼崽，而不是卵簇。[7] 正如迈克为我总结的那样："它们的繁殖生活史更像鸟类或哺乳动物，而不像其他大多数无脊椎动物。"

由此看来，这些较大的树蜗牛很可能是在几乎没有捕食者的环境中长大的。事实上，有一种理论表明，它们甚至可能通过一代又一代的环境适应，非常缓慢地爬到树上，以躲避它们唯一的主要天敌——大型地栖鸟类，这些鸟类现在早已全部灭绝。在没有捕食者的情况下，它们的繁殖速度就会减慢。正如迈克在讨论小玛瑙螺属蜗牛繁殖的具体细节时所说："这种蜗牛的生活史从未被报道过。然而，我们发现这种生活史在夏威夷树蜗牛的一个又一个种群、一个又一个物种中重复出现。"[8]

在这个蜗牛围栏保护区里上演的戏剧很容易让人联想到我们熟悉的故事情节：邪恶的入侵物种破坏了脆弱的本土物种及其生态系统。这些描述有一定的道理，这也是它们如此引人入胜的重要原因。如今，狼蜗牛是导致夏威夷一系列本地蜗牛物种减少的最重要的因素。当然，狼蜗牛只是在做捕食性蜗牛本应做的事情，因为它们是被粗心的人类故意带到这些岛屿上的。

1955 年，负责土地管理的农业部将玫瑰狼蜗牛从佛罗里达州引入夏威夷，这是一项计划不周的举措。当时的想法是，这些捕食性蜗牛可能有助于控制非洲大蜗牛①，现在一些人认为它们是主要的园艺和农业害虫。大约在同一时期，类似的故事在太平洋和世界各地上演，玫瑰狼蜗牛被引入其他一系列岛屿。在夏威夷，就像在许多地方一样，这些引进的玫瑰狼蜗牛不仅没有减少其预定目标的数量，反而使当地物种遭受灭顶之灾。现在，玫瑰狼蜗牛已被认为是太平洋、印度洋和大西洋岛屿上众多蜗牛灭绝的主要原因。[9]

很明显，农业部在评估夏威夷玫瑰狼蜗牛的潜在影响方面所做的研究非常少。事实上，在这一时期还释放了多种其他物种。作为非洲大蜗牛生物控制计划的一部分，在短短 15 年内，共有 19 种蜗牛和 11 种昆虫被带到夏威夷，其中大多数随后被释放到当地环境中。[10] 在此期间，几乎没有进行过任何试验，以了解它们是否能有效地减少预期目标的总体数量。更令人担忧的是，没有证据表明，相关机构对所有这些被带到夏威夷的新蜗牛捕食者的潜在"非目标"影响进行过任何有意义的调查。[11] 对于实施这些计划的人来说，岛屿上令人难以置信的特有蜗牛多样性根本不值得考虑。

事实上，现在看来，这些年来我们一直称之为"玫瑰狼蜗牛"的蜗牛实际上可能是两个不同物种的成员，甚至可能是三个或更多物种的成员。20 世纪 50 年代无法获得的分子证据促使这

① 非洲大蜗牛，又叫褐云玛瑙螺（*Lissachatina fulica*），玛瑙螺科玛瑙螺属，原产于非洲东部沿岸坦桑尼亚、马达加斯加岛一带。野生的非洲大蜗牛壳面为黄色或深黄色，带有焦褐色雾状花纹。——译者注

一新的认识得到证实，这一发现的科学家指出，在（可能的）物种之间也存在明显的形态（物理）差异，这些差异可以通过更仔细的观察而被发现。[12]

显然，“以前被称为玫瑰狼蜗牛的蜗牛”对夏威夷和世界各地的腹足纲动物多样性产生了非常重大的影响。我们不想忽视这一事实，但也必须注意到，在一些物种保护讨论中，人们倾向于把引入物种当作替罪羊，把问题过于狭隘地定位在有害生物的贪婪欲望上。这种简单的理解往往轻易地掩盖了一些人类在这些物种到来的过程中所扮演的角色（通常是由粗心大意和民族主义、经济或政治目的共同驱动的），同时也忽视了栖息地丧失的持续过程，而这些过程往往会扩大新来物种的影响。[13]

正如我们将在本书下文和接下来的章节中看到的，夏威夷蜗牛种群的减少是一个更长、更大、更复杂的故事，而不是一个简单、单一的反派故事。正如生物学家克莱尔·雷格尼耶（Claire Régnier）和她的同事在讨论夏威夷最近的蜗牛灭绝事件时所说：“玫瑰狼蜗牛是这些蜗牛灭绝的主要原因，但这些特有蜗牛的种群已经因为长期的栖息地破坏、过度采集和其他意外引入物种的捕食而不断减少。”[14] 换句话说，正如迈克所指出的那样，玫瑰狼蜗牛是长期以来造成其他影响的“最后一击”。

黏液的世界

我在围栏保护区遇到的第一种较大的树蜗牛是一群约七只的鼬鼠小玛瑙螺，它们在正午的高温下休息。这群蜗牛的外壳大多是白色的，在绿色和棕色的森林中显得格外显眼，但最初吸引我的并不是它们的外壳。这些特别的蜗牛之所以引人注目，是因为它们聚集在一块粉红色荧光塑料胶带上。胶带被绑在一棵大树上，大约到眼睛的高度，以标明这棵树上有蜗牛出没。蜗牛们认为胶带本身就是自己“出壳”的好地方。蜗牛“出壳”的过程是将身体拉入壳内，封住壳的开口。密封层是由一层薄薄的蜗牛黏液（表膜）形成的，这种黏液在壳孔边缘干燥后会变成一种硬胶，可以让蜗牛牢固地附着在外部表面——这里指的是粉红色胶带，这样蜗牛就能保持水分。[15]

当我站在一旁观察这群不活跃的蜗牛时，我发现自己对它们基本上不为人知的日常活动越来越好奇。它们通常会聚集在这条粉红色胶带上吗？当它们在夜间活动时，它们走了多远？如果它们每天早上都回到这个地方，它们是怎么做到的，为什么要这么做？它们聚集成团，与其他蜗牛在一起待一整天，是基于什么样的理解、社会关系和进化需要？

在探讨这些问题时，首先要注意的是，蜗牛所依赖的感知模式与人类（大多数）生活中的感知模式截然不同，蜗牛几乎看不见。这种情况让很多人感到惊讶。毕竟，大多数陆地蜗牛都有着非常明显的眼睛，或者至少有类似眼睛的凸起，这在从蜗牛头部伸出的最上面的触手上很容易察觉到（在腹足纲动物中，它们被称为“触手”，而不是“触角”）。人们认为蜗牛的眼睛主要用来感光，帮助其确定一天中的时间，从而调节昼夜节律。蜗牛充其量只能分辨出暗和亮——鉴于蜗牛主要过着夜行生活，这种情况还算说得过去。除了几乎没有视觉，人们还认为蜗牛在很大程度上是“聋子”。

蜗牛的世界主要是通过化学感知来形成的。人类感官中与其最接近的是人类的嗅觉和味觉，这两种感官都能捕捉到环境中的化学信号。但对于蜗牛来说，这些化学感知能力要精细得多。蜗牛头部的触手上布满了感觉神经元，正是在这里，触手真正发挥了作用。对于大多数陆生蜗牛来说，位于头部较高位置的是两个“上”触手，体积较大，专注于远距离感知；而两个“下”触手则主要用于嗅闻或品尝蜗牛正前方的东西。[16]

对于那些有能力鉴别化学物质的蜗牛来说，这个世界充满了化学线索。蜗牛能捕捉到各种化学物质，但它们自己和其他蜗牛黏糊糊的分泌物本身就是一个特别重要的信息来源。戴夫向我解释说，粉红色胶带上的蜗牛很有可能是通过对黏液的观察，找到它们每天都会回到的地方，生物学家把这个过程称为“归巢”。它们可能是通过嗅闻自己或其他蜗牛过去的运动所留下的黏液轨迹来做到这一点的。事实上，嗅闻这些痕迹是它们下触手的主要任务之一。不过，它们也可以利用自己的上触手来完成这项任务，从远处感知并追踪某个地方累积起来的黏液。[17]戴夫推测，塑料胶带甚至可能比树皮和其他可渗透表面更长久地保留这些化学线索，从而提供一个更坚固、更可靠的蜗牛栖息地（同时也为正在夏眠的蜗牛提供一个良好的密封环境）。

正是通过这条黏糊糊的小路，我开始了解夏威夷蜗牛的迷人生活，以及它们感知和适应世界的方式。然而，当我们开始思考

关于黏液的问题时，第一个问题肯定是：为什么要产生黏液？很多其他生物似乎不需要产生和分泌大量黏液也能生活得很好。关于蜗牛黏液的起源和功能，科学家们有各种各样的说法。从学术角度来讲，它被称为“足腹黏液”，其主要成分是水和微量的碳水化合物-蛋白质复合物，这些复合物是蜗牛黏液特有黏性的原因。[18]正如“足腹”一词的含义，指脚部的东西或与脚有关的东西，人们认为这种黏液最初是为了适应运动而分泌的。不过，它的工作原理不是提供润滑剂，而是提供黏合剂。这种情况绝对有悖于直觉。正如生物学家马克·丹尼（Mark Denny）在一篇经典论文中所言：“只有一只脚的动物怎么能在胶水上行走？”答案似乎在于“足腹黏液不同寻常的机械特性”和蜗牛脚在爬行时的波浪式运动。黏性黏液使蜗牛能够像“材料棘轮”一样使用它的脚向前运动，但阻碍其向后运动。[19]

重要的是，这种黏液也为腹足类动物开辟了一个三维世界。正是凭借黏液的黏附特性，蜗牛才能垂直爬行和倒挂，对于海洋蜗牛来说，它们还能栖息在波涛席卷的环境中。[20]如果没有黏液，有着笨重外壳的蜗牛将生活在一个更加受限的环境里。与此同时，黏液还能让蜗牛在温暖干燥的天气里保持湿润和密封外壳，从而扩大了蜗牛所能栖息的气候环境范围。

人们认为，正是这些可能性（至少最初是这样）导致了这种特殊运动模式的进化。这些优势证明了生产和分泌大量营养丰富的黏液所需的新陈代谢成本是非常高的：事实上是如此之高，以至于丹尼计算出，通过黏液旅行所投入的能量要比其他任何运动方式都要高出一个数量级。[21]有趣的是，蜗牛似乎已经开发出了一种充分利用这种黏液旅行的方法：它们可以重复使用自己和其他蜗牛的足迹，从而大大减少了分泌黏液的需要。[22]

但故事并未就此结束。在腹足纲动物环绕地球前进的大约5.5 亿年里，这种移动的黏液在蜗牛的生活中被赋予了更多的用途和意义。在世界各地的水生和陆生环境中，蜗牛都在同时铺设和读取黏液痕迹。因此，这种黏性物质已经成为蜗牛在时空中导航和感知环境的关键部分。

蜗牛和所有生物——从细菌、植物到人类——一样，都居住在自己特定的意义世界里。每只蜗牛都对环境保持敏感，接收特定的信息并做出反应。这种见解正是 20 世纪初波罗的海生物学家雅各布·冯·乌克斯库尔（Jakob von Uexküll）的重要研究成果的核心，即所谓的"周围世界"（surround-world）。[23] 与强调生物体纯生物物理环境（其栖息地）的生物学研究不同，乌克斯库尔使用这个词的目的是要让我们注意到生物体因其独特的感知和理解方式而占据的截然不同的意义世界。蜗牛能够感知一系列我们无法理解的化学信号，它栖息在一个不同的世界——一个特殊的"周围世界"中，在这个世界里，不同的实体和可能性将会不断涌现。

乌克斯库尔邀请我们想象这些不同的世界，他坚持认为，意义不能像人们通常假设的那样被归结为语言，因此，不仅仅是像人类这样使用语言的物种才能创造和交换意义。从他的角度来看，生活的世界在很大意义上是由生物体通过其特定的体现方式精心打造的：它们的感知模式及其特定的需求、认知、欲望和生活史。虽然我们不可能进入他人的"周围世界"——透过他们的眼睛去看，或者以蜗牛为例，透过它们的触手去闻——但我们可以通过一些蛛丝马迹，更多地了解他们的生活。乌克斯库尔把这些充满想象力的短途旅程称为“涉足”（在德语中为“Streifzuge”）。

就蜗牛而言，黏液踪迹往往是这类研究的重要切入点。几十年来，人们对各种腹足类物种进行了“追踪”科学实验。科学家们在关注蜗牛的黏液时，也在关注蜗牛，从而能够更好地了解蜗牛构建、栖息和相互分享的意义世界。[24]

2017 年，在夏威夷大学马诺阿分校校园内的一个小型实验室里，三名研究人员进行了一项实验，目的是了解当地的几种蜗牛的黏液轨迹。在大约 6 周的时间里，布伦登·霍兰德（Brenden Holland）和两位合作者［乔安妮·尤（Joanne Yew）和玛丽安·古西–勒布朗（Marianne Gousy–Leblanc）］仔细观察了数百只蜗牛的缓慢运动情况。每只蜗牛都被放在一根 Y 形树枝上，并有机会跟随或不跟随先前铺设好的黏液轨迹。实验是这样进行的：每次实验都使用蜗牛最喜欢的寄主植物“桃金娘花”的新鲜树枝，将一只“标记蜗牛”放在 Y 形分叉点附近，让它沿着其中一根或另一根分叉的树枝前进；然后取出这只蜗牛，再把另一只“追踪蜗牛”放回起点。

用来自 6 个地方特有物种的数百只不同年龄的蜗牛不断重复实验，研究人员最终发现了一个明显的模式：一只蜗牛是否跟随另一只蜗牛的踪迹取决于两者之间的关系。如果是不同种类的蜗牛，它们似乎不会刻意跟随：追踪蜗牛看起来是随意选择了两条路径中的任一条。属于同一种群（同种蜗牛）的幼年蜗牛作为标记或追踪者参与实验时，情况也是如此。但是，当观察两只同种成年蜗牛时，追踪蜗牛会一次又一次地选择跟随标记蜗牛。这种情况并非每次都会发生，但在同种成年蜗牛进行的实验中，大约有 78% 的蜗牛选择了跟随。研究人员称这是一个“极具统计学意义”的结果。此外，追踪蜗牛经常不只是选择树枝上的同一个岔口，它还会准确地跟随标记蜗牛的脚步，重复这只蜗牛沿着树枝和绕着树枝盘旋时所走的迂回路线。

为了排除这些追踪蜗牛可能依赖视觉和远距离化学信号进行决策的可能性，研究人员还进行了一项对照研究，将一只静止的蜗牛放在两根分叉树枝中一根的末端。研究结论表明，这并不影响蜗牛的决策。看来，追踪蜗牛完全依靠黏液痕迹本身来决定是否跟随。人们对蜗牛黏液进行了质谱分析，使这一发现得到了进一步的证实，该分析表明成年蜗牛和幼年蜗牛的黏液存在明显差异。在实验过程中，只在成年蜗牛的黏液中发现了特定的信息素。因此，研究人员得出结论，这些信息素很可能是蜗牛交流的关键，能够吸引甚至引诱追踪蜗牛。

我们无法确切地说出蜗牛这种行为的动机是什么。它似乎不太可能纯粹是为了提高上文所述的移动效率。如果是这样的话，那么被追随的蜗牛的种类或年龄就不重要了。当然，蜗牛之间的相互跟随也可能是出于各种原因：也许在缺乏适当信息素的情况下，幼年蜗牛和其他物种的踪迹无法辨别；也许成年同种蜗牛更容易被跟踪，因为它们是更可靠的“食物指南”；也许这取决于一天中的时间以及追踪者的具体需求和倾向。就像哲学家文奇安·德斯普雷特（Vinciane Despret）所言："我认为需要为各种可能性留有余地，而不是急于为物种的某种行为提供解释，这是与其他物种'礼貌'交往的重要部分，最终也是做好科学工作的关键组成部分。"[25] 尽管如此，无论这里发生了什么，寻找配偶繁殖似乎很有可能也是一个重要因素。这种解释与蜗牛优先跟随同类成体的事实相吻合。由于这些蜗牛都是雌雄同体的，因此同种的任何个体都是潜在的繁殖伙伴（重要的是，虽然夏威夷的一些蜗牛物种可能能够自我受精，但这种做法似乎很罕见，或者至少很少被人们观察到）。

为了进一步了解蜗牛和蛞蝓的黏滑习性，我们还对全球各地的蜗牛和蛞蝓物种进行了类似的研究。这些研究记录了有关跟随的一系列其他迷人之处，同时也强化了跟随在寻找配偶过程中发挥作用的假设。在一项研究中，静水椎实螺①会优先跟随潜在的新伴侣，也就是最近没有交配过的蜗牛。[26] 另一项研究发现，蜗牛能够通过黏液踪迹获得关于潜在配偶的重要信息，它们不愿意跟随那些吃不饱或因寄生虫导致不育的个体。[27] 看来，对于懂得鉴别黏液的蜗牛来说，黏液中似乎蕴藏着大量关于其他蜗牛的信息。

---

① 静水椎实螺（*Lymnaea stagnalis*）是肉食性动物，以藻类和其他底栖生物为食。它们通过舔食和吞咽的方式获取食物。在繁殖方面，静水椎实螺是雌雄同体的，可以自我受精。每年的春季和夏季是它们繁殖的主要时期。——译者注

除了这些社会互动，我们还发现黏液也为蜗牛提供了一种空间定位的手段。在粉红色胶带上，那些聚集在一起的鼬鼠小玛瑙螺提醒我们，蜗牛在某些重要方面是“恋家体”。人们通常认为蜗牛时刻“背着家”，就像一个流动的漫步者，可以在任何地方安营扎寨。与此不同的是，大多数蜗牛实际上都与特定的家园紧密相连。在夏威夷，家园通常是蜗牛在夜间长途觅食的目的地以及它们在白天休息的场所。如前所述，蜗牛的黏液也是这种归巢能力的核心所在。蜗牛可能会沿着自己或其他蜗牛的黏液痕迹直接回到家中，也可能会读取较远距离的化学线索，包括家园附近积累的黏液。

夏威夷蜗牛的特殊归巢能力尚未经过实验测试。但是，如果夏威夷蜗牛的归巢能力与其他物种的归巢能力有相似之处，那么它们的归巢能力就非常惊人了。卡尔·埃德尔斯塔姆（Carl Edelstam）和卡琳娜·帕尔默（Carina Palmer）进行了一项经典研究，即让欧洲常见的陆生蜗牛——罗马蜗牛①穿过各种障碍找到回家的路。[28]研究人员想知道：如果把这种蜗牛移到几米远的地方，它们还能回家吗？如果移动 70 米呢？它们会穿过炎热、干燥的砾石和其他不适合的栖息地顺利回家吗？如果把它们收集起来，装在袋子里，在附近城镇的公寓里养几天，然后在离家约 30 米的地方释放，结果会怎么样呢？实验结果出乎意料，在所有这

① 罗马蜗牛（*Helix pomatia*）是欧洲地区最大的蜗牛之一，也是一种可食用蜗牛。它的壳呈螺旋状，一般为黄褐色或茶色。由于其食用价值和生态特性，它也被引入其他地区。——译者注

些情况下，大多数蜗牛一旦被释放，都会迅速朝正确的方向前进回家。

在此后的几年中，对蜗牛归巢行为进行的其他几项研究（主要针对各种水生和陆生腹足纲动物）表明，这种行为非常普遍。因此，我们完全有理由相信，夏威夷蜗牛的归巢行为也是基于同样的能力。

但为什么蜗牛要以这种方式回家呢？从某种程度上说，答案可能很简单。正如埃德尔斯塔姆和帕尔默总结的那样："平均而言，一个生态可塑性很小的生物体在它已经成功生存了一段时间的地区总是会有更大的生存机会。"[29] 一个可靠的栖息地既能躲避捕食者和恶劣天气的侵袭，又能找到合适的食物和接近潜在的配偶。如果蜗牛已经找到了这样一个地方，那它就会坚持下去。其中一些好处可能只是因为这是一个好地方，但在其他情况下，这些好处实际上来自蜗牛的聚集：例如，群居可以降低被捕食者吃掉的风险，还可以帮助蜗牛保持所需的水分。[30]

同样值得注意的是，蜗牛似乎喜欢聚集在一起。[31] 诚然，蜗牛的社交好恶是一个特别难以深入研究的课题，但在过去十年中进行的实验，尤其是威尔士亚伯大学的莎拉·戴尔斯曼（Sarah Dalesman）和加拿大卡尔加里大学的肯·卢科维亚克（Ken Lukowiak）的实验室的研究工作，已经对这一课题有所深入。他们的实验重点是池塘蜗牛的学习和记忆行为。[32] 与其他类似研究一样，这些实验室正在进行的研究发现，蜗牛能够充分了解新的食物或潜在的捕食者，并相应地调整自己的行为。但莎拉和肯还致力于了解影响蜗牛获取和保留新信息能力的社会因素。有趣的是，他们发现蜗牛在圈养或过度拥挤的环境中会产生压力。

虽然我们无法真正了解蜗牛对这种社会压力的感受，但我们知道它会产生负面的新陈代谢和认知变化（如对蜗牛外壳发育和记忆形成的影响）。在过度拥挤的情况下，我们也知道这些影响并不仅仅是蜗牛的身体受到限制的结果。在莎拉和肯共同进行的一项实验中，蜗牛被放置在一个狭窄的空间里，里面有很多空壳，这限制了它们的活动；或者放置了不同种群的蜗牛（同一物种中互不相关的群体）。但这些蜗牛并没有受到同样的影响。显然，这种身体上的限制主要体现在与社会同类挤在一起的活生生的蜗牛身上。有趣的是，正如肯向我解释的那样，黏液似乎也是一种关键的交流媒介，它向蜗牛提供信息，让蜗牛知道谁在它们周围，或者谁不在。莎拉和肯在其他研究中发现，圈养也会诱发社会压力，其机制与过度拥挤相似。[33]

关于所有这些社会互动，我们还有很多不甚了解的地方，但很明显，蜗牛们这些独特的行为具有社会意识。除了关注和学习其他事物，它们还关注（以黏液为媒介的）社会环境，并寻求某些自我安排，而不是其他安排。夏威夷的蜗牛很可能正在这样的社会环境中进行协商和交谈。如果是这样的话，那么这些聚集在粉红色胶带上的蜗牛不仅仅是因为嗅觉、味觉和黏液的能力而聚在一起的，还有可能是因为与同类蜗牛在一起的某种内在需求。

夏威夷森林中发生的黏液故事远不止这些。重要的是，不仅仅是濒危的本地蜗牛在读取和追踪黏液中的线索。事实上，正是

这种能力使玫瑰狼蜗牛成为一种高效、具有毁灭性的捕食者。这些肉食性蜗牛除了能追踪同类的足迹并与之进行交配，还能利用它们来识别和追踪下一顿美餐。布伦登及其同事在 2012 年进行的一项小规模研究表明，玫瑰狼蜗牛利用黏液痕迹追踪夏威夷树蜗牛，里拉小玛瑙螺就是受害者之一。当然，在这项研究中，玫瑰狼蜗牛实际上并没有被允许捕捉和食用濒危蜗牛，但它们显然捕捉到了这些蜗牛的踪迹并进行了追踪。

有趣的是，这项研究还证实了人们长期以来的猜测，即狼蜗牛更喜欢吃夏威夷蜗牛，而不是非洲大蜗牛。在 20 项试验中，有 15 项试验使用了类似的 Y 分支测试，玫瑰狼蜗牛选择追随夏威夷树蜗牛而不是非洲大蜗牛。[34] 大多数蜗牛主要利用下部触手进行追踪，而肉食性玫瑰狼蜗牛则不同，它们还有专门的长唇触手，看起来有点像车把式小胡子。这些长唇触手被认为是它们品尝并鉴别黏液痕迹的主要工具。[35]

虽然玫瑰狼蜗牛能够捕食比自己大的猎物，但夏威夷剩下的所有本地蜗牛物种都比成年玫瑰狼蜗牛小。玫瑰狼蜗牛找到猎物后，会利用另一种特殊的附肢，即口腔内可翻转的长鼻。玫瑰狼蜗牛会用脚抓住猎物，然后用自己的嘴对准另一只蜗牛的壳口。迈克·哈德菲尔德向我解释道：“玫瑰狼蜗牛强行将长鼻伸入猎物的壳内。长鼻的顶端是强有力的下颚、桡骨和强大的消化腺开口。它能在几分钟内撕裂和消化壳内的猎物，并在缩回长鼻的同时吞下猎物。”体型较小的蜗牛通常会被整只吃掉，连壳一起吃掉。事实上，较小的蜗牛似乎是玫瑰狼蜗牛首选的食物，因为它们的外壳可能是重要的钙质来源。[36]

重要的是，玫瑰狼蜗牛能够调整它们的追踪行为，以利用新的猎物。这种情况在夏威夷很常见，当地的蜗牛很快就被新来的食肉动物列入了菜单。但特拉华州立大学的一项研究发现，玫瑰狼蜗牛的适应能力可能比这还要强。玫瑰狼蜗牛似乎只经过一两次试验，就能迅速学会将全新的化学线索与猎物联系起来，并优先跟随这些猎物。[37] 换句话说，玫瑰狼蜗牛是一种高效、适应性强的捕食者。

蜗牛黏液，这种看似毫不起眼的黏液，竟然是蜗牛世界的核心组成部分。关注黏液的故事能让我们更全面地了解这些生物的非凡生活。这样一来，我们将会看到蜗牛本身，正如莎拉·戴尔斯曼简明扼要地对我说的那样，它们不仅仅是“一袋黏液”。它们是居住在“周围世界”中极其丰富的生物，而这个世界实际上是由黏液黏合而成的。黏液以特殊的方式打开了一个三维运动的空间，让蜗牛可以爬到树上，进入不同的环境。从更微妙的意义角度来看，黏液是一个复杂的交流矩阵，构成了蜗牛生活景观的关键元素：熟悉的栖息地、潜在的配偶和家族聚集的目的地。

这种情况提醒我们，动物所居住的可感知世界并不是预先设定的：蜗牛既是感知世界的精心打造者，也是亲身经历者。蜗牛在各种地形中穿梭时，它们会将意义层层叠加到自己和其他蜗牛的世界中。正如诗人加里·斯奈德（Gary Snyder）所言：“所有存在秩序都有自己的文学故事。”[38] 黏液是一种神奇的、创造蜗牛世界的物质。当然，这些蜗牛世界如今也正在被摧毁。至少在某种程度上，它们正在逐步消失。玫瑰狼蜗牛借助它们精巧的长唇触手，能够重新解读和利用这种编织夏威夷蜗牛复杂世界的物质，从而从内部有效地瓦解、摧毁这个世界。

漫步者

我在帕利克围栏保护区遇到的最引人注目的蜗牛物种之一是螺旋纹蜗牛。这种蜗牛有美丽的棕色圆锥形外壳，长约 1.5 厘米，据说目前在其他任何地方都找不到这种蜗牛。它们曾经广泛分布于怀阿奈山脉，但在 2015 年，戴夫和他的团队发现这种蜗牛种群正在消失。他告诉我："它们的数量减少到大约 30 只，到了我们必须把它们全部带走的地步。"

从森林中采集的蜗牛被小心翼翼地装入塑料容器中，然后将其徒步运送到附近的山顶，再由直升机空运出去。最终，这些蜗牛来到了帕利克围栏保护区。但它们并没有被直接放养到围栏区里，而是在围栏内为它们建造了一个约一米大小的方形木箱，木箱的一侧装有铁丝网。与生活在树枝上的树蜗牛（小玛瑙螺属蜗牛）不同，螺旋纹蜗牛是岛上的食腐动物之一，专门吃森林地面上的枯叶和腐烂的树叶。因此，它们的临时居所（木箱）被安置在了地面上，里面有腐烂的树枝和树叶，可以定期为它们补充营养。

第一次见到这些蜗牛时，我以为这些木箱是为了给它们提供额外的保护，以防玫瑰狼蜗牛或老鼠设法越过围栏。但我很快就发现，它的主要功能并不那么引人注目。正如戴夫向我解释的那样："这只是为了让蜗牛们聚集在一起。很多时候，当你移动蜗牛的位置时，它们会四处漫步游荡。因此，我们担心蜗牛数量太少，它们找不到彼此，就会到处乱跑。这是一种控制蜗牛的方法，可以把繁殖的成年蜗牛聚集在一起。”与此同时，箱体侧面的铁丝网还能让新繁殖出来的小蜗牛爬到外面的围栏里。令人欣慰的是，这种方法卓有成效：在我访问的时候，螺旋纹蜗牛的数量有所增加，大约为 150 只。

我们对蜗牛的社会和空间世界是如何在黏液中形成的有了一定的了解，当蜗牛们在一个地方被发现并被转移到另一个地方（有时甚至是几英里[①]之外）时，它们似乎不知道该如何是好，这也许不足为奇。于是，它们开始四散奔逃。迈克总结道：“如果我们移动蜗牛，它们就不会待在原地。所以，正是我们把它们变成了流浪者。”虽然这个箱子发挥着重要作用，因为一小群动物在分散时可能会找不到彼此，但这也是蜗牛世界特有的一项技能，即在新环境中漫步。

不过，螺旋纹蜗牛并不是由于这种漫步行为而受到保护的唯一物种。戴夫解释说：“许多刚被放进围栏保护区的树蜗牛也有这种漫步行为。我们会找到一棵最漂亮的树，然后把它们放到树上。……但我们通过监测发现，这些蜗牛会广泛散布在草地上，最终隐藏到我们通常看不到的植物中。”这种行为令人担忧，一方面是因为减少了蜗牛找到彼此的机会，另一方面是因为蜗牛经常爬到那些看起来不太适合生存的植物中，至少在人类能够评估这类植物的情况下是如此。

---

① 1 英里约等于 1.609 千米。——编者注

这些流浪蜗牛中，有一些是直接从岛上其他地方的森林转移到围栏中放养的，有些则是在实验室中出生并养育了最初几年后转移至此的。无论是哪种情况，它们都经常被转移到数英里之外的陌生地带。在这种情况下，蜗牛可能根本不知道“家”在哪里，因此它们无法朝着那个方向出发。有趣的是，即使在这种情况下，蜗牛似乎也不愿意留在原地。埃德尔斯塔姆和帕尔默在瑞典对罗马蜗牛进行实验时发现，只要有机会，流离失所的蜗牛就会“径直”离开。虽然他们研究中的大多数蜗牛确实是朝着家的方向前进的，但即使是那些并没有朝着家的方向前进的蜗牛，也会果断选择一条回家的路线，永远离开这个陌生的地方。研究人员指出，这种运动与未受干扰的蜗牛形成鲜明对比，后者的情况往往是“看似随意地四处漫步”，但每天都会冒险往返于同一个家。

目前尚不清楚蜗牛直线运动的动机是什么。蜗牛似乎不是朝着某个特定的方向前进，就是在远离某个特定的地方，但我们无法确定情况究竟如何。这些被重新安置的蜗牛是否迷失了方向，逃离了一个混乱的地方？它们是否自信满满地朝家的方向走去，是对是错？也许它们是在探索，沿着直线前进，直到遇到有意义的东西？也许是另一个蜗牛物种的黏液痕迹，把它们吸引到一个现有的世界，让它们开始把自己的黏液痕迹和意义分层？又或者上述所有情况都不是正确答案？不管它们的动机是什么，关键的一点是，迁居的蜗牛往往会很快放弃它们被丢弃的地方。

对于那些在实验室饲养，然后放归围栏保护区的蜗牛来说，这种情况可能更加复杂。像小玛瑙螺属树蜗牛这样生长缓慢的物种，其生命的头 5~7 年都是在放有本地植物枝叶的小型塑料容器中度过的。如第六章所述，这些容器要被消毒，每两周更换一次植被，这样既能给蜗牛提供新鲜食物，又能防止病原体的滋生和传播。戴夫担心，在这样的条件下，幼年蜗牛可能根本就没有学会追踪，甚至没有学会如何在日常生活中充分利用黏液。

很少有研究可以解释这种情况。不过，莎拉和她的同事詹姆斯·里顿（James Liddon）进行的一项研究表明，实验室饲养的蜗牛和从环境中采集的蜗牛在行为上存在差异。他们发现，实验室饲养的蜗牛在被圈养一段时间后，不太可能试图追随其他蜗牛的踪迹。对于这种差异没有明确的解释，但这一发现确实提出了人工圈养可能会改变蜗牛行为的可能性。正如莎拉向我指出的那样，我们虽然早就知道哺乳动物和鸟类的情况是如此，但对于人工圈养对无脊椎动物行为的影响却知之甚少。也许在某些情况下，在围栏保护区中看到的漫步现象在一定程度上是蜗牛成长过程中的产物，导致它们不愿跟随和与其他蜗牛聚集在一起。

“漫步”一词意味着无目的的移动。正如《牛津英语词典》中的描述：“在没有固定路线或目标的情况下四处移动。”我们看到的这些蜗牛很可能是在回家、逃跑，甚至是在探索。戴夫和迈克深知这一点。他们把这些蜗牛描述为“漫步者”，在我看来，他们这么做是在向不可捉摸的事物示意，向我们无法进入或理解的另一个世界——蜗牛们的生存方式和感知方式——的那一部分示意。但这种情况并不意味着我们一无所知。正如我们所看到的，有很多蜗牛故事可以讲述，有更好的和更糟糕的假设及解释，这至少可以为我们提供一种微弱的意义。

同时，这些漫步者也提醒我们，如果我们想在森林中为蜗牛留出一片空地，就必须不断努力，更好地理解蜗牛赋予其世界意义的方式。

随着夏威夷蜗牛保护状况的恶化，它们的意义世界也日益支离破碎。哲学家卡洛·布伦塔瑞（Carlo Brentari）和马修·克鲁鲁（Matthew Chrulew）提请我们注意，灭绝可能是一个破坏生命体“周围世界”的过程。正如布伦塔瑞所说：“保护生物多样性与其说是保护‘动物’，不如说是保护‘周围世界’，即生命在其中展开的符号世界、感知世界和运作世界。”[39]

生活在围栏保护区外的蜗牛，其中许多的种群数量都在减少，也许它们的生存环境也经历了这种恶化，因为它们居住的世界不再那么“黏稠”，创造意义和社会性的途径也越来越少。正如布伦登·霍兰德所指出的，在“复杂的三维树木栖息地”中，蜗牛种群数量的减少使生活和繁殖变得更加困难。由此看来，黏液网络只有在蜗牛达到最低密度时才能真正“发挥作用”。超过这个限度，它们就会崩溃。从某种意义上说，这就是螺旋纹蜗牛面临的问题，但在整个森林中，没有任何蜗牛木箱可以将共享世界连接在一起。

同样，对于那些生活在围栏保护区和实验室内的蜗牛来说，它们眼前的生存需要自然保护者进行更多的干预和干扰，因此蜗牛创造稳定的社会空间以实现聚集和交配的可能性正在遭受破坏。了解这些动态可能对更好地保护蜗牛和与蜗牛共处至关重要。正如布伦登在反思当地蜗牛追随黏液踪迹的研究对保护工作的影响时所言：“关于寻找配偶的详细信息可能对资源管理者有用，特别是在可以控制树栖种群密度的情况下。”[40]

密切关注动物的学习和行为在许多保护项目中仍不常见，尤其是在无脊椎动物保护方面。[41]但是，对动物及其体验世界的关注越多，我们就会发现它们的生活和需求越复杂。正如莎拉所指出的：“一般来说，无脊椎动物的能力远远超出了我们对它们的认识。我们面临的问题之一，就是要学会用正确的方式提出问题，因为它们与我们太不一样了。我们必须换位思考，把自己比作蜗牛或蜜蜂，试着去思考和探索这些问题：动物是如何感知它们的世界的？什么对它们来说是至关重要的？它们会对什么作出反应？如何向它们提出正确的问题？如何问它们类似‘这对你们重要吗’的问题？”

戴夫和他的团队决心找到既能有效地向蜗牛提出这些问题，又不会通过密集的实验对它们的生活造成进一步干扰的方法。为此，他们正在小心翼翼地尝试一些不同的管理方法——改变释放和圈养制度，然后进行监测，看看它们会产生什么影响。当然，安置螺旋纹蜗牛的木箱就是这样一种干预措施。进一步发展这一想法，他们希望为树蜗牛和其他被释放到围栏保护区的蜗牛创造类似的圈养空间。这些空间就是蜗牛被关在木箱里的区域范围。正如戴夫所说：“几乎就像一个小鸟笼，它们将被迫待在里面并形成一个家园。”在几周或几个月的封闭期里，蜗牛可以在自己的世界里创造出黏液的意义。当木箱被拆除时，它们中的大多数可能会选择留在原地。至少这里有生存的希望。

与此同时，戴夫还计划放养一些实验室蜗牛，等它们长大一些的时候。这些幼年蜗牛体型较小，更容易变干。他希望，即使实验室饲养加剧了它们的流浪漫步行为，这些行为也还没有发展得那么强烈。这些对蜗牛管理的细微改变，再加上持续的监测，可能会让研究团队更好地了解这些特殊蜗牛的漫步方式和原因，从而找到办法确保它们的生活不会受到影响。

那天，当我们准备离开帕利克围栏区时，我巡视了一圈，最后看了看这些蜗牛。在这些蜗牛中，有一小群血红薄板蜗牛，这种蜗牛没有被正式列为濒危物种，但专家们普遍认为这种蜗牛已经濒临灭绝。这种蜗牛的壳呈圆锥形，长约 1.5 厘米，颜色鲜红（正如它们的拉丁名所暗示的那样），从顶端到孔口有独特的闪电状花纹。毫无疑问，在夏威夷蜗牛中，血红薄板蜗牛的外壳最具有视觉冲击力。我之所以知道它们那美丽的外壳，是因为戴夫曾告诉过我，后来我又查阅了一些照片。当我在围栏保护区遇到血红薄板蜗牛时，就像世界上其他有幸看到它们的人一样，我认为它们的壳藏在灰褐色的泥土或泥浆下面。但实际上，那是蜗牛自己的排泄物分泌在外壳上。我们不清楚这些蜗牛为什么会采取这种特殊的做法，理论上讲，其原因可能是伪装以躲避捕食者和热调节，但都不是特别有说服力。

凭借其独特的排泄癖好，血红薄板蜗牛提醒我，尽管蜗牛物种之间有许多相似之处，但对于普通人类观察者（包括我自己）来说，每一种蜗牛都是一种独特的生命体。每一种蜗牛都有一种独特的栖息模式，这也是一种蜗牛创造世界的模式。然而，它们正面临着灭绝的危险。除了可能采取的具体保护措施外，我深信这种黏性物质也为关注腹足纲动物创造了新的机会。蜗牛的迷人生活和世界往往被简化为外壳或害虫，因而从人们的视野中消失。但是，如果我们留心观察蜗牛，就会发现它们在追踪，它们在聚集，它们在归巢，它们在了解社会和自然环境的变化，并因此而感到压力重重。总之，蜗牛正在做一些非常了不起的事情。

我指出这一点并不是要暗示蜗牛“和我们一样”。蜗牛和人类并不一样。虽然我们在某些认知和感知能力上可能与蜗牛相同，但在其他方面却大相径庭，甚至有些令人难以置信。相反，以这种方式关注蜗牛的意义在于，尽我们所能，学会从蜗牛自身的角度去理解和欣赏它们。当然，在某种程度上，我们无法摆脱人类中心主义，就像我们无法摆脱人类特有的视觉大脑系统一样，它塑造并制约着我们和我们的经历（尽管其形式有一定的灵活性和多样性）。但是，我们必须承认这一点：**认识论**上不可避免的人类中心主义与**伦理**上更具问题性的人类中心主义之间存在着重要区别。[42]在以人类的必然模式认识和栖息的世界（我的“周围世界”）内，我可以努力为他人腾出空间并欣赏他人。这并不是因为他们和我一样，而是因为他们每个人都有自己独特的生存模式。如此一来，我们就可以避免伊娃·海沃德（Eva Hayward）所描述的“共情与熟悉的可能性错位”这种简单化且错误的做法，从而为重视和欣赏不同形式的，甚至有时是激进的他者性开辟空间。[43]

通过独特的生存模式，这些蜗牛物种中的每一个种群，甚至每一个种群中的每一个个体，都创造了自己的“周围世界”。要了解这种情况，就必须了解物种濒临灭绝悲剧的另一层含义。正如文奇安·德斯普雷特所言：“这是一个在灭绝中消失的世界，世界上每一个生命的每一种感觉都是世界赖以生存和感受自身的一种模式……”[44] 从这一角度出发，我们必须认识到，在当代这个生物多样性急剧减少的时期，正如哲学家艾琳·克里斯特（Eileen Crist）所指出的那样，在破坏物种、栖息地和种群的同时，我们正在删除无数个由“情感、意图、理解、感知、体验”构成的“体验世界”，即通过各种有意识的生命来塑造和装饰的世界——家园。[45]

虽然许多夏威夷蜗牛物种以及它们的世界已经因此而消失，但还有一些物种仍然存在。这些微小的生物仍然在森林中漫步，也许在一个封闭的围栏后面，也许不是。无论如何，它们都在尽自己最大的努力为这些生活景观赋予意义，并从中寻找意义。但在许多地方，随着蜗牛数量的减少，它们的生活和栖息地日益受到干扰和破坏，这种希望一定会变得越来越渺茫。漫步的蜗牛是这一损失过程的象征：一个从其“周围世界”中分离出来的生命体，由于缺少那些将一个地方指定为熟悉家园的标记而变得焦躁不安。尽管这些生命的“周围世界”对我们来说仍有一部分是未知的，但这并不意味着我们不能对它们抱有好奇心和关注。在夏威夷森林中，在那些蜗牛仍然存活的地方，我们还有时间学会为它们留出空间，还有机会在银色小径的网络中学会欣赏它们。

第二章｜漂移者：蜗牛的神秘时空之旅

我们一路稳步前进。布伦登负责开车，我趁机环顾四周。这条路蜿蜒曲折、坎坷不平，我们不畏艰难，只为爬上山。大部分路段四面都是森林。不过，我们偶尔也会经过一片没有树木的地区，那里靠近悬崖边缘，可以看到檀香山一望无垠的郊区和远处的大海。当我们接近坦特拉斯大道时，放眼望去皆是成片的森林，只有一两栋零星的房子点缀在路边。我们要爬的这座山曾被称为“普乌大希亚山”（Pu‘u ‘Ōhi‘a），但现在一般被称为坦特拉斯山（Mount Tantalus）。它位于檀香山以东，是湿润、向风的科奥劳山脉（Ko‘olau Range）的一部分，该山脉形成了一条长长的脊柱，贯穿整个欧胡岛。

我和夏威夷太平洋大学（Hawai‘i Pacific University）的生物学家布伦登一起旅行，他热衷于岛屿保护和生物地理学，对蜗牛特别感兴趣。布伦登主动提出带我去这个地方看一些生活在令人意想不到的环境里的蜗牛。那天是旅行的好日子。当天上午早些时候下过雨，那时还时不时地下着小雨——这是寻找蜗牛的理想天气。到达目的地后，布伦登把车停在路边的草地上。我们在他的两只小狗的陪伴下下了车，沿着泥泞的小路出发了。

一眼就能看出，这不是一片“原始”森林。在我们周围，农民长期耕种遗留下来的植物生长茂盛，这是悠久农业历史的遗产。至少有一部分地区最初可能是由卡纳卡毛利农民

［maka‘āinana[①]（字面意思是“耕种土地的人”）］开垦出来种植农作物的。随着 19 世纪商业农业和种植园的兴起，许多其他物种也来到了这里。现在，我们周围的森林已被野生的作物所占据：印尼肉桂、咖啡、番石榴、鳄梨，偶尔还能看到一棵巨大的老杧果树。森林的大部分林下区域，包括小路两侧，都种满了两种植物：生姜和夜来香。这两种植物都是在过去两个世纪引进的，我们正是要在这两种植物中寻找蜗牛。

我们刚走了大约二十分钟，就在小路边发现了薄壳耳喙螺[②]（*Auriculella diaphana*）。薄壳耳喙螺并不是一种特别引人注目的蜗牛，远不如小玛瑙螺属的树蜗牛。事实上，这些体长只有几毫米、外壳呈斑驳褐色的小东西非常难见到。虽然是下午时分，但在潮湿的天气里，这些大多在夜间活动的动物还是很活跃，正如我们所见，它们缓缓地沿着一片长长的姜叶悄悄前行。

这些蜗牛出现在这片土地上并没有多大意义。简单地说，这不是一个良好的栖息地。除了那些引进的植物不能给它们提供理想的食物来源外，这里还是许多常见的蜗牛捕食者（老鼠、变色龙和玫瑰狼蜗牛）的栖息地。尽管如此，薄壳耳喙螺仍然存在。

---

① “maka‘āinana”在夏威夷语中指的是社群中的普通农民、工人和勤劳的人。这个词在夏威夷语中有着特殊的意义，代表着民众对社区的奉献和对土地的尊重。——译者注

② 这是一种陆地蜗牛，通常生活在潮湿的环境中，常见于树木、岩石和腐殖质堆中。薄壳耳喙螺的壳相对较小，薄而透明，通常呈现为淡褐色或灰色。它们是陆地生态系统中的重要组成部分，有助于维持生态平衡。——译者注

事实上，至少相对于夏威夷的许多其他蜗牛来说，它们似乎过得还不错。不过，尽管薄壳耳喙螺可能还剩下数千只，但它们现在只局限于这一小块地方。根据20世纪初的调查，布伦登试图量化这类蜗牛数量的下降情况。该物种曾分布在约36平方千米的区域内，而如今只在约2 000平方米的一小块区域内生存。换句话说，薄壳耳喙螺已被淘汰出99.9%以上的栖息地。[1] 布伦登边走边向我解释道，"因此，我们很难将它们定义为常见物种。一旦遭遇森林大火，这个物种就可能灭绝"。但就目前而言，薄壳耳喙螺还在坚持生存。年复一年，布伦登发现它们仍然生活在这个小地方。为什么薄壳耳喙螺在这里而不在其他地方生存，这仍然是一个谜。

不过，那天吸引我们走进森林的其实是另一个谜题。我们去的时候，我才刚刚认识布伦登，但我早已发现，如果我提出一个关于蜗牛的奇怪问题，他很有可能已经探索过了，甚至还做过一两次实验来寻找答案。在上一章内容中，我借鉴了布伦登对蜗牛黏液踪迹的研究。不过，这次布伦登同意和我见面，更广泛、更深入地探讨腹足纲动物的运动足迹问题。我想更多地了解夏威夷群岛上种类繁多的蜗牛是如何来到这里的，第一批蜗牛是如何穿越浩瀚的海洋来到这个新家园的。碰巧的是，蜗牛生物地理学是布伦登特别热衷的课题之一。[2] 布伦登告诉我，就同样在这片山坡上发现的薄壳耳喙螺和它们的一些亲缘物种，他有重要的见解可以和我分享。于是，我们计划一起出发去亲眼看看这些蜗牛。

陆生蜗牛通常是一种久居不动的群体，它们不喜欢长途跋涉。蜗牛往往会在它们孵化或出生的地方附近生活（虽然大多数蜗牛是卵生的，但也有一些蜗牛是活产的）。再加上蜗牛对海水的耐受力非常低，它们多孔的身体无法控制盐分的吸收，因此很容易脱水。基于此，曾经在这个群岛上发现的蜗牛的多样性和丰富性就变得更加令人困惑了。

夏威夷是由“海洋岛屿”组成的，这意味着它们是从海底形成的，这里指的是太平洋中部的火山热点。因此，它们在历史上从未与其他陆地相连。据此可推断出，所有在这里安家落户的动植物物种都是跨越茫茫大海来到这里的，或者是由它们的祖先进化而来的。这种环境对群岛的动物群产生了持久的影响。简而言之，夏威夷的各种动物都长着翅膀。说到脊椎动物，夏威夷在很长一段时间里都是鸟类的天堂。在人类引入其他动物之前，夏威夷没有陆生哺乳动物或爬行动物，唯一的例外是有翼哺乳动物——长毛蝙蝠。

但不知何故，大量的蜗牛也来到了这里。虽然这些岛屿给蜗牛提供了一个有点恶劣的生存环境，但它们在这方面也绝非独一无二：陆生蜗牛几乎遍布全球所有热带和亚热带岛屿。因此，正如布伦登所说，我们面临着一种“蜗牛悖论”：如此习惯定居的生物为何会如此广泛地分布在岛屿上？

我深信，在当前，关注蜗牛的生物地理学和进化尤为重要，这绝非仅仅是一种抽象意义上令人着迷的科学好奇心。蜗牛运动的深层过程如何帮助我们以不同的方式理解夏威夷蜗牛的不断灭绝？这种背景可能会让我们看到什么、欣赏什么，甚至守护什么？正如作家罗伯特·麦克法兰（Robert Macfarlane）所言：“深度时空视角可以提供一种方法，不是逃避我们现在的困境，而是重新想象它，用一个个更古老、更缓慢的创造和毁灭的故事来抵消我们当下的贪婪和愤怒。在最好的情况下，深度时空视角可能会帮助我们……思考，我们将为未来的时代和人类留下什么。”[3]

那天，当我和布伦登一起散步时，这些问题和可能性一直困扰着我。我遇到一直生活在森林里的蜗牛的机会少之又少。时至今日，我仍把每一次邂逅蜗牛都视为一次珍贵的机会。我这样做的部分原因是，每次我发现自己与蜗牛一起漫步在森林里，都是一次聆听蜗牛心声的机会。也许，只是也许，我还能听到它们的歌唱。

漂洋过海

在探索夏威夷蜗牛可能通过哪些途径漂洋过海来到新家园方面，我们所做的实验工作少得令人吃惊。事实上，据我所知，迄今为止只有一项关于这一主题的研究。2006 年，布伦登将一块树皮和 12 只活蜗牛——琥珀色苔蜗牛①（*Succinea caduca*）放入一个海水水族箱中。这种蜗牛是夏威夷的非濒危蜗牛物种之一。事实上，琥珀色苔蜗牛是少数在多个岛屿上发现而且看起来生存得还不错的物种之一。它是一种沿海物种，参与该项研究的个体来自离海滩只有 10 米远的种群。布伦登向我解释道：“大雨过后，琥珀色苔蜗牛经常出现在海岸边的沟壑里，所以毫无疑问，它们经

① 琥珀色苔蜗牛属于琥珀螺科，主要分布于北美洲地区，常见于湿地、森林和草地等环境中。它们通常具有扁平且椭圆形的螺壳，并且颜色可变，可呈黄色、绿色、棕色或灰色。琥珀色苔蜗牛是一种食草性动物，以食用各种植物的腐殖质为食。它们在夜间活动，白天大部分时间都躲藏在湿润的环境中。——译者注

常被海水冲走。”

布伦登实验的目的是要确定当这种情况发生时，这些蜗牛是否有可能在海上四处漂流并成功地在新的地方安家落户。答案是肯定的。布伦登和他的同事罗伯特·考伊报告说：“被海水浸泡12小时后，所有蜗牛样本都还活着，这表明海水不致命，也表明蜗牛有可能依靠原木和植被在岛屿之间漂流。”[4]

然而，在夏威夷海岸之外，人们一直在努力通过实验或以其他方式研究岛屿陆地蜗牛的进化和分布这一谜题。查尔斯·达尔文（Charles Darwin）在1857年写给阿尔弗雷德·罗素·华莱士（Alfred Russel Wallace）的一封信中，简明扼要地总结了当时的情况：“我一直在做实验并为此花费了很多心血，其中一个课题就是研究在海洋岛屿上发现的所有有机生物的分布方式，如果收到关于这个课题的任何资料，我们将不胜感激。陆地软体动物对我来说是一个很大的困惑。”[5]或者，正如他在一年前给另一位记者的一封信中所说：“在我看来，没有什么事实比与陆地软体动物扩散有关的事实更难以理解。”[6]

为了解决这一困惑，达尔文曾将陆地蜗牛浸入海水中，以探究它们能否存活以及能存活多长时间。在达尔文的其他发现中，有一个事实是，在海水中浸泡20天后，罗马蜗牛又恢复了活力。这些蜗牛正在夏眠这一事实非常重要。正如我们所看到的，在这些时期，蜗牛会产生一层薄薄的黏液来覆盖它们的螺壳孔，防止它们脱水。只要以这种方式将它们密封在壳内，许多蜗牛似乎就能在盐水中存活数周之久。[7]从这里我们可以看出，除了上一章所讨论的短途漫步，黏液可能是蜗牛运动的另一种强大推动力。

受达尔文的启发，19 世纪 60 年代，法国的一项研究将 10 个不同种类的 100 只陆地蜗牛放在一个有孔的盒子里，然后将其浸入海水中。来自 6 种不同物种的大约四分之一的蜗牛存活了 14 天——据计算，这大约是原木等物体漂过大西洋所需的时间的一半。[8]

多年来，我们对淹没并幸存下来的腹足纲蜗牛进行了研究，得出了一个初步结论：陆地蜗牛至少有可能漂流到世界各地，在遥远的地方安家落户。只是我们对夏威夷蜗牛知之甚少，无法知道这是否是它们移动的载体或媒介。我们只对 750 多种已知蜗牛中的一种进行了单一的短期研究。

但漂浮绝不是蜗牛唯一的移动方式。事实上，与我交谈过的大多数生物学家都认为，这可能不是蜗牛进行远距离移动的主要方式。虽然蜗牛可能在夏威夷群岛内的岛屿之间漂浮，但人们认为第一批到达夏威夷的蜗牛不太可能是通过这种方式到达夏威夷的：辽阔大海的距离实在是太遥远了。但在这里，事情变得更加奇怪，更难以进行实验。

当我们沿着一条蜿蜒小路绕过普乌大希亚山顶时，布伦登和我讨论了蜗牛跨洋运动的其他一些潜在模式。他向我解释说，倘若我们只观察生物有机体目前的形态，并非所有这些可能性都是显而易见的。许多物种在抵达岛屿后都会发生变化，例如，有些物种会经历“巨大化”或“侏儒化”的过程，新的环境条件会导致它们的体型显著增大或缩小。如我们所见，除了这些变化，许多全新的物种在首次抵达岛屿之后也会发生进化。就夏威夷蜗牛而言，系统发育分析结果表明，绝大多数物种都是以这种方式在岛屿上进化的。蜗牛抵达岛屿后，在几百万年的时间里会产生多个新物种（这些分析通过比较遗传物质来确定不同岛屿上的物种之间的亲缘关系，从而拼凑出它们的抵达历史和进化差异）。其中一些新的岛屿物种保持着与最初漂洋过海的祖先非常相似的面貌，而另一些则不会。

事实证明，我们在姜科植物中遇到的小薄壳耳喙螺是小玛瑙螺属树蜗牛的近亲。前者长约 7 毫米，后者长约 2 厘米。但是，布伦登告诉我，耳螺属蜗牛和小玛瑙螺属蜗牛还有一个体型较小的共同亲属，系统发育分析表明它更有可能是最初前往这些岛屿旅行的候选者。在姜叶丛中，我们很幸运地遇到了这些微小的生物，它们是小旋螺亚科[①]（Tornatellidinae）的成员。

我们当天看到的蜗牛，以及该亚科中的其他一些物种，最大的体长约为 2 毫米，大致相当于一粒米的大小。但是，这种大小差异比这些简单的长度测量更为重要。正如罗伯特·考伊向我解释的那样，蜗牛的质量大致相当于其长度的立方。因此，小旋螺亚科的一种小蜗牛的质量可能是小玛瑙螺属的同类的 1/1000。如果与这些小蜗牛相似的微小生物是第一个到达夏威夷群岛的祖先，那么它可能还有许多其他的移动方式，甚至可能是乘着飞鸟到达岛屿的。

---

① 小旋螺亚科是蜗牛科下的亚科，其成员通常具有较小的贝壳和圆锥状的外形，主要分布在全球各地的热带和亚热带地区。——译者注

在与生物学家的多次交谈中，他们一次又一次地以不同程度的信心告诉我，夏威夷蜗牛之谜最可能的答案是：第一批蜗牛是“飞”到这里的。每个人对这一假设场景的叙述都略有不同，但主要事件的经过都是一样的。在遥远的过去，一只小蜗牛爬上了一只候鸟的背，也许是一只金鸻，因为它在这里栖息或筑巢过夜。由于蜗牛是夜间活动的，因此它们可能会以这种方式遇到栖息的候鸟，而这只不速之客可能会躲进候鸟的羽毛深处，把自己封闭起来。几天或几周后，经过筋疲力尽的飞行穿越，蜗牛从鸟儿身上爬下，最后来到了自己的新家。

我必须承认，第一次听到这个解释时，我有些半信半疑。这一系列事件似乎不太可能发生。不过我提醒自己，在浩瀚的进化过程中，“极不可能”其实是相当不低的概率。但是当我继续与科学家交谈并阅读文献时，我发现了一个令人惊讶的蜗牛之旅的未知世界。在大多数情况下，科学家们并没有刻意去寻找鸟类身上的蜗牛，但在过去几十年里发表的一些文章中，他们仍然报告了意外遇到蜗牛的情况，通常是在例行的鸟类环志或观察过程中。在这些情况下，蜗牛有时似乎会以惊人的规律性和数量出现。

在多项研究中，欧洲的各种候鸟身上都发现了透明蜗牛[①]

---

① 透明蜗牛是一种常见的陆生蜗牛，属于蜗牛科的一种。它的外壳通常是半透明的，呈灰色或淡黄色。身体长度一般为4~7毫米，外壳直径为3~4毫米。透明蜗牛通常生活在潮湿的环境中，如草地、园林、森林底层和湿润的岩石上。它们以腐殖质、藻类和其他植物残渣为食物。这种蜗牛在繁殖时也比较特殊，它们可以进行体内受精，在卵胚孵化后生下小蜗牛。——译者注

（*Vitrina pellucida*）的踪迹，而北美的 3 种不同类型的鸟类身上都发现了里氏琥珀螺①（*Succinea riisei*）的踪迹，一只鸟身上有 1 到 10 只蜗牛。[9] 在一项以路易斯安那州候鸟为重点的研究中，在 3 种不同的鸟类身上发现了蜗牛。该研究的重点对象是山鹬，只有在这些鸟类身上，研究人员才真正监测到蜗牛的存在：在检查的 96 只山鹬中，11.4% 的身上有蜗牛出现。其中，平均每只鸟身上的蜗牛数量为 3 只。这些蜗牛的大小从 1.5 毫米到 9.0 毫米不等。[10] 对于体型较小的蜗牛来说，即那些与小旋螺亚科大小差不多的蜗牛，借助鸟类进行迁徙并不罕见——尽管它们成功抵达岛屿并在数千千米外的新土地上安家落户，这仍然是很不寻常的。

在夏威夷，从来没有研究人员对鸟类身上的蜗牛进行过有针对性的科学研究，因此很难知道哪些物种可能会爬到鸟类身上，以及爬上的频率如何。不过，在我的研究过程中，毕夏普博物馆的诺丽偶然发现并与我分享了一本野外笔记中的一个精彩片段。这本采集笔记是近藤义雄（Yoshio Kondo）于 1949 年撰写的，当时他担任诺丽目前所在的职位，即蜗牛壳收藏馆的馆长。他用工整的笔触在网格线页面的顶端写道："一只幼年燕鸥，身上有琥珀

---

① 里氏琥珀螺是一种蜗牛的学名，属于琥珀螺科的一种，主要分布在亚洲地区。里氏琥珀螺通常生活在湿润的环境中，喜欢栖息在湿地、水边或草地上。它们的壳通常呈圆锥形或卵形，颜色多样。里氏琥珀螺是一种杂食性动物，以植物残渣和腐殖质为主食。——译者注

螺和类板螺（*Elasmias*）蜗牛①。我们将鸟带回来了。遗憾的是，当时没有把鸟身上的蜗牛壳分开保存。”

不过，小蜗牛环游世界还有另一种途径，这同样只是一种推测。它们可能不借助鸟类的帮助，而是乘着树叶和其他碎屑飞行，或者只是自己封闭在壳里独自飞行。事实上，有大量证据表明，通过在飞机上安装取样网进行采样，与某些体型微小的蜗牛大小和重量相当的岩石颗粒可以通过这种方式四处移动，有时可以在2 000多米的高空发现它们。根据这些发现，一些科学家认为蜗牛可能以类似的方式旅行（当然是在较短的距离内，但也可能是跨洋旅行），这一点也不无道理。[11] 至少有几位与我交谈过的科学家，包括布伦登和罗伯特，都认为夏威夷某些蜗牛家族的祖先可能是以这种方式被吹到岛上的，甚至可能是被飓风吹到岛上的。

当然，一旦一种蜗牛实现了跨越大洋的巨大飞跃，就会有一系列其他的选择，进行较短时间的岛屿间移动。而基因分析表明，在过去的不同时期，蜗牛曾发生过这种移动。正如我们所见，一些蜗牛可能会在岛屿间的漂浮旅行中幸存下来。其他蜗牛似乎也可能在鸟类体内进行距离较短的旅行：在世界各地进行的研究目前已经表明，多个蜗牛物种（其中至少包括一种小旋螺蜗

---

① 类板螺蜗牛的特征是无脐孔，圆球形，螺口大，螺轴结釉。其分布甚广，包括夏威夷群岛和南太平洋各岛屿、日本、澳大利亚、印度尼西亚、菲律宾，甚至伴随人类活动传播到印度洋的马尔代夫群岛、留尼汪岛和毛里求斯岛。大致尺寸为1.2~4毫米。——译者注

牛）能够以相对较高的频率通过鸟类的消化道而存活下来。[12]

毫无疑问，这些都是相当不可靠的旅行方式。每有一只蜗牛成功地搭乘鸟儿或漂浮的树枝到达陌生的新大陆，就一定有无数的蜗牛被冲走、吹散或飞出大海。（这些蜗牛显然不走运！）乘鸟而行的概率要比乘木而行的概率大一些，至少从理论上讲，如果蜗牛在森林里跳进一只候鸟的肚子里，那么蜗牛被带到另一片森林的可能性还是比较大的。当然，对于那些在鸟类体内旅行的蜗牛来说，它们也必须在通过消化系统的旅程中存活下来。

虽然蜗牛面临着很多不利因素，但在岛屿上几乎到处都能找到蜗牛，这一简单的事实告诉我们，它们实际上非常善于分散和定居。虽然它们可能不会飞，也不喜欢海水，但它们的体型小而强壮，足以利用其他运动方式。[13]

与许多其他动物相比，蜗牛还有一个传播优势，这个优势只有在它到达夏威夷岛之后才会真正显现出来。正如我们所见，夏威夷的陆地蜗牛和世界上许多其他蜗牛一样，都是雌雄同体。这意味着任何两个蜗牛个体都能成功建立蜗牛种群。事实上，在某些情况下，一只蜗牛就足够了，因为有些物种能够“自交”（即自我受精）；有些物种似乎能够长期储存交配产生的精子，以便日后使用。目前尚不清楚夏威夷的许多蜗牛到底在进行哪种繁殖活动，但至少有一些证据表明它们都有这两种繁殖活动的可能性。[14]

在其他情况下，甚至可能不需要一只活蜗牛。在种类繁多的夏威夷蜗牛中，有一些物种会产下黏稠的卵团。如果它们的祖先也是这样做的，那么它们就可能以卵的形式乘鸟或乘木旅行。科学家们并不确定这些卵与活体旅行相比有多大优势，尤其是在长途旅行中。就蜗牛而言，它们的卵通常很容易变干，可能实际上并不能提供比密封在壳内的活体动物更安全、更可靠的旅行方式。

无论它们以何种方式旅行，蜗牛在这些运动中很大程度上都会受到外力的影响，生物学家称之为“被动扩散”。布伦登为我总结道：“从生物地理学的角度看，蜗牛就是植物。”蜗牛和植物这两个群体共享许多相同的传播媒介（运动载体），后者通常通过种子或孢子传播。这显然是一种岛屿传播“系统”，只有在很长一段时间内才有希望取得成果。数百万年来，少数幸运的蜗牛成功地完成了这次旅程。我们无法确定这种情况在夏威夷群岛发生了多少次。但是，通过追溯夏威夷及其海岸以外的物种的共同祖先，布伦登和罗伯特估计，在过去大约 500 万年里（当时考艾岛正在形成，考艾岛是目前拥有合适蜗牛栖息地的最古老的高岛），大约有 20 只（可能不到 30 只）勇敢无畏的蜗牛旅行者或旅行者群体成功地完成了旅行。[15] 据此，夏威夷所有其他腹足类动物都被认为是从这些少数共同祖先进化而来的。

毫无疑问，蜗牛的这种传播方式是非常“被动”的——总是听天由命，无论是鸟类、风暴还是潮汐，在它们的推动和指挥下前进——但这并不是故事的全部。深厚的进化历史造就了这些可能性。蜗牛的被动移动模式之所以“有效”，是因为它们已经进化出了一些显著的特征。在这种情况下，可能有一部分蜗牛为了适应传播、生存和繁殖，跨越并进入与世隔绝的新大陆。这一进化历程包括：从附殖器和黏性卵，到雌雄同体、精子储存和自我受精。数百万年来，无数次旅行已经成功筛选出了那些幸存下来并能繁殖后代的最优质蜗牛个体。

这里有一种深刻的进化机制在起作用，一种创造性的、实验性的、适应性的、具有特殊能力和倾向性的生命形式。[16] 在大多数情况下，蜗牛个体在这一切中确实是相对被动的。不过，它们并非无关紧要。那些爬到鸟身上的蜗牛，那些选择封闭自己的孔道的蜗牛，那些把精子安全地储存起来以备将来使用的蜗牛，它们的特殊行为都具有深远的意义。蜗牛没有参与许多其他动物所进行的更主动的、有时甚至是蓄意的传播活动。相反，只要我们留心观察，就会发现蜗牛的能力令人惊叹，它们能够移动得如此之远，传播得如此之广，而所做的事情却如此之少。在我看来，这是蜗牛生物地理学的真正奇迹之一。个体不需要付出巨大的努力，因为自然选择已经帮助它们行动，对它们起了积极作用，并与它们通力合作，从而产生了这些独特的生物。它们如此出人意料地适合于一种特殊形式的深度时空旅行——漂移。从这个角度来看，蜗牛的被动性与其说是一种缺陷，不如说是其进化过程中的一项杰出成就。

在这方面还有很多东西要探索，我们不仅要了解蜗牛的传播媒介，还要了解传播发生的模式：它们是由大气和洋流造成的，还是由鸟类迁徙的固有路径造成的？在某种程度上，这仍然是一个充满不确定性甚至神秘的领域。如何才能真正研究跨越如此广阔时空的生物地理学过程？正如布伦登提醒我的那样，在这些岛屿的历史上，很可能平均每几十万年就会发生一次成功的蜗牛抵达事件。简而言之，这些事件不是我们任何人都可以亲眼看到的，更不用说研究了。

那天我们在普乌大希亚山散步时，我没有听到蜗牛唱歌。也许，正如我询问过的一些生物学家告诉我的那样，这是因为蜗牛没有声带，所以不能唱歌。也许是因为当时是白天，而蜗牛只有在晚上最活跃的时候才会唱歌。或者，正如我在本书序言中提到的，这是因为蜗牛唱歌表示一切都是正义的、正确的和美好的，而在这个世界上，尤其是在蜗牛的世界里，一切都离踏上正轨还有很长很长的路要走。

但是，至少对我来说，关于这种歌声的许多其他方面也仍然难以捉摸。例如，我不知道蜗牛的歌声是什么样的。有人说蜗牛的歌声优美动听，也有人告诉我蜗牛会鸣叫，或者说蜗牛的歌声只有一个高亢的音符。关于哪些蜗牛会唱歌，也存在一些不确定性。现在许多人只把会唱歌的蜗牛与小玛瑙螺属蜗牛联系在一起，比如在毛伊岛、摩洛卡岛（Moloka'i）、欧胡岛和夏威夷等几个岛上发现的小玛瑙螺属蜗牛和帕图螺属蜗牛的近亲。虽然我们走过的这座山曾经是小玛瑙螺属蜗牛的家园，但现在它们早已不复存在。因此，也许在这片森林里根本就听不到蜗牛歌唱。不过，在历史记录中，像“外壳发出的声音听起来很悠长”和“黎明时唱歌的蜗牛壳”以及关于会唱歌的蜗牛的描述，几乎遍及所有岛屿，有时还明确与其他物种有关，例如曾经在考艾岛发现的大型地栖 *Carelia* 物种。[17] 所以，话又说回来，也许在这里还有机会听到蜗牛的“歌声”。

由于还有很多东西要学习和了解，我的做法是在所有地方、对所有蜗牛（甚至是像薄壳耳喙螺这样的小蜗牛）都竖起耳朵聆听，以防错过蜗牛的歌唱声。我还利用一切机会向人们打听这种歌声。几乎在所有情况下，我都得到了两种回答中的一种。

对许多人来说，这些故事最合乎逻辑的解释就是弄错唱歌的对象了。夏威夷的森林里除了有许多蜗牛品种外，还有各种各样的蟋蟀，其中有些蟋蟀会在夜间大声鸣叫。它们也非常善于在有人靠近时保持安静，并善于躲开，且比许多较大的蜗牛更不显眼。这种对蜗牛歌声的解释似乎是由"夏威夷动物学之父"罗伯特·西里尔·莱顿·珀金斯（Robert Cyril Layton Perkins）在19世纪末或20世纪初首次提出的，此后被许多生物学家广泛接受。[18]

艾米·尤·佐藤（Aimee You Sato）、梅丽莎·雷娜·普莱斯（Melissa Renae Price）和梅哈娜·布莱奇·沃恩（Mehana Blaich Vaughan）等人发表的关于卡纳卡毛利人歌唱蜗牛故事的言论，为这种歌声的归属提供了一些重要的背景，并指出这可能是文化倾向所导致的。她们在与一系列文化从业者进行深入讨论后指出："在夏威夷人的心目中，优美的声音自然属于像'卡胡利'这样的蜗牛物种。"[19]

但是，我在夏威夷与之交谈过的其他人却认为这种"弄错唱歌的对象"的解释不太可能，甚至带有侮辱性。他们指出，卡纳卡文化植根于对毛利人及其生活社区的深入而复杂的了解（第三章将进一步讨论）。这些人怎么可能会犯这种错误呢？

相反，许多人提出了另一种说法，他们告诉我，蜗牛唱歌的故事指的是当蜗牛挂在树叶或树枝上时，风吹过蜗牛壳的孔或开口，可能会发出呼呼的声音。然而，一些科学家告诉我这不太可能。迈克说，这些蜗牛的壳太小了，不可能发出这样的声音。此外，迈克还说，蜗牛往往会努力用黏液盖住自己的螺壳孔，因为任何有自尊心的蜗牛都不会选择干躺在那儿，对着风张大嘴巴而放弃自己的水分。

但这种解释仍然很受欢迎。与我交谈过的许多人都认为，在过去的几个世纪里，当森林里蜗牛密布的时候，这种声音就会组合成一种旋律。一些历史资料也提到了风与歌唱之间的联系。圣歌（“Pa Ka Makani”）告诉我们，“Pa ka makani, ha‘u ka waha o ke kāhuli i ka nahele”，其歌意为“风轻轻吹过，森林里的蜗牛壳微微颤动（嘴巴轻吟）”。[20] 然而，如今这些森林里的蜗牛栖息地已经发生了很大变化。除了蜗牛的数量惊人地减少，可能发出“呼呼”声的蜗牛壳也减少了；这些地方还经历了大规模的退化，从森林砍伐到引进物种。人们认为，正如佐藤和她的合著者所言，这些变化的结果是“风不再像过去那样穿过森林”。[21] 在与一些人的交谈中，我感觉到这些变化可能已经扼杀了蜗牛的歌声，至少目前是这样。不过，其他人显然认为，在适当的条件下，只要稍加注意，用心聆听，是可以听到蜗牛的歌声的。

蜗牛与森林

那天，布伦登和我走了大约一半的路程，随后我们在一片茂密的生姜和茉莉花丛中停下来寻找更多的蜗牛。当我们翻开第一片叶子时，果然发现了蜗牛。事实上，在这片区域，几乎每一株植物上都有蜗牛。薄壳耳喙螺似乎在一些地方生存得很好。

但是，也许并非一切都像看上去那样美好。就在几年前，布伦登和两位合著者卢西亚诺·奇维拉诺（Luciano Chiaverano）、西拉·霍华德（Cierra Howard）将一些蜗牛带进了实验室，以探索改变生存环境可能对它们产生的影响。薄壳耳喙螺以它们从树叶表面刮下的薄薄一层真菌和其他微生物为食。布伦登和他的合著者们想知道，不同的植物物种是否会承载不同的微生物群落，这对蜗牛的健康至关重要。

在长达4个月的时间里，研究人员将蜗牛分别饲养在3种环境中：普通本地植物、非本地生姜和茉莉，以及两者的混合物。虽然所有参与实验的蜗牛都存活了下来，但它们的繁殖能力却存在巨大差异。饲养在本地植被中的蜗牛产卵量是只饲养在非本地植被中的蜗牛的20倍，而饲养在两种植物混合植被中的蜗牛产卵量大约是只饲养在非本地植被的蜗牛的15倍。他们认为，“这些结果表明，在非本地寄主植物中生存的本地蜗牛经历了亚致死压力，这一点体现在繁殖产量的急剧下降上”。[22]

这种压力是文学学者罗伯·尼克松（Rob Nixon）所描述的“缓慢暴力”的一种形式。[23]除了许多蜗牛物种的栖息地遭到破坏，以及它们因被捕食或采集而直接死亡这些更戏剧化、更明显的暴力，我们在这里还看到了一个漫长的过程，在这个过程中，蜗牛生存的环境被悄无声息地破坏了。蜗牛找不到滋养它们的郁郁葱葱的绿色植被。

目前尚不清楚为什么会出现这种情况。正如研究人员所说：“在这项研究中，食用本地植物的蜗牛繁殖力增强的原因尚不清楚。”不过，现有微生物之间的营养差异似乎至少是原因之一。与夏威夷蜗牛共同进化的森林栖息地几个世纪以来一直在发生巨大的变化，每一次变化都给蜗牛带来了新的挑战。特别是在低地森林中，自从波利尼西亚人第一次来到夏威夷群岛以来，为了发展农业，当地农民一直在驱逐蜗牛。迈克在发表的一篇论文中写道："低地植被的砍伐破坏很可能是造成低海拔种群甚至物种灭绝的原因。"[24] 那些分布范围相对较小的物种受到的打击尤为严重。

与此同时，波利尼西亚鼠在这一时期随独木舟抵达岛屿，这对蜗牛也产生了重大影响。过去，人们认为这些影响主要表现为直接捕食（各种类型的老鼠都是蜗牛捕食者）。但近年来，夏威夷和太平洋地区越来越多的古植物学研究表明，这些老鼠贪婪地食用较大的种子和果实，以前所未有的方式改变了森林生态系统。[25] 根据这项研究，生物学家萨姆·奥胡·贡和卡维卡·温特认为："老鼠吃掉了以前在夏威夷森林中占主导地位的大种子植物物种，导致生态环境向以小种子物种为主的森林转变。这种生态转变导致了一系列层出不穷的物种灭绝，陆蟹、陆生蜗牛和不会飞的陆生鸟类被一扫而空。"[26]

但从 19 世纪初开始，随着欧洲探险家、贸易商和捕鲸船的到来，以及随后夏威夷群岛对全球市场和一系列新物种的开放，夏威夷森林遭到广泛破坏。卡美哈美哈一世国王①（Kamehameha I）是夏威夷岛上的一位酋长，他通过征服和签订条约，将整个群岛纳入他的统治之下。卡美哈美哈军事力量强大的一个重要原因在

① 卡美哈美哈一世国王是夏威夷历史上的第一位君主和统一者。卡美哈美哈一世国王在 18 世纪末至 19 世纪初统一了夏威夷群岛，建立了夏威夷王国，并成为该国的首位国王。——译者注

于他能获得欧洲的弹药，这些弹药部分是通过垄断利润丰厚的檀香木出口市场购买的。卡美哈美哈一直主导着这一贸易，直到他于 1819 年去世。十年后，这些树木几乎都枯竭了。[27]

在同一时期，夏威夷森林面临的第二个主要威胁是牛和其他牲畜。18 世纪 90 年代初，英国船长乔治·温哥华（George Vancouver）首次把牛带到夏威夷岛，作为礼物送给卡美哈美哈酋长。在酋长特权的保护下，这些牲畜迅速繁殖。[28] 牛群遍布整个夏威夷岛，几十年后，毛伊岛和考艾岛的森林中也常见到它们的身影。[29] 最终，夏威夷主要岛屿上都有了牛的踪迹。随着牛群的繁衍，它们破坏了森林，吃掉或消灭了任何新生长的树木。因此，正如一位观察家在 19 世纪 50 年代撰写的报告中所描述的：“当老树枯死的时候，新的树木本该开始生长，但在这里却看不到新树的萌芽。”[30]

这些牛还严重破坏了农民的庄稼，而农民被禁止干涉这些牛，最初是因为酋长，后来是因为富有的牧场主的权力和影响力。事实上，拒绝控制牛群或允许他人控制牛群，是卡纳卡毛利人最终流离失所、被赶出夏威夷传统土地的一个重要原因（下一章将详细讨论这个话题）。在整个岛屿上，大型牧场经常采取“买断小块土地”的策略，因为这些小块土地的所有者已经厌倦了与牛群的斗争。[31] 世界上许多地方都以不同的方式见证了这一过程，牲畜充当了帝国的突击队。[32]

在 18 世纪末和 19 世纪初的早期接触期间，外来者还带来了一系列毁灭性疾病，如淋病、梅毒和肺结核，这些疾病在几乎没有免疫力的夏威夷人中迅速传播，死亡人数惊人。根据一些说法，到 1850 年，夏威夷群岛的人口由于疾病减少了 90%。疾病和死亡撕裂了卡纳卡的社会结构，影响了家庭和政治结构，导致劳动力短缺，还造成了人口寿命缩短、不育率和婴儿死亡率上升，几代岛民的健康状况持续不佳。[33]

当然，这种社会动荡也会波及更广阔的夏威夷景观。随着人口的减少，农业和灌溉系统崩溃，夏威夷岛的生态系统开始发生重大变化。这种情况为夏威夷在短短几十年内从自给自足的经济迅速转变为以工业农产品出口为基础的经济铺平了道路。

正如历史学家卡罗尔·麦克伦南（Carol MacLennan）所说，蔗糖是夏威夷环境转变故事的关键："19 世纪 40 年代，夏威夷社区出现了第一个西式甘蔗种植园。19 世纪 80 年代，随着大量资本的注入，种植园农业开始腾飞。到 1920 年，蔗糖已将夏威夷群岛改造成了一台生产机器，广泛利用岛上的土壤、森林、水域和岛上居民，以满足北美对蔗糖的需求。"[34] 在此期间，大片土地被用于蔗糖生产。除此之外，麦克伦南还特意强调了种植园向夏威夷景观扩张的方式，它们在扩张的过程中改变了一切。他们这样做的部分原因是促进附属产业——牧场和水稻种植的发展。但同样重要的是，大部分剩余的森林被重新改造成集水区，其主要用途是为这种缺水的作物提供水源。[35] 与此同时，在 20 世纪的前几十年里，许多种植园主将大片土地改建为菠萝种植园。[36]

这些都是夏威夷蜗牛赖以生存的大部分森林栖息地消失或严重退化的关键原因。在我和布伦登行走的普乌大希亚山地区，所有这些力量都曾在这里汇聚在一起。到 20 世纪之交，受开荒、伐木以及牛和其他有蹄动物的影响，大片山坡裸露。[37] 为了解决这里和整个群岛森林减少的问题，在 20 世纪的前几十年，当地启动了一项大规模的植树造林计划。这项工作的主要目的是恢复和保护岛上许多退化的集水区。人们在岛上种植了澳洲坚果、杧果、菠萝蜜、桉树和樟月桂等速生树种，以取代原生林。毫无疑问，如今这片山坡上茂密的森林大部分都源于这些努力。事实上，这里曾是这一活动的中心枢纽之一：19 世纪晚期，该地区仍有 13 英亩①的森林被清理出来，用于建立一个试验站，对其中的许多植物品种进行试验。[38]

站在山坡上，看着这些由土地利用变迁历史所催生的种类繁多的植物，我们就不难理解为什么像罗安清（Anna Tsing）和唐娜·哈拉维这样的学者会建议将我们当前的环境转变时期命名为“种植园世”（Plantationocene）。[39] 从这个角度来看，推动地球改变的并不是无定形的人类群体——“人类世”的“人类”，而是特定的人类生活模式，即那些关于土地、作物及其中所蕴含的创造财富的可能性方式。在世界各地，这些变革都与各种形式的剥削、剥夺以及针对特定人体和社群的暴力密切相关，并通过这些形式得以实现和加强。在夏威夷，种植园及其近亲（牧场）也产生了类似的影响，重塑了这些岛屿上的所有生活，无论是对人类而言还是对蜗牛而言。虽然糖业和畜牧业的鼎盛时期早已在欧胡岛结束，但人们仍能感受到它们留下的影响，并与之共存亡。

随着夏威夷森林的不断变化，蜗牛、植物和更广泛的环

① 1 英亩约等于 4046.86 平方米。——编者注

境之间的密切关系已经退化、改变或被摧毁。关于这些关系，我们对它们的了解还十分有限。举个例子，曾经大量存在的树蜗牛在环境中扮演过什么角色？布伦登、理查德·奥罗克（Richard O' Rorke）和其他人的一些初步研究表明，树蜗牛进行叶片清洁可能有助于保持微生物群落的高度多样性，这反过来又可能限制了有害植物表面微生物的传播。[40] 其他人还提出，蜗牛的清洁行为可能也提高了植物的光合作用效率。

众多种类的地栖蜗牛也在森林中扮演了重要角色，它们分解叶片物质和其他有机物，从而形成健康的土壤。[41] 事实上，在蚯蚓和其他食腐动物被引入群岛之前，人们一直认为这项重要工作是由蜗牛承担的。也许蜗牛的这一贡献尤为重要。

这些蜗牛也有可能扮演着与世界上大多数其他地方的蜗牛一样迷人的生态角色：成为其他物种的“盘中餐”。在夏威夷，大量的蜗牛是某些动物的重要食物来源。然而，在它们目前的捕食者相对较晚到来之前，岛上并没有多少动物会吃蜗牛，尤其是吃较大的蜗牛。一些人推测，在遥远的过去，如今早已绝迹的鸟类，包括大型的、不能飞的朱鹭和秧鸡，有可能曾大量捕食蜗牛。[42] 夏威夷鸟类中唯一有记载吃蜗牛的是波乌利鸟，这种小型森林鸟类直到 1973 年才被科学界描述出来。可悲的是，最后一只波乌利鸟是于 2004 年被发现的，但在其被发现和灭绝之间的短暂时间内，人们经常看到这些鸟在树皮和苔藓间觅食蜗牛。[43]

然而，我们终究无法真正知道在夏威夷的蜗牛、鸟类及森林遭到破坏之前，这些生态角色究竟有多重要。尽管如此，保护主义者还是强烈希望能塑造这样一个生态故事，来讲述他们正在努力保护的物种的重要性。这种框架深深植根于对生态系统运作方式的理解，以及如何以保护之名吸引公众。[44] 正如美国环境思想奠基人之一奥尔多·利奥波德（Aldo Leopold）几十年前所说："拯救每一个齿轮和车轮是明智的维修工作的第一步。"[45]

虽然我并不喜欢这些机械化的比喻，但这种观点确实有一定道理。但就夏威夷的蜗牛而言，如果它们确实是或曾经是一个齿轮，那么这个齿轮在更大的系统中发挥了什么作用，现在基本上还不清楚。森林中那些仍有许多蜗牛的稀有地区似乎并不比那些没有蜗牛的绝大多数地区更健康。如果地栖蜗牛曾经在土壤健康方面发挥过作用，现在它们似乎不再需要以这种方式存在；对于可能曾经以蜗牛为食的已消失的鸟类而言，情况也是如此。

关于蜗牛目前在森林生态中的重要性，一个简单的功能性解释可能行之有效，但现实情况是我们并没有确凿的答案。如果有的话，也是难以捉摸的，而夏威夷森林的大规模破坏更使其难上加难。然而，正如迈克在我与他讨论这个话题时所说："在 1850 年的森林里，任何像蜗牛一样丰富的生物都是生态系统的重要组成部分。它们吃掉其中的一大部分物种，但也排泄了其中的一大部分。"虽然我们无法准确或明确地讲述这些关系，但我们必须想象它们以某种形式存在过，而且可能仍然存在，尽管方式不同。对迈克来说，毫无疑问，随着这些蜗牛的消失，"所有的联系元素也消失了"。

虽然我们可能无法详细了解它们，但蜗牛与植物、土壤和地

貌之间的特殊关系是我们了解为什么夏威夷会拥有如此丰富多样的陆生腹足类动物的关键。正如我们所看到的，这些物种中的绝大多数被认为是在这片岛屿上进化而来的。随着种群的分离和进化，单次蜗牛抵达岛屿事件产生了一个新物种，然后产生了另一个物种，再然后又产生了另一个新物种，如此繁衍生息。在很大程度上，夏威夷的生态环境为这种多样性创造了条件。部分原因是夏威夷提供了相对理想的环境：潮湿、完全或基本上没有掠食者的森林。这些环境为腹足类生物提供了一系列生存的可能性。但也许更重要的是，夏威夷群岛还为蜗牛种群的分离和繁衍提供了充分的机会，从而使蜗牛种群逐渐进化成不同的物种。

夏威夷群岛的主要岛屿，即高地岛屿，具有显著的生态多样性和不均衡性，在相对较短的距离内，降雨量和植被往往变化很大。虽然许多居住在岛外的人认为这些岛屿气候温和、一成不变，但实际情况并非如此。尽管群岛总面积不大，但有些地方是沙漠，有些地方可能是地球上最潮湿的地方。高山上的气温可能低于零度，而海平面上的气温可能高达 90 华氏度。高山地区的湿度几乎为零，而湿润山区的湿度几乎可以达到 100%。[46]

至少在大部分情况下，这些地貌特征中的许多都形成了蜗牛无法逾越的障碍。鸟类和其他具有高度移动性的动物可以在一个岛屿上扩散到所有类似的适宜栖息地，而蜗牛则不同，它们只能依靠间歇性的力量（如风暴、飓风、洪水、斜坡崩塌），也许偶尔还能搭上一只鸟的“顺风车”来跨越障碍。这意味着蜗牛种群一旦分离，就不太可能在极短的时间间隔内重新聚集起来。布伦登和迈克进行的一项重要研究就证明了这一点：他们发现，相距仅几千米的鼬鼠小玛瑙螺种群之间在数十万年，甚至一百万年或更长的时间里都没有明显的基因流动。[47] 这种隔离为种群向不同的方向进化创造了理想的条件，从而在每个地方产生一种或多种新物种。

在其他情况下，陆地本身的运动可能会导致新障碍的产生。例如，山体滑坡可能会将一些蜗牛冲入海中并漂移到另一个岛屿上；或者可能在漫长的时间里，在火山山脉中形成了一个深谷，在两座山峰之间形成了更温暖、更干燥的隔离区，这对蜗牛来说不太适宜生存。[48]

在漫长的进化历程中，有许多途径可以使一种或几种蜗牛与较大种群分离。尽管夏威夷群岛的地貌为蜗牛进化提供了理想的环境，但蜗牛本身也起到了重要作用。蜗牛非常适合这种物种进化方式，因为它们基本上是定居式的，偶尔会有远距离分散的时候。岛屿上独特的地貌和生物组合完美地创造了物种进化的条件。正因为这种情况，绝大多数夏威夷的蜗牛被生物学家称为“单岛特有物种”，即只能在单个岛屿上发现这类蜗牛，而实际上往往只能在一些非常有限的特定岛屿范围内发现。

大卫·鲍德温（David D. Baldwin）是最早关注这些蜗牛的自然学家之一，他在 1887 年论述欧胡岛山脉时如是说：“这些山脉的两侧都是沟壑纵横的深谷和高耸的山脊。这些山谷和山脊就是小玛瑙螺属蜗牛的家园。每个山谷和山脊都有独特的物种，而这些物种通过大量的中间过渡变种与相邻谷地和山脊的物种相连，呈现出细微的形态和颜色变化。”[49]

然而，这些蜗牛所提供的生态和进化故事并不仅仅是腹足纲动物适应现有森林景观改变的故事。我们在讲述进化故事时经常会陷入这样的误区：想象一个相对静止的、预先给定的环境，它创造了物种在进化过程中做出反应的条件。[50] 虽然这种观点早在达尔文之前就受到了持续的批评，然而它的简单逻辑仍然存在。[51] 实际上，任何特定的生态系统本身都是由组成生态系统的物种以多种方式塑造的，而物种本身也在不断进化。总而言之，物种进化是一个多向的共同塑造过程。

从这个角度来看，我们必须承认夏威夷蜗牛在数百万年的时间里帮助创造和维护了这些森林生态系统，而不仅仅是身在其中或在其中被塑造。这种认识开始打破进化只“存在”于物种身上的观念。[52] 它为我们提供了一种认识的空间，即生物的生活、关系和决策以多种方式塑造了它们自身和其他物种的方式，它们同样也可以通过影响环境和其他物种来受到塑造。与此同时，关于夏威夷蜗牛，我们还有很多需要学习，甚至还有很多可能永远无法完全了解。

或许并不令人意外的是，对夏威夷蜗牛的研究在发展现代进化生物学中所称的“遗传漂移”（genetic drift）理论方面起到了一定作用，这是一种非适应性辐射的过程。19 世纪的博物学家和传教士约翰·托马斯·古利克（John Thomas Gulick）在这方面的研究工作尤为重要。古利克对达尔文的自然选择学说深表赞同，当时达尔文的自然选择学说刚刚问世不久，古利克试图解释他在夏威夷欧胡岛周围看到的小玛瑙螺属树蜗牛惊人的多样性是如何演变而来的。

古利克注意到，在看似完全相同的森林环境中，他遇到的蜗牛的颜色和花纹却大相径庭，与他同时代的鲍德温也有类似的发现。[53] 为什么会出现如此多的变异？这些真的都是适应性变化吗？古利克并不这么认为。在与乔治·约翰·罗曼尼斯（George John Romanes）和其他进化理论家的对话中，他提出了生物体内部存在“自发变异倾向”的观点。因此，孤立的种群可能会逐渐分化，而环境却没有任何有意义的差异。[54]

虽然这种观点在当时遭到了强烈的反对，但如今“遗传漂移”与“适应性选择”作为进化变化的一个重要方面已被广泛接受。夏威夷蜗牛从它们来到这个地方的特殊历史和变化中脱颖而出，以其微小但重要的方式，在塑造我们对生活世界进化过程的当代理解中发挥了作用。

讲述这类蜗牛故事需要我们认真思考如何理解和谈论岛屿及其与更广阔的海洋区域的关系。几十年来，大洋洲各地的原住民学者一直反对将岛屿理解为茫茫大海中狭小、偏远的一片陆地。埃佩利·豪奥瓦（Epeli Hau‘ofa）等学者强调，这些关于该地区的观点是基于一种并不明显的大陆思维。正如他在一篇文章中所述：

> 将太平洋地区视为“远海中的岛屿”和“岛屿之海”，这两者之间存在着巨大的差异。前者强调的是远离权力中心的茫茫大海中的干燥陆地表面，强调岛屿的渺小和遥远；后

者则是从一种更全面的视角，将岛屿看作一个相互联系的整体。[55]

通过关注这些关系，我们可以将大洋洲视为一个相互联系的地区，其中的岛屿及其居民长期以来一直建立着联系，共享着历史、思想、资源等。当然，这些关系中有许多因该地区的殖民化进程而被切断或破坏。正如特蕾西·巴尼瓦努阿·马尔（Tracey Banivanua Mar）所言，殖民化“重新划定了以前连接和分离各地区的疆界及边界”。在某些情况下，殖民化通过全球化网络以新的方式将各地区联系在一起，但也频繁地通过各种形式的“强制隔离”创造了新的隔离模式。[56]许多太平洋地区的学者强调，地区是由狭小、孤立和资源匮乏的土地组成的，这一概念已日益被当地人内化。如豪奥瓦所言，“这对当地人的自我形象造成了持久的伤害”。[57]

重要的是，在生物科学领域，也有一种与之相关的关于该地区和岛屿的思维模式。我们可以从岛屿生态系统通常与假设的大陆标准相比较的描述方式中看到这一点。从这个角度看，岛屿的分布是“不和谐”的，在某些动植物群的多样性方面，它们的丰富程度或贫乏程度都不成比例。在这方面，人们经常注意到的一个关键差异是，许多岛屿上的某些物种相对缺乏捕食者，这导致了大陆陆地上较为罕见的适应性特征，如鸟类的失飞。这些适应性特征加上岛屿的相对孤立性，使人们普遍认为这些地方是“进化的死胡同”。简而言之，任何到达并在岛屿上安家落户的物种都不可能回到大陆，或者至少不会在离大陆很近的地方生活。然而，近几十年来，对这种认识的质疑日益增加，人们发现有一系列动植物都曾进行过这样的旅行（迁移）。[58]令人深思的是，这种对岛屿的理解模式，尤其是将其视为可研究的、孤立的、封闭的系统（岛屿实验室），在太平洋和其他地方将其用作核武器试验场地的过程中发挥了作用，而这一过程本身又与“生态系统概念”的出现密切相关。[59]

这些就是蜗牛引导我们思考的一些复杂的认识线索。正如我们所见，这个地区的特殊性、其海洋和陆地的形成，深刻地影响了夏威夷蜗牛生命的多样性。这些岛屿的大小、它们的生态差异性、多山地形以及支持潮湿森林的能力都至关重要。它们与其他蜗牛丰富地区的距离也很重要，这影响了新蜗牛到达的频率以及它们可能进行这种旅行的媒介。但我们也看到，这并不是一个简单的孤立的小地方的故事。也许最重要的是，这些岛屿在面积和距离上的特殊性对蜗牛而言并不是件坏事；相反，在夏威夷，它们为蜗牛生命的多样化和演进提供了惊人的动力，形成了最丰富的腹足类动物群落之一。同时，对蜗牛的关注也提醒我们，这片岛屿之海与我们所有人所栖息的环境一直以来都是紧密相连的。对于我们中的一些人来说，这些地方可能看起来孤立而遥远，但实际上，它们已经被持续不断的运动和交流模式所塑造，就连蜗牛也是如此。

论神秘

当我和布伦登准备回家时，我们来到了一处围栏前。打开小门，跨过围栏，我们进入了一片不同的风景中。经过马诺阿悬崖原生林恢复项目（Mānoa Cliff Native Forest Restoration Project）志愿者大约十年的努力，这里发生了翻天覆地的变化。志愿者手工清除了一些入侵性较强的植物，并修建了篱笆以防止猪进入，使本地植物得以重新生长。[60] 在我们周围，寇阿相思树、玛玛奇树[①] 和其他夏威夷植物物种都在茁壮成长。但是，这儿却看不到一只蜗牛。

布伦登和其他人曾在这一地区寻找薄壳耳喙螺，但一无所获。曾经，沿着小路步行 15 分钟，蜗牛随处可见。但在这里，在可以为它们提供更好生存机会的植被中，却再也找不到它们的踪迹。布伦登在想，将蜗牛迁移到这里是不是一个好主意。但这是一个冒险的选项，有太多未知因素了。这些蜗牛物种曾经在该地区灭绝过一次。也许重新种植的植被会给它们带来更好的生存机会。或者，正如布伦登在一篇发表的文章中指出的那样，蜗牛目前生活的非本地植被“提供了某种尚未被认识到的天敌保护”方式。[61] 没有人能够真正确定这里到底发生了什么，为什么这些蜗牛会在看似不可能的特殊区域生存下来。

站在这片小小的森林围栏内，我们很难不深刻体会到夏威夷蜗牛的生活和可能性已经变得多么支离破碎和与世隔绝。可悲的现实是，这些物种现在大多只能在狭小、封闭的空间内生存。在

---

① “mamaki”是夏威夷的一种本土植物，学名为“Pipturus albidus”。mamaki 的叶子可以用来制作茶饮，被认为具有草药和养生的功效。——译者注

大多数情况下，这些地方都是主动隔绝和封闭的区域，就像实验室里的隔离区和环境室一样。现在，我站在猪栏后面，想知道这一小块地方是否也会成为一个蜗牛种群的安全避难所，然而这个种群本身已经成为一个孤立残存的群体，尽管它幸存下来的原因尚不清楚。

简而言之，在夏威夷，越来越多的蜗牛似乎只能在与孕育它们的环境、过程和关系隔绝的情况下才能生存。那些曾经不仅为蜗牛提供生存条件，还为其多样性的惊人辐射提供条件的环境，如今已经变得致命。

那天下午，空气中弥漫着鸟鸣和蟋蟀的声音，在回想蜗牛和栅栏的时候，我的思绪飘到了那个星期早些时候与夏威夷语言和文化专家普阿凯亚·诺格迈尔的一次谈话中。当我问普阿凯亚关于蜗牛歌唱的传统故事和观念时，他回答了一个他自己的故事。许多年前，著名作曲家和草裙舞者伊迪丝·卡纳卡奥莱（Edith Kanaka‘ ole）告诉普阿凯亚和一群吟唱学生，科学家曾把她带到实验室，向她解释从生物学角度讲，蜗牛是不可能唱歌的。普阿凯亚接着说道："伊迪丝阿姨的看法是，'这不是很可悲吗？蜗牛居然不会为科学家唱歌'。"

伊迪丝阿姨的理解将我们带入了这些蜗牛故事中另一个不确定或神秘的空间。不确定性和神秘感不是一回事。前者描述的是在某个阶段可能获得的知识的缺乏，而哲学家戴维·库珀（David Cooper）告诉我们，神秘（至少在这个词的强烈意义上）是承认世界即使在原则上也不是完全可知的。[62]与此同时，伊迪丝阿姨在她的回答中提醒我们，世界以及组成世界的其他生命体并不是我们凝视下的透明物体，它们不会轻易地被揭示出来。我们中的每一个——科学家、草裙舞演员、哲学家、蜗牛——都从内心深处了解彼此，了解这个世界。也就是说，我们每个人对世界的了解永远只是局部的，很多东西永远是未知的，或者只可以用其他方式来了解。

人类学家德博拉·伯德·罗斯（Deborah Bird Rose）认为，这种神秘感是生命固有的、不可避免的特征。正如她所说："人们无法将自己从所审视的系统中抽离出来，因为我们是系统的一部分，所以整个系统仍然不可能为人们完全所理解。"但是，罗斯坚持认为，这种神秘是值得庆贺的，是值得尊重、珍惜甚至守护的。神秘意味着世界的复杂性和完整性。一个完全可知的系统是一个已经死亡或垂死的系统，"完全的可预测性意味着危机——失去联系"。[63]

从这个角度看，神秘与生命世界的活力密不可分。这绝不是对无知的赞美，而是对我们共同世界的多层次性和可能性的谦逊承认。它或许可以被视为对夏威夷语中所谓的"kaona"的认可。"kaona"一词通常用来指文本中包含的多种含义，其中一些含义是隐藏的。但正如卡纳卡历史学家诺埃拉妮·阿里斯塔（Noelani Arista）所指出的，这个词也可以描述夏威夷思想中更普遍的"宽容和偏好"，不仅仅是文字之间的关系，也是世界之中关系的多样性。[64]

只要夏威夷蜗牛和我们还存在，它们就将继续引领我们进入不确定性的神秘时空。这些未知的空间可能存在于这些蜗牛到达夏威夷群岛的一个或多个载体中，可能存在于它们作为树叶的清洁工和分解者可能扮演的生态角色中，也可能存在于它们与夏威夷人民一起歌唱和创造意义的方式中。如今，新的谜团又出现了：为什么蜗牛会在这里生存，而不是在其他地方生存？它们似乎是在排除万难？它们未来生活的最佳机会又在哪里？

随着夏威夷蜗牛的消失，这些神秘事物的生命也受到了威胁。虽然从任何绝对的意义上讲，这些不可知的多样空间都不会真正消失，但我们与它们和睦相处的可能性却可以消失：我们可以本着尊重好奇、谦逊和惊奇的精神居住在这个世界上。

伴随着物种的消失，那些侥幸存活下来的物种的生活变得越来越支离破碎和单一化，我们的能力被削弱了，无法找到与这个活生生的星球相联系的方式，也无法珍视这个比我们所能了解的更庞大、更复杂的星球。我们在观察蜗牛的同时，也破坏了看到一个永远无法解开的谜团的可能性。质疑、探索、疑惑、吟唱、舞蹈和歌唱，但自始至终至少有一部分是未知的。

蜗牛只是进入一个超越我们的世界的一种方式，或者说是一系列方式中的一种。在夏威夷遇到的蜗牛中，没有一只在我面前唱歌；或者它们确实唱了，只是我无法听到。但是，通过仔细地思考蜗牛和与有关蜗牛的问题，我有了新的理解，新的欣赏和尊重的方式。至少对我来说，隐藏在蜗牛小小壳里的巨大生物地理学和进化故事为我提供了一个门户，让我可以进入一个广度和复杂性都令人难以置信的过程，一个令人兴奋的理解与持续、深刻的神秘并存的过程。

我们很难真正理解夏威夷蜗牛广阔而深邃的时空组合。我将其想象成一个巨大的网络，缕缕延伸至太平洋内外，跨越进化和地质时间框架。每一条线都代表着数百种独特物种中的一种。数百万年的不寻常旅程——嵌在鸟儿的羽毛里，或者藏在浮木的缝隙中——向着未知的目的地进发。数百万年的时间造就了这些无畏的岛屿迁徙者，它们的生殖能力和其他适应能力使得迁徙成为可能。在最偶然的到达之后，又经过无数代的偶然迁移，产生了隔离和物种分化。

漂移的蜗牛、漂移的山谷和丘陵、漂移的基因，每一缕都是一条独特的运动线、关系线和分支变化线。这些至少是产生夏威夷蜗牛令人惊叹的多样性、不可复制的生命集合的过程中的一部分。

努力记住这个网络，无论多么不完美，多么不可能，都可以让我们更深刻地理解这些蜗牛存在的意义，以及蜗牛灭绝所造成的重大损失。这样做可能会提醒我们，在这个裸露的山坡上或在帕利克围栏保护区生存的每一个脆弱小巧的薄壳耳喙螺或鼬鼠小玛瑙螺个体，它们不仅仅是一个物种的“成员”，而是一个世系的“参与者”，是一个庞大的、不可能实现的代际项目中的一个环节。每一个具体的项目都是不断变化和出现的。通过适应、隔离和漂移的过程，一个物种总是在不断地超越自身：不断变化、变得多样化和繁衍生息。因此，每个物种失去的不仅仅是它“当前”的形态——我们今天看到的这些蜗牛的特定生活方式和物理表现形式——而是它们曾经拥有的一切，它们在进化过程中可能成为的一切角色，以及这些角色能够带给其他物种的一切。[65]

今天夏威夷各种蜗牛的生命、历史和可能性正在被彻底截断，或者干脆被毁灭，而这一切都发生在人类生活的几代人之间。随着蜗牛的消失，无数独特的生活方式和丰富的进化遗产——借用洛伦·艾斯利（Loren Eiseley）的贴切说法，即“巨大的旅程”——也消失了。随着它们的消失，我们学习如何以一种负责任的方式与其他生命形态共同生存的可能性也在消失：这种可能性不是孤立的，不是那些勉强存活的种群和生物，而是跨越我们无法理解的时空海洋不断纠缠的持续过程。

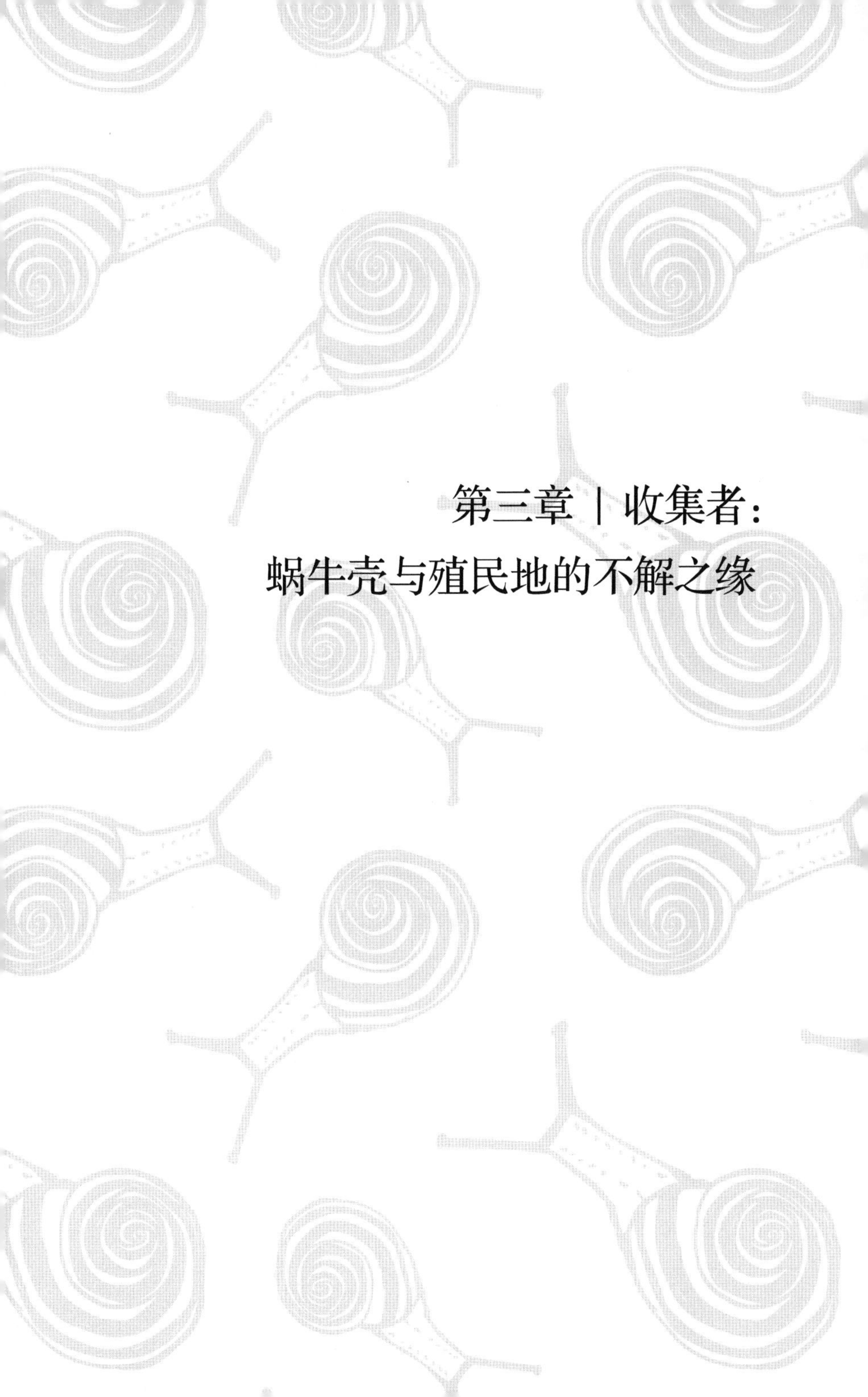

第三章 | 收集者：
蜗牛壳与殖民地的不解之缘

云朵很快从视线中消失，仿佛被赶出了山谷。过去几个小时一直下个不停的雨才刚刚停歇，我逐渐了解到，这场雨似乎是欧胡岛多变的山地天气的特点之一，暴风雨天转瞬间变成了阳光明媚的好天气。我身处哈伊库山谷（Ha'ikū Valley）的后部山区，在岛屿的东部迎风一侧。在我的周围，陡峭嶙峋的悬崖拔地而起，宛如露天剧场的山谷郁郁葱葱。

H-3 号州际公路在这片令人难以置信的地貌中穿行，在隆隆的车流声中，一条四车道的高速公路悬挂在离树木约 15 米高的巨大混凝土支柱上，蔚为壮观。有人说，这条公路是有史以来最昂贵的州际公路，由军方悄悄出资修建，目的是将重要基地连接起来。忧心忡忡的活动家阐述了这条公路对环境和卡纳卡毛利文化遗址的影响。这些反对意见极大地拖延了高速公路的建设（最终耗时超过 30 年），但最终未能阻止这条路的建成。[1] 这条公路于 1997 年通车，至今仍有一些卡纳卡家庭拒绝使用这条公路。

在该岛屿的蜗牛近代史里，H-3 号州际公路也具有特殊意义。20 世纪 80 年代初，正是在当地社区强烈反对修建 H-3 号州际公路的时期，小玛瑙螺属树蜗牛被列入美国《濒危物种法》。但是，这项列名工作进展得并不顺利——这条公路可能是其中的部分原因。

1981 年 1 月，在艾伦・哈特、迈克・哈德菲尔德等人提供的证据的推动下，美国鱼类和野生动物管理局在联邦公报上公布了一项“最终规则”，宣布“小玛瑙螺属的所有物种均为濒危物种”。[2]然而，根据标准惯例，该规则公布的生效日期在未来30天之内。在大多数情况下，这并不会造成太大的影响，但在公布后仅一周，罗纳德·里根（Ronald Reagan）就成为美国第40任总统。两天后，里根宣布成立“总统监管减免特别工作组”（Presidential Task Force on Regulatory Relief），用他的话来说，该工作组的目标是“消除不合理和毫无意义的监管……并重新激活美国的经济，激活美国人民的智慧和活力”。[3]

美国《濒危物种法》是推动这一进程的特别目标，里根政府暂停了所有待列入濒危清单的物种。这些蜗牛和其他三种珍稀植物——其中两种来自新墨西哥州，一种来自得克萨斯州——被逐月推迟列入名录，等待进一步审查。[4]虽然这些特殊物种直接被卷入了这一进程，但这显然是政府推动更大议程的一部分——政府试图“说服国会放弃该法案的条款”，更多地考虑将濒危物种列入名单和保护濒危物种可能带来的经济影响。[5]或者，正如一位评论家几年后所言：“如果做不到这一点，就要将特殊物种的列名进程放慢到与濒临灭绝的欧胡岛树蜗牛同样的速度。”[6]

不过，在迈克看来，小玛瑙螺属在这些联邦阴谋中具有特殊的意义。1981年初，他和同事们接受了一份合同，在拟议中的H-3号州际公路地区调查这些蜗牛，因为他们认为这些蜗牛即将被列入濒危物种名单。虽然他们在3月中旬至4月中旬进行的调查中发现了许多已灭绝种群的蜗牛壳，但没有发现任何存活的蜗牛。在他们提交报告后不久，蜗牛的列名工作被正式批准。1981

年 8 月 31 日，该蜗牛属的所有剩余成员都被列为濒危物种。如果在该地区发现了活的小玛瑙螺属蜗牛，这可能会成为这条战略高速公路完工的又一障碍，迈克怀疑事情的结果可能会大不一样。

这一天，我来到哈伊库山谷并不是为了寻找蜗牛。我是来拜访科迪·普奥·帕塔的，他是一位杰出的草裙舞老师。普奥约我在他的工作地点见面，这是一个名为“帕帕哈纳库奥拉”的教育中心，占地 62 英亩，位于这个历史悠久的山谷的背面。在这里，一支由工作人员和志愿者组成的团队为不同年龄段的学生提供教育服务，教导他们如何利用这些岛屿丰富的文化遗产——从耕作和资源管理到蕴含在传统故事和草裙舞中的丰厚知识——来应对紧迫的社会和环境挑战。用该组织网站的话说，他们是“一个以土地为基础的学习型组织，正在将该地区的过去与可持续发展的未来联系在一起”。[7] 夏威夷语中的“‘āina”一词通常被翻译为“土地”，除了地球本身，这个词还指居住在地球上的生物群落，它们被称为营养的生产者和提供者，代表着所有生命的文化背景。

我来这里是想和普奥详细谈一谈夏威夷“土地”。当然，我希望他愿意与我分享一些与蜗牛有关的故事和见解，但我与他见面的更重要的目的是想了解夏威夷文化与这些岛屿上的特定地貌、植物和动物之间的关系。

我们边坐边聊，普奥向我描述了他们在草裙舞学校开展的工作。草裙舞与大多数在夏威夷群岛以外长大的人更熟悉的标志性明信片图像大相径庭，在这些图像中，草裙舞通常被描绘成一种轻浮的活动，以娱乐游客为主。[8]然而事实并非如此，正如普奥向我解释的那样，草裙舞是一种丰富的文化习俗，它建立在对这块土地的深入了解以及当地人民与土地的深厚联系之上。

在这个草裙舞训练馆里，草裙舞的核心是“库阿胡”（kuahu），即祭坛。普奥借鉴了他在草裙舞训练中更传统、更经典的传承之道。他解释说：“祭坛是我们为‘akua’（祈求的不同神灵）做好充足准备的地方。我们呼唤神灵来到库阿胡坐镇。”草裙舞的所有活动都以“库阿胡”为中心，草裙舞舞者专注的表演、他们的技巧、他们的承诺、他们的汗水和他们的魔力（能量）都是为了这个祭坛，在这里可以向神灵传达尊重、爱戴和敬意。

普奥向我解释说：“这项工作需要草裙舞练习者在森林中从上到下爬行……看到整个 ahupua‘a（一种传统的陆地划分方法，通常从山延伸到海）。”山顶一直是卡纳卡毛利人的圣地：这里是瓦奥·阿库娅（Wao Akua）女神的摇篮，是神的领域。这些地方可以捕捉云层，为岛屿带来生命之水。对于草裙舞练习者来说，森林之旅通常以采集植物为主。据了解，这些自然实体中的每一种植物都是一种化身（kino lau），即一种特定神灵的身体形态或表现形式。[9]因此，必须按照适当的规程采集这些植物，以便将其放在祭坛上，或编织成花环和其他身体装饰品，供草裙舞舞者佩戴。作为特定的祭物，这些大自然的化身通过物质存在将阿库娅神灵融入草裙舞之中。[10]

对于像普奥这样的草裙舞练习者来说，进入森林、在森林中活动、采摘和收集植物的规程繁多而复杂，每一步都必须征得同意，并遵守尊重他人的行为准则。对森林和岛上其他景观的深入了解是践行这种做法的基石，而这种了解本身就植根于传统的故事和圣歌之中。它们是在草裙舞中传授和传承的。草裙舞不仅是一种舞蹈风格，它更像是一种“生活方式”。正如库姆呼拉·普拉尼·卡纳卡奥莱·卡纳赫勒（Kumu Hula Pualani Kanaka ‘ole Kanahele）所言：“这一传统教人们如何欣赏自然现象，热爱土地，承认并尊重生命的存在。基于此，草裙舞就是生命的反映。”[11]

当我向普奥询问他在这项工作中遇到蜗牛的情况时，他解释说，他从未在欧胡岛上真正见过树蜗牛“卡胡利”。但在毛伊岛（普奥成长的地方）上，当他们去湿润的森林里采摘“哈拉佩佩”（hala pepe，一种夏威夷植物）时，有时还是会看到一些较小的蜗牛。他告诉我：“我们会仔细检查每一片叶子，看看那里是否有蜗牛。每次我们都要把蜗牛从叶子上揪下来，放到另一片叶子上。我们知道蜗牛可能会在哈拉佩佩的头上度过一生，所以我们必须把这些蜗牛换到另一片叶子上。我们总是小心翼翼地保护它们，我们从来都不想伤害它们。”

通过与普奥交谈，我对夏威夷动植物的宗教和文化意义有了更深刻的认识。虽然普奥强调他们跳的草裙舞与过去的草裙舞有着不间断的延续性，但在我们的交谈中，我们一再清楚地看到，过去两个世纪以来，欧美定居者和殖民者的存在不仅对草裙舞的具体跳法产生了深远的影响（草裙舞曾一度被禁止并被迫转向地下以求生存），而且对这些岛屿上卡纳卡毛利人更广泛的社会、文化和环境背景也产生了持久的影响。

本章旨在探讨夏威夷殖民化的历史和持续进程。当然，有许多方式可以讲述这个故事，而且这个故事已经被讲述过了。[12]毫无疑问，在本章中，我将探讨夏威夷群岛的蜗牛是如何被卷入这些更大的殖民化进程中的。我特别关注的是蜗牛壳采集的实践过程。正如我们将看到的，卡纳卡毛利人长期以来一直在收集夏威夷陆地蜗牛的外壳，但随着欧洲人和美国人的到来，这一过程发生了翻天覆地的变化。从 18 世纪末的探险家，到 19 世纪的传教士和种植园，再到 20 世纪初夏威夷君主制被推翻、成立夏威夷共和国、最终成为美国领土的动荡年代，这些新到来的人立即被这些蜗牛壳迷住了，掀起了一股蜗牛壳采集潮。

在所有这些时期，人们收集了数量惊人的蜗牛外壳，并将其列入不断增长的收藏品中。从学校团体和童子军，到家庭野餐和自然主义者俱乐部，每个人都热衷于这项活动。与此同时，“蜗牛壳收藏家”的队伍也在日益壮大，他们大多是男性和欧美后裔，或多或少都接受过科学教育，以严谨的态度来收集这些岛屿上种类繁多的腹足纲动物的外壳。[13] 19 世纪中后期，博物学家和其他蜗牛壳爱好者前往欧胡岛森林中采集蜗牛的故事比比皆是，有些人甚至在马鞍袋中装满了蜗牛壳。

正如我们将看到的那样，虽然很难量化蜗牛壳采集潮对蜗牛本身的影响程度，但在特定的时间和地点，这很可能是重大的影响。正如迈克·哈德菲尔德总结道：“那些家伙干了一件大事，他们把一切都毁了。”

然而，与此同时，蜗牛壳采集潮也对卡纳卡毛利人产生了巨大影响。更确切地说，它是剥夺、疏远和改写卡纳卡毛利人与土地的传统关系的更大进程中的一小部分。我越是探索夏威夷蜗牛壳采集的历史，就越难将其与欧洲和美国在这些岛屿上进行殖民活动这一更大的叙事区分开来。在这个叙事中，夏威夷今天仍然是一个被美国占领的国家，受制于伴随而来的、持续的定居者殖民主义的社会和文化进程。[14] 这既是一个植根于 200 多年历史的故事，也是一个将我们带到今天的故事。因此，这是一个关系破裂的故事，也是一个持续反抗和生存的故事。借用卡纳卡学者莱昂·诺伊乌·佩拉尔托（Leon No‘eau Peralto）的话和他所表达的感受，“这不是一个擦除历史的故事”，至少不仅仅是这样，它还是一个试图呈现“质疑、抵抗和克服擦除过程的方式”的故事。[15]

如今，这一时期收集的无数蜗牛壳中的许多，我们可以在檀香山的毕夏普博物馆以及世界各地的其他博物馆中找到。下一章内容将详细讨论，这些外壳现在在科学研究中发挥着至关重要的作用，使我们能够更好地保护那些幸存的物种。换句话说，它们已经成为一种重要的资源。然而，这些蜗牛壳的采集史也是一个非常值得深入探讨的问题，这一过程对蜗牛和这些岛屿上的原住民都产生了重大影响。在这种背景下，本章努力尝试将这些故事保留在内容框架之中。

在本章开头，我讲述了一个截然不同的采集故事，一个以尊重森林为基础的采集故事。在这个故事中，蜗牛被小心翼翼地保护着，而不是被大量采集。这并不是说蜗牛没有受到卡纳卡毛利人活动的影响，正如前一章所讨论的，在某些地方，为农业发展开垦土地可能非常重要。这也不意味着夏威夷人不会采集蜗牛。但是，本章将这些不同的采集习俗和故事联系在一起，旨在让人们更深刻地认识到，近几个世纪以来，在这些岛屿上，人们对土地和生物群落的理解及关系模式已经发生了深刻而持续的转变。

被编织的生命

在檀香山的毕夏普博物馆里，有一件非凡的物品为我们提供了一个切口，让我们得以了解蜗牛壳采集和殖民化这些错综复杂的历史。就在我前往帕帕哈纳库奥拉与普奥会面的前几天，我有幸获得了参观该博物馆民族学收藏馆的机会。我的向导马克斯·马尔赞（Marques Marzan）当时正在一个没有窗户的房间里，站在一排排橱柜中间；接着他爬上一个小梯子，伸手去拿上面架子上一个和餐盘差不多大的坚固纸箱。他走下梯子，走到旁边的长凳上，然后轻轻地放下盒子，掀开盖子，盒子里有两串白色和棕色的蜗牛壳交织在一起，上面有复杂的条纹和螺旋图案，组合成了一个精美的花环。

这是该系列中唯一一个完全由夏威夷陆生蜗牛壳组成的花环，所有蜗牛壳都属于小玛瑙螺属。马克斯解释说，除了美丽，这个花环的与众不同之处还在于它的前主人：利留卡拉尼女王（Lili‘uokalani），她是夏威夷王国的最后一位君主。人们对利留卡拉尼女王的花环知之甚少：她是如何、为何或何时获得它的？不过，我们所知道的是，这是一件有点不同寻常的物品。虽然海洋贝壳过去和现在都被频繁地用来制作花环，但陆地蜗牛的外壳却很少被用来制作花环。[16]

事实上，蜗牛壳花环非常罕见，大多数夏威夷人可能从未见过。当我向普奥打听这些蜗牛壳时，他给我讲了一个故事：他的一位朋友在一次传统草裙舞比赛中戴着一个陆地蜗牛壳花环。他解释说，在这种情况下，海里的东西通常不会和山里的东西放在一起。普奥说："当你佩戴树叶花环（脖子上的花环）时，通常不会同时佩戴贝壳花环。"他的朋友佩戴植物蜗牛壳花环参加比赛时被一名评委打了低分，因为这位评委知道"卡胡利"是蜗牛壳。但普奥解释说："蜗牛壳是可以长在树叶上的。"

这些蜗牛壳花环虽然罕见，但也提醒着人们，卡纳卡毛利人收集蜗牛壳可能已有数百年历史，尽管规模可能不大。除了礼仪和装饰用途，也有些记载表明，一些较大的蜗牛也可能被人们生吃或放在植物叶中煮熟后食用。[17]但也许比这些物质用途更重要的是，蜗牛在人们的生活和故事中是强有力的"象征或预兆"（在夏威夷语中为"hō'ailona"），往往预示着积极和正义的行动。正如我们所见，蜗牛的故事告诉我们，蜗牛通过歌唱的方式发挥着强大的作用。

与蜗牛的这些联系只是复杂而亲密的宇宙观的一个小方面，这些宇宙观反映了岛屿上世世代代卡纳卡人的生活。它们植根于卡纳卡人与"生物群落"的系谱和家族关系。居住在这些岛屿上的植物、动物和各种生物，对夏威夷人来说，就是名副其实的家人，他们是一个完整的"大家庭"。这种关系在圣歌《库穆里波》中表达得淋漓尽致。《库穆里波》是利留卡拉尼女王留给夏威夷人民的巨大遗产的另一部分［最初由卡拉考阿国王①（King Kalākaua）用夏威夷语写就，后来由他的妹妹和继任者女王翻译成英文］。这首圣歌讲述了这个王室的家谱，历经人类和非人类生命的世世代代，一直追溯到本书第一章中提到的黏液——“黏液，是地球起源之源”。[18]

在这种家庭宇宙观中，人类被定位为“小的兄弟姐妹”，是“宇宙中的新来者”。[19]卡纳卡学者乔纳森·凯·卡玛卡维沃奥莱·奥索里奥解释说：“在这种关系中，存在着一种真正的依赖感，就像孩子依赖父母和祖父母一样。”[20]但奥索里奥指出，这也是一种义务和责任的关系，即“kuleana”②。例如，这些生物群落是年长的“兄弟姐妹”，它们通过提供营养物种来养育卡纳卡人，而卡纳卡人也会给予相应的呵护。[21]

我们必须从这个角度来理解上文所提到的“kino lau”（神灵的化身）。夏威夷的神灵并没有脱离生物世界，而是这个大家庭景观中不可或缺的一部分：“人类是包括天体、植物、动物、地貌和神灵在内的大家庭的一部分。”[22]正如普奥所总结的那样：“在森林里，我们被祖先所环抱。我们是这些阿库娅神灵的后裔，所

① 卡拉考阿国王是夏威夷历史上一位重要的君主。他于1874年至1891年担任夏威夷国王，被誉为“万国之旅”的国王。在位期间，他致力于恢复夏威夷的独立地位，并促进夏威夷文化的复兴，为夏威夷的独立、文化和发展做出了积极贡献。——译者注

② “kuleana”是夏威夷文化中一个重要的概念，代表责任、义务和权利的综合体，强调每个人肩负的责任和对社会、家庭和环境的尊重与保护。——译者注

以它们是我们的亲人。”

自抵达夏威夷以来，卡纳卡毛利人经过无数代人的努力，与夏威夷群岛的植物和动物、水域和土地、祖先和神灵都建立了相互照顾和滋养的关系。他们在不同的环境中种植芋头和红薯，并在必要时使用灌溉系统；在巨大的围墙鱼塘里建造独木舟、家园和神庙。在依靠生物群落生活、与生物群落共同生活以及为生物群落服务的过程中，卡纳卡毛利人发展出了与他们广泛的、超越人类的家庭网络相关的知识和关注系统。

蜗牛当然也是这个家族中的一员，夏威夷的故事和圣歌中蕴含着大量关于蜗牛的知识。在这些资料中，蜗牛有各种各样的夏威夷名字。对于像我这样的局外人来说，至少一开始，这些名字在我的脑海中翻来覆去，它们并不比这些蜗牛的拉丁文式科学名字（在过去几个世纪里收集的）更容易掌握。我们已经见过两个最常见的夏威夷蜗牛名字：第一个是“kāhuli”，这个词也有转动或变化的意思，一般认为是指蜗牛行进时外壳左右摇晃的样子；第二个是“pūpū-kani-oe”，字面意思是“外壳发出的声音听起来很悠长”。“kāhuli”是陆地蜗牛的专有名称，有些人甚至只称体型较大、颜色更鲜艳的蜗牛为“kāhuli”，而“pūpū”（与“kani-oe”没有区别）一词则用于指代蜗牛或任何种类的贝壳，包括海洋贝壳。

但蜗牛还有许多其他名称。艾米·尤·佐藤和她的合作者查阅了夏威夷语的历史资料，并与相关文化从业者进行了访谈，以寻找这些蜗牛名称。她们告诉我们，蜗牛有时也被称为“pololei”（完美或正确）和“hinihini”（细腻的声音）。这些名称还可以进行修改，以提供更具体的参考，例如“pūpū-moe-one”意为“沉睡在沙子里的贝壳”；“pūpū-kuahiwi”意为“山壳”；以及“pololeikani-kua-mauna”指“在山脊上完美地歌唱”。[23]这些名称可能还有无数其他的变体，如“hinihini konouli”（一种深色的贝壳）和“hinihini kua mauna”（山脊的声音）。[24]

在我的讨论和研究中，我未能找到一个更大的卡纳卡毛利人的分类系统来对岛上的各种蜗牛进行分类。不过，这种系统似乎很可能已经存在，就像许多植物和鸟类分类系统一样。诺亚·J.戈麦斯（Noah J. Gomes）讨论了夏威夷鸟类分类系统的一些重要历史案例。[25]虽然这些系统存在一些差异，但它们似乎主要是根据鸟类对人类的实用性、发现鸟类的环境以及鸟类对更大的“ao holo‘oko‘a”（世界）的功能，即鸟类在生态系统中的功能，将鸟类划分为不同的类别。[26]

特定鸟类的名称也往往遵循一种特定的模式。具体来说，鸟类的夏威夷名称往往指的是：其外观的特殊性；其发出的声音；其独特的行为或习性；与该物种有某种联系的历史人物或传奇人物。[27]显然，这些命名惯例中有许多也适用于蜗牛。如果说命名这些蜗牛有什么意义的话，那么可以肯定的一点是，卡纳卡毛利人长期以来一直非常关注以这些岛屿为家的蜗牛的外壳、活动、栖息地等。

花环热潮与贝壳热潮

随着欧美人的到来，卡纳卡毛利人适度采集和使用蜗牛的时期戛然而止。[28] 一个花环标志着收集蜗牛壳热潮的开始，这个花环完全由小玛瑙螺属蜗牛的外壳组成。1786 年，英国船长乔治·迪克森（George Dixon）在欧胡岛购买了这个花环，并将其带回伦敦。组成花环的蜗牛壳立即吸引了收藏家的注意。这些蜗牛壳被切割成碎片出售，据说每个蜗牛壳可以卖到 30 美元到 40 美元的高价。[29] 这些蜗牛壳的命运大多不得而知，但它们却成了永恒的遗产，第一次让全世界注意到了夏威夷的活宝石。

这是夏威夷历史上的一个动荡时期。在詹姆斯·库克（James Cook）船长于 1778 年访问夏威夷并将这些岛屿绘制在欧洲地图上（事实上，迪克森也参加了那次航行）之后仅仅八年，迪克森就来到了夏威夷。与这一时期欧洲探险家的通常做法一样，库克决定为这些岛屿取一个更合适的名字，因此这些岛屿在地图上没有使用任何当地的名称，而是以库克的赞助人桑威奇伯爵（the Earl of Sandwich），约翰·蒙塔古（John Montagu）的名字命名，如“桑威奇群岛”。这一时期，各岛屿最高酋长之间的战争十分激烈，各自都在争夺对领土的控制权。18 世纪 80 年代和 90 年代，卡美哈美哈国王崛起，将所有岛屿都统一在他的统治之下。夏威夷王国诞生了，以其最大的岛屿和卡美哈美哈的出生地命名。

正如前一章所讨论的，在这几十年里，外来者的到来改变了夏威夷的地貌，最初是通过引进牛和山羊等新物种，以及通过农业和灌溉系统的崩溃来实现的，这是由于当时人类因新疾病而令人难以置信地丧命。在这一变革时期，夏威夷群岛的蜗牛继续吸引着西方游客的目光。博物学家、收藏家和其他各种好奇的人购买或收集蜗牛壳带回欧洲或美国，而这些带回的蜗牛壳往往会被博物馆或私人收藏家抢购一空。

然而，19 世纪 20 年代，夏威夷的生活再次发生了巨大的变化。来自波士顿的基督教传教士开始带着他们的家人来到夏威夷群岛定居。基督教的影响极大地破坏了卡普制度①（the Kapu System），即夏威夷社会的传统秩序，在过去几十年里，该制度已经被奥索里奥所称的“大死亡”削弱。[30] 这些新移民在政治、经济和文化方面扮演着越来越重要的角色。

对于岛上的蜗牛来说，美国永久定居者的出现也带来了一个引人注目的新情况。各个年龄段的人都开始热衷于收集蜗牛壳，特别是传教士家庭的儿童和青少年。这项活动被视为一种健康的消遣，重要的是，它也是“一项让人不断提升的工作，既辛苦又具有教育意义”。[31] 对于这些以新英格兰基督徒为主的人来说，对自然世界的密切关注也是一种宗教活动：关注上帝的创造物是更好地感知神的一种具体手段。[32] 约翰·托马斯·古利克就是这样一个人，他是一位传教士和博物学家，在上一章中我们提到了他关于非适应性进化的理论。用他的话说，“收集蜗牛壳使人们能够研究上帝在其伟大作品中所展现的品格”。[33]

在这一时期的著作中，自然史收集、为世界命名和编目与

① 卡普制度是夏威夷原住民传统社会的一种社会规范和道德准则，也被称为卡普法则。该制度规定了人们在各个方面的行为准则，包括社会礼仪、资源分配、土地使用、食物采集等方面。在夏威夷历史上，卡普制度在社会组织、政治治理和文化传承方面起到了重要的作用。——译者注

改善一个民族及其社会之间经常有着密切的联系。我们可以从1837年新成立的桑威奇岛研究所（Sandwich Island Institute）所长的一次演讲中清楚地看到这一点。演讲开篇概述了该研究所的目标，其核心是“提高其成员的智力和道德水平”，最后表示“诚挚地邀请每一位成员努力收集自然界中各种有趣的物质”。[34]

到19世纪50年代，夏威夷的蜗牛壳采集热潮已经有些失控了。大卫·鲍德温在回忆这段时期时指出：“当时人们对这些岛屿产生了浓厚的兴趣。”当地人开始称之为“蜗牛壳热潮”。[35]这种热潮似乎尤其困扰着年轻男性。20岁出头的鲍德温也被卷入其中，而且似乎再也没有恢复过来。虽然他后来成为一名成功的政治家和商人，但在他有生之年，他也被公认为是夏威夷陆壳收藏方面最重要的权威人士之一。1885年，当他的女儿结婚时，报纸报道称，她在家中举办的婚宴是为了让客人们欣赏父亲鲍德温收藏的大量精美的蜗牛壳。[36]当然，报纸没有详细讨论这对幸福的新婚夫妇对这一安排的看法。

生物学家艾莉森·凯（Alison Kay）在她对这一时期夏威夷自然史和传教士家庭的描述中指出，“到19世纪50年代初，几乎所有的男孩都卷入了蜗牛壳热潮”。正如亚历山大牧师（Reverend Alexander）在1852年所说，“他们每天都穿梭在峡谷中寻找陆地贝壳”。[37]这一时期有许多报道称，人们到山里去玩几个小时甚至几天，以蜗牛为中心，带着大量的外壳回来。檀香山的普纳荷学校（Punahou School）成立于十年前，旨在教育传教士的子女，似乎是这一活动的重要中心。1853年3月，学校报纸上刊登的文章称，在一次野餐中，学生收集到了 4 000 多枚蜗牛壳，而在一次进山探险中，学生再次收集了大约 2 000 枚蜗牛壳。[38] 如今，整个欧胡岛上所剩的各种蜗牛个体数量比其中一些群体在几个小时内收集到的还要少。

不过，这一时期最著名的蜗牛壳收集狂热者可能是古利克。他年轻时就收集了大量的小玛瑙螺属蜗牛壳。他的绝大部分收集工作是在 1851 年至 1853 年的 3 年时间里完成的，就在他前往美国东海岸上大学之前。离开时，他带走了许多蜗牛壳。事实上，在随后的几十年里，他一直带着从这些蜗牛壳中精挑细选出来的参考藏品，前往亚洲的各个传教地点。[39] 他的进化论思想正是从这些收集的蜗牛壳中得到启发，从而发展起来的。

古利克于1853年撰写的日记为我们提供了一个有趣的视角，让我们得以了解其采集蜗牛壳的过程。值得一提的是，这些记录清楚地表明，大量的收集蜗牛壳工作是由其他人完成的，尤其是居住在岛屿周围村庄的卡纳卡毛利人。在某些情况下，古利克会付费让当地人和他一起收集蜗牛壳。例如，据他报告，1853 年 7 月 27 日，他与两位朋友以及 8 位当地人一起到森林中寻找蜗牛壳。他们仅在一个山谷里就拾到了 1 400 多枚蜗牛壳。[40] 在其他情况下，他还招募当地儿童作为自己的助手。但是，古利克收集的大量蜗牛壳中，有许多是通过收购卡纳卡毛利村民收集的蜗牛壳获得的。古利克骑马穿梭于各个村庄之间，一边走一边慢慢地将蜗牛壳装进马鞍袋，并留下下次返回的时间信息。

古利克的日记还清楚地写道，当他在 1853 年的夏天和秋天采集蜗牛壳时，他周围的卡纳卡毛利人正因一种可怕的疾病——天花——而大量死亡。天花被认为是在这一年传入欧胡岛的，这种疾病很快蔓延开来，感染了该岛以及考艾岛、毛伊岛和夏威夷岛的成千上万人。据估计，一年内有多达6 000人死于天花。[41]根据历史学家塞斯·阿彻（Seth Archer）的说法，“檀香山成了一座炼狱。政府的马车载着病人和死人穿过小镇，门口到处挂着黄色的旗帜”。[42]当时古利克对天花病人和垂死者的困境并非无动于衷：他一边送药，一边四处收集蜗牛壳，一边为所遇之人祈祷。

1853年9月，古利克来到茂纳鲁亚（Moanalua）地区，发现当地人感染天花后“像羊群一样四散奔逃”。他给当地人留下了一些药品，便继续前行。他在日记中记录道：“离开茂纳鲁亚地区后，我经过埃瓦（Ewa），在不同的地方停留，最后经过威阿瓦山谷（the valley of Waiawa），但发现这些地方都没有蜗牛壳，因为当地人一直在经历病痛或死亡，活着的人忙着埋葬死者，根本没有时间拾蜗牛壳。”[43]度过了一个“充斥着病人凄厉的呻吟和哀求”的不安夜晚后，第二天一早，古利克又开始了工作：“我和两个当地居民从八点钟开始一直在树林里寻找蜗牛壳，直到下午很晚才回来。当我们回来的时候，我们每个人都带着200到400个蜗牛壳。”[44]天花疫情最终于1854年1月结束。而这时，古利克正在乘船前往大学的路上。

对许多卡纳卡毛利人来说，19世纪中叶的这些时期也标志着

长期被剥夺权利的高潮。从1848年开始，一个被称为“马赫勒”①（Māhele）的法案改变了夏威夷社会的传统土地权，以建立一个更西方化的私有和公共财产制度。推动这一变化的因素有很多，包括入侵的威胁、人口的大量减少导致大部分土地无人管理，以及来自定居者和酋长的压力越来越大，他们希望能够将买卖土地作为其商业活动的一部分。[45]

夏威夷的许多普通百姓强烈反对这种土地权改革。卡纳卡学者达维安娜·波马伊卡伊·麦格雷戈（Davianna Pomaika‘i McGregor）认为：“在整个历史长河中，夏威夷人民对土地始终保持着深刻的信仰，认为土地是物质生活、精神力量和经济福祉的源泉。”麦格雷戈指出，正是基于对土地的这种信念，夏威夷人民竭力请求国王卡美哈美哈三世（Kamehameha Ⅲ）不要将土地卖给外国人。他们写道：“土地每天都能为夏威夷农民增加收入，土地所有者每天都在不断获得财富和荣誉。世间的财富无穷无尽，直到这个种族的终结。但是，卖地的钱可能不到十年的时间就会被用完。”[46]

但土地权改革最终还是如期推进了。虽然农民有机会获得小块土地，但这对他们完全不利。最初，大部分私人土地都归国王和

① “Māhele”指代夏威夷王国时期的一次土地分割和地权制度改革，也称“马赫勒法案”。在19世纪中叶，夏威夷的土地制度经历了重大变革，以解决土地所有权争议和促进现代化的发展。这个词也可以作为动词用来描述土地的分割和重新分配。——译者注

一小部分贵族（ali'i）① 所有。但渐渐地，越来越多的土地被富有的外来者收购，用于建造大型牧场、甘蔗园和其他种植园。[47] 卡纳卡人类学家凯霍拉尼·考阿努伊（Kēhaulani Kauanui）曾简明扼要地指出："在这一进程中，夏威夷人及其后裔在很大程度上成为一个没有土地的民族。"[48]

当我向萨姆·奥胡·贡询问这一土地权改革进程时，他告诉我，重要的是要记住，人类大规模死亡以及农民与土地分离的时期也是一个深刻的"文化解体"时期。萨姆是夏威夷自然保护协会（The Nature Conservancy Hawai'i）的资深科学家和文化顾问，也是一位杰出的咏唱歌手和教师（Kumu oli）②。他指出，在一个知识以口头形式世代相传的文化中，如此之多的人在如此短的时间内死亡，这对文化产生了深远的影响。当时，卡纳卡毛利人痛苦地意识到了这种损失。然而，当基督教传教士引入字母表和印刷机后，夏威夷人很快就接受了这些新事物的发展。19 世纪后半叶，夏威夷是世界上识字率最高的国家之一。[49] 卡纳卡毛利人充分利用这些新工具，创办了一系列夏威夷语报纸，除了报道当天的新闻（包括反对干涉国家政治制度），报纸还成为传统故事和知识的宝库，有助于确保文化不会失传。[50]

---

① "ali'i"是夏威夷语中的称号，用于指代贵族、首领或领袖，以示其尊敬和崇高的地位。——译者注

② "Kumu oli"指夏威夷传统文化中教授和传承咏唱艺术的导师或教师。这些教师经常在夏威夷社区中起到非常重要的作用，他们不仅传授咏唱技巧，还传承和保护着夏威夷文化的核心价值观及知识体系。——译者注

这些变化对卡纳卡毛利人产生了深刻的影响，与此同时，生物群落本身也发生了广泛的变革。正如萨姆所说："当你看到人口减少和文化衰落时，夏威夷的本土动植物也受到了同样的影响，尤其是在低地地区，农业、牧场以及引进的捕食者（如老鼠和狗等）基本上取代了整个生态系统。"对于一个生活和家庭关系都与生物群落密切相关的民族来说，这些变化意义深远——"当你的生活宇宙是由一系列相互影响的神的实体（动植物体）组合构建而成时，只要你细心呵护它们，这些神基本上就能满足你的所有需求。因此，看到这些生物群落在你周围逐步瓦解是一种令人深感悲哀的经历。"

随着 19 世纪的结束，卡纳卡毛利人失去了对更多大片土地的控制权和所有权，继而是对国家本身的控制权和所有权。夏威夷主权国家的末代君主利留卡拉尼女王于 1893 年被推翻。在当时停靠在檀香山的波士顿号美国海军陆战队的协助下，一群主要由美国公民和其后裔组成的"夏威夷臣民"推翻了女王及其政府。推翻政府的煽动者希望美国吞并夏威夷群岛，但女王和夏威夷人民的一致反对阻止了这一行动。[51] 相反，一个由白人寡头领导的共和国成立了。但这一共和政体存续时间很短。1898 年，随着华盛顿特区政府的更迭，夏威夷群岛被美国吞并，成为其日益壮大的太平洋帝国的一部分。

自然史收藏与科学溯源

在这几十年的动荡时期中，从群岛森林中采集蜗牛的活动仍在继续。这一时期的报刊文章介绍了一些积极开展这项活动的学校团体和俱乐部；其他报刊则刊登了蜗牛壳的销售广告，宣布举办陆地贝壳展览和比赛，或报道收集蜗牛壳冒险活动。1911 年，《夏威夷星报》（the *Hawaiian Star*）上的一篇文章甚至强调："除了参与收集陆地贝壳，夏威夷的童子军应该做些更有意义的事情。"[52] 从这些与蜗牛有关的活动报道中，我们可以看到蜗牛壳采集是如何以各种不同的方式成为更大驯化过程的一部分，使新来者、占领者和殖民者逐步在这些岛屿上安家落户。

数十年的历史研究表明，在这一时期，世界各地的帝国主义、殖民主义和民族主义都与自然史收藏工作紧密相连：收集、编目、研究和展示地球上丰富的生物及地质资源。[53] 有时，标本被送回遥远的科学研究中心，如伦敦、巴黎和华盛顿，以加强知识储备并提供有用的新资源。但在其他时候，这些标本在当地发挥着更大的作用，为科学史学家利比·罗宾（Libby Robin）所称的"科学溯源"（sciences of settling）做出了贡献。[54] 从作物开发到地方流域管理，自然科学在这一时期为夏威夷的转变做出了巨大贡献。[55] 但是在这一时期，蜗牛壳采集——与观鸟、徒步旅行和其他"自然活动"一样——在塑造夏威夷的文化和政治背景方面发挥了微妙但重要的作用，这在很大程度上是一段未经考证的历史。

这种溯源工作的一个特别突出的例子发生在 1895 年。利留卡拉尼女王被推翻两年后，共和国刚刚成立仅仅几个月，新成立的毕夏普博物馆就宣布举办"陆地贝壳展览会"。该活动将于当年晚些时候举行，是供岛上居民展示他们的蜗牛壳收藏品的一次公开竞赛。该博物馆首任馆长威廉·塔夫茨·布里格姆（William

Tufts Brigham）在《太平洋商业广告报》（The *Pacific Commercial Advertiser*）上正式宣布举办这次展览时指出：

> 有许多年轻人收藏了非常值得称赞的蜗牛壳，我们希望，通过对许多登山旅行者的战利品进行仔细、准确的整理，可以让人们更彻底地享受这种有趣的爱好。通过比较收藏品，每个人都可能会倍受鼓舞，继而扩大自己的收藏。[56]

博物馆的理事们对这一活动表示支持，鼓励当地人将他们的“研究和劳动成果”公之于众。他们在报纸上发表的简短声明中指出，群岛上的一些采集者“有幸将自己的名字与他们发现的新物种联系在一起”。

由此看来，蜗牛物种的名称似乎在这次计划的展览中扮演着特别重要的角色，它将收集工作与科学知识的创造联系起来，并将其与单纯的小饰品收购区分开来。例如，布里格姆在指导参赛者时指出：“蜗牛壳可以根据主人的个人喜好进行排列，但标本必须有名称并注明收集地点。”当然，这里要提供的名称是指新获得的科学名称，而不是夏威夷的本土名称。事实上，第二年，共和国政府就禁止在学校教授夏威夷语。

命名始终是一项强有力且有创造性的工作。正如我们将在下一章看到的那样，努力鉴别和命名蜗牛物种是当代保护工作的重要组成部分。但是，命名比这更加复杂。[57]当分类学发生在一个持续占领和殖民化过程中时，它就会变得更加复杂，因为新的名称和理解会叠加在旧的名称和理解之上，也许会取代它们，这不可避免地改变了人们对周围世界的理解和联系方式。

此时的卡纳卡毛利人正经历着大规模的疾病和死亡浪潮，君主制被推翻，社会秩序遭到严重破坏，包括岛屿环境及其超人类生活社区的大规模改造。奥索里奥将这一过程描述为“对人民的肢解”，即肢解与岛屿土地和水域密切相关的人民及国家。语言是这一肢解过程的重要组成部分，因为夏威夷语被取代了，其他语言和命名世界的方式取而代之，覆盖了这片土地和人们与之的关系。

这个过程在某种程度上始于与欧洲人接触之初，库克命名的“桑威奇岛”，这个名字一直沿用并传播开来，但最终在 19 世纪中期被取代。[58] 不过，这一时期新起的许多其他名称仍与我们同在。事实上，在这一时期，传教士家庭的年轻男孩们“经常在马诺阿山谷周围的山丘上漫步，一边采集蜗牛壳和蕨类植物，一边为各个山峰命名”。[59] 这一时期的地名包括圆顶山（Round Top）、糖面包山（Sugar Loaf）、奥林匹斯山（Olympus），以及本书第二章中描述的我散步的地方，该地区曾被称为“普乌大希亚山”，但现在大多数檀香山居民都称其为“坦特拉斯山”。[60]

这里涉及一种不可避免的景观重塑，一种对现实的重新排序。名字很重要。正如卡纳卡诗人和学者布兰迪·纳拉尼·麦克杜格尔（Brandy Nālani McDougall）所说：“我们一直都知道，文字具有无穷的力量。夏威夷谚语‘I ka ‘ōlelo nō ke ola, i ka ‘ōlelo nō ka make’（文字中存在生命，文字中存在死亡）只是认识到文字具有现实力量，是生命的赋予者或毁灭者的几个例子之一。”[61] 地名在夏威夷文化中尤为重要，正如卡纳卡学者库阿洛哈·霍马纳瓦努伊（ku‘ualoha ho‘omanawanui）指出的，地名承载着关系和身份，将人们与自己的家园、家人和故事紧紧联系在一起。[62] 因此，改变它们就意味着破坏这些关系。[63]

但是，包括蜗牛在内的较小景观也在此时获得了新的名称。其中很多名字是在这个地方改造过程中发挥重要作用的美国家庭的名字。多尔蜗牛（*Achatinella dolei*）就是一个典型的例子。鲍德温于 1895 年为其命名，他当时写道："我们很高兴将这个美丽的蜗牛壳献给夏威夷共和国第一任总统多尔（S. B. Dole）阁下。"但这只是众多蜗牛壳中的一种。[64] 鲍德温、拜伦（Byron）、贾德（Judd）、库克、斯波尔丁（Spalding）……小玛瑙螺属中的物种名称列表读起来就像富裕而有权势的殖民者家族的名人录，他们中的许多人成长于传教士时代，后来在政治、商业和法律界担任要职。[65]

其他蜗牛名称或多或少都巧妙地诠释了传统夏威夷观念。例如，"黄昏蜗牛"① 这个命名明确提到了关于蜗牛唱歌的故事，但把它们的歌声转换成了基督教化的"晚祷形式"。[66] 这些新的蜗牛名称肯定起到了一定的作用——也许受限于分类学命名法的影响，只是起到了很小的作用——进一步疏远了卡纳卡毛利人与其土地和传统的关系。

当然，在切断卡纳卡人认知方式的同时，这些命名行为也使这片土地变得熟悉——至少有可能以新的方式为定居者所了解和

---

① "*Achatinella vespertina*"是一种夏威夷陆生蜗牛，有时也被称为夕阳蜗牛。"vespertina"是拉丁语单词，意为"黄昏的"或"夜晚的"。这种蜗牛通常体型较小，壳呈圆锥形，具有鲜艳的颜色和华丽的纹理，因此备受人们的喜爱。——译者注

亲近。我们可以从传教士的女儿露西·瑟斯顿（Lucy Thurston）于1835年撰写的一篇日记中窥见这一过程，她兴奋地记录了一次郊游："我们采集了将近1夸脱①的斯图尔特蜗牛壳（Stewart shells），这类蜗牛也被称为'*Achatinella stewartii*'，因为斯图尔特先生是第一个把它们带到美国的人。"

对当时的许多人来说，这些殖民动态显然不是他们对自然历史感兴趣的重点。但对其他人来说，它们显然是重要的。自然历史，尤其是收集和展览，是有意识地努力改造国家的一部分。就在1895年宣布举办贝壳展的几天后，《太平洋商业广告报》的编辑华莱士·法林顿（Wallace Farrington）在该报上称，这次活动是引起人们对群岛独特自然特征的兴趣的"初步行动"。他坚持认为，这是建设国家的一个关键部分，尤其是在这个阶段，这个国家还是一个动荡的共和国：

> 随着在夏威夷出生的盎格鲁撒克逊人、拉丁人和亚洲人越来越多地参与国家事务的管理，对夏威夷的好奇、对夏威夷政治历史和自然历史的探索、对夏威夷所有独特事物的兴趣，这些应该越来越受到人们的重视。[67]

法林顿毫不费力地从这一讨论过渡到对"英语族群在群岛中的至高无上地位"的论证，这种至高无上地位建立在他认为"秩

---

① 1夸脱约等于1.1365升。——编者注

序是每个英语社会赖以生存的基础，是英语族群的首要本能”的观点上。虽然他在这里明确谈论的是法治，是政治秩序——在君主制被推翻的背景下，这种说法极具讽刺意味——但这与他对自然史的讨论有着明显的联系。还有什么能比一个排列整齐、贴有标签的蜗牛壳柜更能证明人类使世界（或者至少是这些岛屿）秩序井然的能力呢？

“蜗牛壳采集热潮已今非昔比”

20 世纪上半叶，收集蜗牛壳的热潮逐渐消退，然后消失。不过，在 100 多年的时间里，这种做法一定对岛上的蜗牛产生了重大影响。最终，我们将永远无法知道在此期间有多少蜗牛从夏威夷的森林中被挖走。回顾现存的有限的（英文）历史记录，迈克·哈德菲尔德指出：“这些记录让人联想到数以万计的腹足类动物变成‘贝壳’。”[68] 事实上，许多私人收藏的蜗牛壳数量超过 10 000 只，据说威廉·迈内克（William Meinecke）收藏的蜗牛壳数量超过 116 000 只。[69]

同样，我们也很难确定所有这些收集活动对物种的影响有多大。至少在某些情况下，对于某些物种来说，采集很可能是导致其衰退的关键因素。像小玛瑙螺属这样的物种，繁殖速度慢、活动能力有限、分布高度本地化，因此非常容易受到影响。正如迈克所说：“像人类蜗牛壳采集者那样有选择性的捕猎者可以轻而易举地影响这些孤立的物种群。”[70]

尽管如此，在整个频繁采集期间，似乎很少有采集者担心自己带来的影响，即使他们一再注意到一些蜗牛物种数量正在变得稀少，甚至可能已经完全消失。相反，人们普遍认为，放牧的牛群和老鼠的捕食是蜗牛数量减少的罪魁祸首。[71] 这些引进的动物，以及城市、牧场、种植园等发展造成的栖息地丧失，很可能是这一时期物种减少的主要原因。然而，在特定的时间和地点，对于特定的物种来说，蜗牛壳采集活动可能意义深远。

在业余收藏者的描述中，我没有发现任何迹象表明蜗牛的日益稀少促使他们停止或改变自己的做法。这一时期的报纸文章毫不费力地将对蜗牛稀缺性的认识与进一步激发年轻人的收藏兴趣结合起来。1873 年,《夏威夷公报》(*Hawaiian Gazette*)的一篇文章报道了古利克向他的母校普纳荷学校捐赠蜗牛壳的消息，学校借此机会表示,“我们希望能重新唤起人们对这些来自山区的蜗牛壳的兴趣，它们现在已经大部分或完全绝迹了”。[72] 正如我们所看到的，四分之一个世纪后，类似的“雄心壮志”也与毕夏普博物馆的贝壳展览联系在一起。

虽然从当代的角度来看，这种对物种灭绝漠不关心的现象似乎极不寻常，但在历史上，这种现象绝不仅限于夏威夷的蜗牛。正如科学史学家戴维·塞普科斯基（David Sepkoski）所言，虽然在 19 世纪后半叶到 20 世纪，欧美的大众和科学认知发生了很大的变化，但物种灭绝在很大程度上依旧被人们视为一种不可避免的必然现象，因为物种之间会相互竞争，或屈服于自身固有的“种族衰老”（非西方民族经常持有类似的观点）。因此，物种灭绝很少被看作是一个需要解决的问题，也很少被视为是一种应该或可以干预的情况。[73]

因此，即使蜗牛是同类中最后的个体，采集者也往往会继续他们的工作。例如，古利克自然历史俱乐部（The Gulick Natural History Club）在1919年的一份郊游报告中告诉我们："蜗牛壳采集热潮已今非昔比，因为库劳山脉这一地区的蜗牛壳非常稀少。我们成功找到了7个青翠小玛瑙螺（*Achatinella viridans*）标本，这是一个幸运的发现。"过了一会儿，一行人又发现了12只棕纹蜗牛①（*Achatinella phaeozona*）。搜索似乎很彻底，其中一些蜗牛是在桐树（kukui trees）②附近发现的。"这一发现让我们大吃一惊，因为我们被告知这些蜗牛壳在这里已经绝迹了。"这些蜗牛壳似乎也被收集起来，带回毕夏普博物馆进行鉴定。[74]

这些收藏家所产生的影响取决于他们的采集方式。遗憾的是，我们对此也知之甚少。大多数采集者是否只是从地上或爬到树上捡蜗牛壳？他们是只采集最漂亮的蜗牛壳，还是采集所有能找到的蜗牛壳？他们是只采集成年蜗牛的壳，还是采集所有年龄段的蜗牛的壳？1900年，鲍德温向年轻人介绍这一"爱好"时，描述了如何使用一根长约2.5米的杆子上的钩子，拉下较高的树枝来采集蜗牛壳。同时，他还说："我恳求年轻的朋友们千万不要

---

① 棕纹蜗牛的壳通常呈螺旋形，外表主要是棕色或浅棕色，有明显的紧密的螺纹。棕纹蜗牛是夏威夷特有的物种，受到栖息地破坏和入侵物种的威胁，因此被列为濒危物种。——译者注

② "kukui"是夏威夷的州树，也被称为石栗。kukui的历史能够追溯到波利尼西亚人祖先来到夏威夷群岛的年代。他们从东南亚带来了kukui树和种子，并在岛上开始种植。kukui树结出的种子用途广泛，具有非凡的意义。——译者注

收集幼年蜗牛的壳或半成熟蜗牛的壳。它们很难被清理干净，而且几乎没有标本价值。让它们在树上自由生长，为未来的采集者造福。”[75] 很难知道我们是否应该将这一呼吁视为一个积极的迹象，即存在一种围绕着正在消失的蜗牛的保护伦理，还是应该将注意力集中在推动这一呼吁的需求上，即将其视为采集者破坏森林的一部分。然而，无论哪种方式，鲍德温的保护禁令都不是为了蜗牛或环境的利益，而是为了未来收集者的利益。

人们希望那些具有科学认知的人能够更加努力地确保他们的收集活动不会对蜗牛物种造成危害。但情况似乎并非总是如此。古利克将自己的收集活动描述为“洗劫森林”，这并不能让人充满信心。在阅读 20 世纪初著名科学家的文章时，我不止一次地发现自己处于一种极度愤怒之中，对着书页大喊：“那就停止收集吧！”

在 1912—1914 年版的《海螺学手册》（*Manual of Conchology*）中，费城自然科学院贝壳部主任亨利·皮尔斯布里（Henry Pilsbry）报告说：“我发现所有海岛收集者都知道一个事实，那就是一个蜗牛物种可能年复一年地在一棵树或灌木上活动，而不会爬到邻近的灌木上。”他接着说道：

> 如果有人带我们到某一棵树下采集某种蜗牛的壳，外人会觉得不可思议，因为这种蜗牛要么从未在其他地方发现过，要么在附近或本地区从未发现过。发现周围同样茂盛的树上根本没有蜗牛壳，总是让人大吃一惊。

虽然这种极其有限的分布令一些人感到惊讶，但这似乎并不能阻止收集者前往这些树木寻找蜗牛。即使了解了这种分布模式，许多收集者似乎并没有对自身行为造成的影响感到担忧。或者说，即使他们担心，他们也认为自己所做的工作非常重要，足以抵消这些顾虑。在各类编目和收集项目中，我们经常可以看到这样的情况：尽管意识到许多蜗牛种群数量在减少，收集者非但不会退缩，反而往往会积极采取行动，确保在珍贵的科学标本永远消失之前将其编目。[76]

蜗牛、土地与文化复兴

我和普奥沿着泥泞的小路向一条缓缓流淌的小溪走去。采访结束后，他提出带我去看看芋头田。芋头田在帕帕哈纳库奥拉的土地上，只需走一小段路就到了。我们跨过溪流，来到小溪的另一边，眼前是几块巨大的梯田，每块梯田都由一系列长长的土堆组成，种植着一排排芋头植物。

普奥解释说，这里采用的特殊种植方法与在岛的另一边，甚至在下一个山谷采用的方法截然不同。相反，与所有夏威夷知识一样，这种种植方法完全是因地制宜的。这些知识大多被编入传统故事中。普奥告诉我，在这种情况下，故事会指引我们应该在这个山谷的土丘上种植芋头。他指出，这个地方的水是泉水，矿物质含量较高，但氧气含量较低，因此植物的根部可以从土堆中汲取营养。

这些梯田既是一个教育空间，又是一个工作农场。在这里，学生们学习如何观察和照看土地；学习如何利用从夏威夷传统习俗和故事到水文和农艺科学等不同的知识体系来培育芋头。普奥告诉我，这项教育计划的核心是“培养这些学生成为下一代夏威夷问题的解决者”。大约 1 000 年以来，卡纳卡毛利人一直与这些岛屿共存，并对其进行合理的管理。他解释说，夏威夷方法的真知灼见必须成为解决我们现在面临的问题的核心部分，这些问题包括粮食和水安全、生物多样性丧失及海平面上升等。

过去几十年来，夏威夷群岛居民一直在努力复兴夏威夷文化，帕帕哈纳库奥拉的工作只是其中的一小部分。这一过程涉及许多方面，从航海和航行知识与实践的恢复，到夏威夷音乐、草裙舞、农业等的振兴。

夏威夷语也是这一复兴进程的重要组成部分。自 1896 年夏威夷语被禁止使用以来，大约有四代人没有在学校教授或使用夏威夷语。然而，在过去的几十年里，许多热心人士努力确保夏威夷语再次成为一种充满生机和活力的文化力量。如今，学生从幼儿园到大学都接受夏威夷语教育。在夏威夷，我们看到的不仅仅是当前的物种灭绝时代。从更加重要方面来说，它也是夏威夷的人民振兴和文化复兴时期。

土地与这种复兴密不可分，就像它与文化本身息息相关一样。正如卡纳卡学者豪纳尼-凯·特拉斯克（Haunani-Kay Trask）所指出的那样，土地斗争——卡纳卡社区及其盟友为保留或重新获得土地所有权和使用权而做出的努力——是“现代夏威夷运动诞生”的关键。[77] 从欧胡岛卡拉马山谷（Kalama Valley）等地的农村社区到卡霍奥拉韦岛（Kaho‘olawe）等军事训练和试验场地，情况各不相同。与此同时，对于今天的许多卡纳卡毛利人来说，保护土地（包括保护其动植物群落）被视为文化延续的关键，而文化习俗——从传统故事到芋头种植方法和草裙舞的正确跳法——本身也被视为夏威夷独特的可持续发展和保护形式的核心，这种形式正越来越多地融入各岛屿的教育和自然资源管理中。[78]

许多卡纳卡学者和活动家以殖民现实为基础，将这项工作的核心内容理解为在一个多世纪的压迫和剥夺之后，与夏威夷人和夏威夷文化“重新连接”的过程。当我们站在梯田旁时，普奥简单地总结了当前的情况。在他看来，加强这些联系至关重要，这也是他和当地学生一起探索的关键部分：

> 如果他们对这个地方没有自豪感或责任感，也没有夏威夷身份的认同感，那么他们留在这里的意义就不大了。夏威夷每天大约有八名居民离开，搬到其他地方，因为这里的房价太贵了。老实说，除非他们是在传统家庭中长大的，否则很多人与这个地方已经没有真正的联系了。

卡纳卡学者卡利·费尔曼特兹（Kali Fermantez）也提出了类似的观点，他指出：“在今天的夏威夷，夏威夷原住民发现自己无论在字面上还是在形象上都与当地格格不入。可以通过有意识的重新安置行为，或者重新与夏威夷人根深蒂固的认知和生存方式建立联系，来解决这种流离失所问题。”[79]

这种（重新）联系的工作借鉴了各种深厚的文化渊源。虽然殖民化进程造成了许多损失或破坏，但也有许多东西得以延续。与世界其他地区的原住民思想家强调的“生存”思路类似，像达维安娜·波马伊卡伊·麦格雷戈这样的卡纳卡学者也致力于找出那些在最黑暗的岁月中得以延续的“文化社区”（cultural kīpuka）。[80] 夏威夷语中的“kīpuka”指的是熔岩流流经地貌后通常会留下的小片森林。正是在这些保留下来的区域，种子、孢子和其他形式的生命得以传播，在贫瘠的土地上重新造林。基于这一认识，麦格雷戈认为，关键的乡村遗址往往被孤立和忽视，它们使夏威夷语言、文化以及与土地和神灵的关系得以延续到 20 世纪。[81]

除了这些特定的地理位置，其他学者还发现了一些特定的传统（如草裙舞），这些传统能够更好地传播知识，即使是以一种改变了的形式或以地下形式传承。这些学者还发现了一些特定的物质资源，如大量的夏威夷语报纸和其他档案资料。[82] 所有这些不同的社区都以各自的方式为卡纳卡毛利人的后代保护和保存了宝贵的文化资源。

蜗牛在殖民化和卡纳卡人（重新）与土地建立联系这个大故事中扮演着自己的小角色。当我向萨姆·奥胡·贡询问蜗牛种群灭绝对当代卡纳卡毛利人的意义时，他解释说，蜗牛种群灭绝只是这个时代面临深刻挑战和可能性的一个例子。他告诉我：“如今，当一种植物或动物濒临灭绝时，人们会想起过去的灭绝事件。”现在有这么多物种已经消失或极为罕见，不仅仅是蜗牛，还有植物、鸟类和其他许多物种，因此加强与文化和生物群落的联系变得更加困难，但也变得更加重要。他表示：“在不太遥远的过去，所有欧胡岛居民都能遇到小玛瑙螺属树蜗牛，他们的院子里很可能有成群的蜗牛。当时，如果你唱关于蜗牛的歌，人们会对它们非常熟悉。然而现在，许多人对蜗牛知之甚少，甚至一无所知。他们可能只在照片上见过蜗牛。与此同时，他们可能不知道蜗牛曾经的传统和意义。”

今天，蜗牛对于许多人（即使不是所有卡纳卡毛利人）来说，仍然以不同的方式具有意义，这种意义是以夏威夷宇宙论为基础的。在这种背景下，蜗牛的灭绝与其他动植物的消失一样，都是家庭成员的丧失，都是世世代代对其负有责任的兄弟姐妹的丧失。同时，这也是与阿库娅神灵联系的丧失或减少，阿库娅神灵正是通过这些生物化身存在于这个世界上。普奥解释说：“随着蜗牛和其他动植物的消失，它们也带走了宗教文化的一部分。如果我们不再能接触到我们的祖先、我们的阿库娅神灵的身体形态，那么这种形式的崇拜也就停止了。”

与此同时，蜗牛和其他生物也是夏威夷“蜗牛故事”和世界文化知识的基础。这些故事讲述了岛屿的历史，为人们的生活提供指导，让人们了解各种职业的工作。其中一首特别著名的蜗牛歌谣甚至被编成了一首流行儿歌，为这些丰富的故事提供了一个典型的案例。这首蜗牛歌谣通常被称为“Kāhuli aku”，通常被翻译成对蜗牛和鸟类（太平洋金鸻）的描述，两者都以不同的方式与蕨类植物相互作用。通过这种方式，人们对生态知识进行了编码。

但所有这些术语在夏威夷语中都有不同的含义，因此这里还有更多的指代含义。当我向普奥询问这首蜗牛歌谣时，他指出了另一层可能的含义，他说在他的传统中，这是一个通过取水的隐喻来表达亲密行为。从这个角度看，“kolekolea”一词并非（仅仅）指鸟儿或蜗牛的歌唱，还描述了年轻人在森林中相互戏弄和追逐的情景。“mele”具体指的是青春期的爱恋，这种爱恋很可能是在不同家庭共享的水源周围萌发的。正如普奥所解释的：“年轻的孩子们会被派去打水，成年人则不会。”

如此一来，像这样的故事和圣歌——也许是关于蜗牛的，也许完全是关于其他生物的——就成了灵感的源泉，也是对这些岛屿错综复杂的生态、社会关系和历史的反思。蜗牛的故事和歌谣本身保留了一些见解，而这些理解体系在与生物和关系世界的对话中保留了其意义。随着这些关系的破裂，这些故事最终必然会开始失去意义。

卡纳卡毛利文化与生物群落之间的深厚渊源意味着动植物的消失在本质上也是一种文化损失，或者至少是一种创伤。与许多其他物种一样，蜗牛的消失也是祖先、宗教习俗、与神的联系、文化和生态知识的损失。但与此同时，这种情况也意味着文化和生物群落的复兴往往可以相互滋养。就群岛的腹足类动物而言，我们看到，关于蜗牛的文化知识与它们的生命形式密切相关，两者在世界上相互依存，相互牵绊，脆弱且岌岌可危。

在整个岛屿上，卡纳卡学者、艺术家、活动家、草裙舞练

习者和他们的盟友正在与蜗牛一起工作、跳舞、唱歌和思考。他们从传统的蜗牛故事中汲取养分，将自己的知识与当代的故事和现实交织在一起。在本书第五章中，我们将看到蜗牛和卡纳卡毛利人之间一种特别强大的团结形式，即保护和振兴马库亚山谷（Mākua Valley）的斗争。

采集蜗牛壳和命名蜗牛物种的工作一直是本章的重点内容，这项工作在卡纳卡毛利人（重新）与土地建立联系方面也发挥了作用。当我向拉里·林赛·木村（Larry Lindsey Kimura）询问夏威夷蜗牛的情况时，他告诉我，他第一次见到夏威夷蜗牛是在20世纪60年代初，当时他还是一名高中生，在毕夏普博物馆看到一些空蜗牛壳，这些贝壳很可能是传教士的下一代收集的。拉里是夏威夷大学希洛分校（The University of Hawaiʻi at Hilo）的教授，有时也被称为夏威夷语复兴的鼻祖。40多年来，他一直致力于保护和记录夏威夷语，同时确保它在新一代人中仍然充满活力、生机勃勃。作为这项工作的一部分，拉里帮助建立了夏威夷语词典委员会（The Lexicon Committee），这是一个由语言和文化专家组成的小组，其职责是为从望远镜、计算机到儿童玩具等各种物品开发新的夏威夷语名称。因此，拉里比大多数人花了更多的时间思考命名的重要性。

与其他无脊椎动物一样，夏威夷的大多数蜗牛物种都没有夏威夷名字。拉里解释说，这一方面是因为夏威夷蜗牛的数量太多，另一方面也是人们在日常生活中使用的术语的优先顺序问题：对于绝大多数人来说，750个蜗牛名称实在是太多了，几乎所有蜗牛物种都没有英文通用名称也证明了这一点。除此之外，夏威夷蜗牛的名称没有理由必须反映当代分类学的划分，因为分类学本身也在不断变化。因此，科学家认为行之有效的划分世界的方法不一定是其他文化采取的方法。

当我向拉里询问过去和现今给蜗牛起的学名时，他指出这种做法还有很大的改进余地。他表示，像“多尔蜗牛”这样的名称既可笑又可悲，是一种“后来者”的命名方式，这表明了人们对当地知识知之甚少或兴趣不大。相反，他建议，如果科学界要为这些蜗牛物种命名，应该与夏威夷传统知识的拥有者进行协商。特别是在涉及地方性物种时，原住民应享有优先权和特权，为来自本土的事物命名。命名应该是一种联系或建立关系的行为。用拉里的话说：“当你为某物命名时，它就成了家族的一部分。”

如今，蜗牛和其他物种往往不会以“发现”它们的人的名字命名。事实上，《国际动物学命名法规》（*International Code of Zoological Nomenclature*）明确规定，禁止人们以自己的名字命名物种。尽管如此，以其他科学家的名字命名物种仍然很常见——即使他们的名字带有奇怪的拉丁文——通常是为了感谢那些毕生致力于研究或保护生物界某个特定物种的人。[83]

虽然这些当代分类学命名实践肯定会互相产生联系，但也很有可能造成脱节。正如拉里所指出的，这些命名方法会进一步加深卡纳卡毛利人与土地和主流认知方式的异化过程。外来名称似乎描述的是一种完全陌生的景观。正如拉里所说：“我不知道他们从哪里得到这些名字，也丝毫感觉不到自己属于这种创造的一部分，因为这种命名方法缺乏认同感和归属感。”

我真的不确定该如何命名才是正确的。新西兰和其他地方的一些科学家呼吁修订物种名称，或至少为未来的名称制定新的协议，承认原住民社区和命名传统并与之合作。[84] 其他人则对这些建议表示担忧，指出修订现有名称会造成分类学混乱，并有可能将原住民名称和命名方法塞进僵化的分类命名系统中，从而造成某种侵占。但可以肯定的是，我们有必要就这一主题展开进一步的对话。拉里的言论为与蜗牛和无数其他物种相关的分类学研究开辟了可能性，为更广泛的（重新）建立联系工作做出了不容忽视的贡献。

除了命名，这项工作可能还涉及我们对过去的理解和思考。虽然古利克这样的人物经常被歌颂，而且正如世界各地的情况一样，这个时代的西方人比大多数人更有可能将他们的名字与物种联系在一起，但现实情况是，卡纳卡毛利人为科学事业做出了巨大贡献，而这些贡献经常被忽视或被归结为“体力劳动”。[85] 在这一方面，令人难以置信的是，夏威夷语报纸档案将发挥重要作用，推动对历史记录的重新评估，越来越多的卡纳卡学者正在以这种方式充分利用这些报纸和档案资料。[86]

有趣的是，近年来，我们看到蜗牛分类学家和卡纳卡毛利人之间开始了重要的新对话，其中一些对话是以收集到的蜗牛壳为基础的，而这些蜗牛壳正是本章的重点。今天，在“陆地贝壳热”开始席卷群岛大约 170 年之后，毕夏普博物馆的工作人员正在努力为这些蜗牛壳赋予不同的使命和意义。这项工作的一个关键部分是由肯·海斯和诺丽·杨领导的大规模数字化项目，该项目旨在使这些蜗牛壳以及收藏者的实地笔记和日志更易于使用和搜索。

下一章我们将更全面地讨论毕夏普博物馆的软体动物收藏品在当前物种保护工作中的作用。不过，现在有必要指出的是，这项工作的目的也是为了开放藏品，以便与文化从业者和更广泛的社区进行交流。该藏品为解释和传播传统夏威夷蜗牛故事及圣歌提供了重要的资源。有时，蜗牛会在特定的地方或与特定的植物一起被公众讨论。通过这种方式，我们可以将各种线索拼凑在一起，从而建立联系。

有一次，有人联系诺丽，询问一种特殊咏唱的情况，其中提到一种名叫“hinihini‘ula”的蜗牛，据说这种蜗牛产于夏威夷岛西北部的柯哈拉（Kohala）。这个名字中“ula”一词的意思是猩红或红色，似乎是指蜗牛的颜色。根据收集到的资料，诺丽仔细检查了在该地区发现的各种蜗牛的外壳，确定那里没有发现红壳蜗牛。不过，进一步查找资料后，她发现了一个替代物种，即琥珀蜗牛属的一个物种。关于该物种的原始描述指出，它的壳是半透明的，壳下裹着鲜红色的肉体。这种蜗牛在今天依然生存得很好。如果你在柯哈拉的山上仔细寻找，可以发现它鲜红的身躯。但是，如果这种蜗牛是其他许多已灭绝的蜗牛中的一种，那么收藏馆及其记录很可能是建立这种联系的唯一途径。

有趣的是，这并不是对“hinihini‘ula”这个名字唯一可能的解释。虽然“ula”一词确实可以翻译成红色，但它也可以指神圣或皇家的东西。因此，普奥告诉我，这种红色有时也指彩虹。的确，蜗牛的名字“hinihini‘ula”有时被翻译成“具有美丽彩虹色彩的贝壳”。[87]然而，当我问诺丽这首歌谣描述的是否可能是另一种色彩鲜艳的蜗牛时，她告诉我，该地区没有这种蜗牛：所有蜗牛物种，无论是灭绝的还是现存的，壳都以棕色和白色为主。至少就目前而言，红肉琥珀蜗牛仍然是最佳候选物种。

这种情况提醒我们，将博物馆的蜗牛壳藏品与夏威夷文化实践和理解联系起来绝非易事。建立这种知识需要对蜗牛的生活和景观轮廓以及语言和文化含义有深入的了解。这需要科学家和文化从业者互相合作，就收集到的蜗牛壳与大量的夏威夷语报纸档案和其他历史资料进行广泛的对话。漫长的殖民历史和物种灭绝对这些岛屿上的蜗牛和居民造成了巨大的影响，使得这些工作变得更加困难。

围绕蜗牛壳的对话在毕夏普博物馆才刚刚展开。正如诺丽所解释的："对我们来说，能够采取这样的行动还为时尚早。我们终于了解到这些藏品中蕴藏的知识。一旦我们对外开放这些藏品，文化从业者就可以自己获取这些信息了。"通过这种方式，这些收藏遗产也可能开始发挥微小的作用，加强卡纳卡毛利人、他们的故事和长期以来与他们共享这些岛屿的蜗牛之间的联系。

第四章 | 匿名者：分类学与物种灭绝之谜

我花了几个小时仔细研究蜗牛壳，打开一个又一个抽屉，认真观察每一个蜗牛壳的形状、颜色和纹理。不得不承认，我并不知道自己在看什么。当时的我和现在一样，完全没有像分类学家那样有一双训练有素的眼睛，不懂如何识别和分类物种。我盯着毕夏普博物馆软体动物收藏品里的蜗牛壳看的时间越长，就越觉得自己几乎完全不具备辨别蜗牛形态差异的能力，而这些细微差异对于专家们区分两个密切相关的物种是极其重要的。

在我沉浸于蜗牛世界的这个阶段，我甚至连一个更简单的分类标准都无法弄明白：蜗牛壳的螺旋性。这个术语指的是蜗牛身体的螺旋方向，也就是蜗牛壳的螺旋方向。我拿着一个蜗牛壳，试图确定它是右旋还是左旋，即顺时针还是逆时针旋转，我的思绪开始漫游。

与此同时，我在探索这些蜗牛壳的过程中度过了一段奇特的冥想时光：我的视线从一组蜗牛壳移到另一组蜗牛壳，沉浸在我能分辨出的差异中，而对那些我无法辨认的蜗牛壳并不太在意。如果不出意外的话，我希望这些精心标注的标本能让我在研究和交谈中将蜗牛外壳的形象与一些蜗牛物种巧妙联系起来，可以说是为蜗牛壳正名。

我的向导是该收藏馆的馆长诺丽。除了允许我花一些时间独自静静地翻看这些贝壳，她还同意带我四处参观，并和我谈谈她的工作。我特别想和她探讨她的分类学研究，简单地说，就是为夏威夷群岛的蜗牛建立一个全面的清单。诺丽和她的同事们正在利用这批珍贵的蜗牛壳和大量其他资源，进一步加深我们对夏威夷蜗牛种类的了解，以及对夏威夷蜗牛现存物种的了解。

迄今为止，分类学家已确认夏威夷有 759 种陆生蜗牛。但这一数字会随着新物种的发现和以前确定的物种（其中一些物种早在 100 多年前就已确定）的修订而不断变化。在某些情况下，两个物种实际上可能是一个物种，或者一个物种可能需要分成两个或更多。

在保护工作中，这种分类研究往往被视为是理所当然的，尤其是当我们研究哺乳动物和鸟类等脊椎动物时，我们可以熟练辨别这些物种，甚至对它们的生活史和分布都有透彻的了解。然而，对于蜗牛和许多其他无脊椎动物，我们还知之甚少，甚至是一些非常基本的知识，比如这两只蜗牛是同一物种还是不同物种。如果没有这些分类信息，我们甚至无法判断保护工作是否必要，更不用说我们应该采取何种措施了。

科学知识中的这些空白实际上比我们大多数人想象的要大得多。只要我们涉足我们熟悉的脊椎动物以外的领域，未知物种就会比已知物种多得多。这些尚未知晓的物种绝大多数都是无脊椎动物。无脊椎动物是没有脊柱的动物的总称，包括螃蟹、章鱼、水母、昆虫、蜘蛛、蠕虫等，当然还有蜗牛。

在世界各地的大众新闻媒体上，经常会报道最近新发现的物种，就好像人类很难找到新物种一样。实际情况更为复杂。正如我们将看到的，鉴定和正式描述一个新物种是一个复杂的过程，但每年大约有 1 万个这样的发现。[1] 事实上，在我们周围无时无刻不存在着科学未知的物种。

当代科学界对生命多样性进行编目的研究一般可追溯到18世纪瑞典植物学家卡尔·林奈（Carl Linnaeus）的工作。林奈在其著作《自然系统》（*Systema Naturae*）中完善并推广了“双名命名法”系统，即每个物种都有一个由两部分组成的拉丁文名称，包括属和种。

不过，尽管自林奈以来分类学工作已经开展了两个多世纪，但仍有大量工作有待完成。在这里，我们没有任何确凿的数字可以引用：我们不知道地球上有多少物种，我们甚至不知道有多少物种已经被准确地编目，因为没有一个单一的总清单可供我们参考，尽管总部位于荷兰的国际合作组织主编的《生命目录》（*Catalogue of Life*）正在努力实现这一目标。不过，对这两个数字的最佳估计告诉我们，在与我们共享这个星球的大约1 000万种植物、动物和真菌中，分类学家可能已经确认了大约200万种。[2]剩下的大约800万个未知物种，其中大部分被认为是无脊椎动物，尤其是昆虫。

这些未知物种不仅仅是好奇的分类学家的难题。在我们这个时代，许多这样的物种——从未在我们面前出现过的生物——正在逐渐从地球上消失。科学界尚未命名或描述某一个物种，但这一事实并不意味着该物种会受到任何特殊保护而免遭灭绝。相反，正如我们将要看到的那样，我们完全有理由相信，这些未知物种的消失速度至少和已知物种的消失速度一样快，也就是说，其灭绝速度惊人。

2019年，这一复杂局面突然登上了世界舞台。当时，致力于物种保护的国际最高机构之一——生物多样性和生态系统服务政府间科学政策平台（the Intergovernmental Science-Policy Platform on Biodiversity and Ecosystem Services，IPBES）宣布，超过 100 万种物种面临灭绝风险。[3] 怀疑论者立即回应称，当时最全面的国际濒危物种名录，即《世界自然保护联盟濒危物种红色名录》仅包括约 28 000 种濒危物种。这两个数字之间的巨大差距正是问题所在。如前所述,《世界自然保护联盟濒危物种红色名录》只包括那些不仅已被科学界编目，而且已成为详细、持续研究的对象的濒危物种。相比之下，IPBES 估计的 100 万种物种是基于数学模型计算得出的，目的是考虑到还有许多我们知之甚少甚至一无所知的物种，其中绝大多数甚至没有明确的名称。

在参观博物馆蜗牛壳的过程中，诺丽向我介绍了这种未知损失的复杂过程的具体体现。在一排排仔细分类的蜗牛壳柜旁，在那些阴暗的角落和橱柜里，还有其他蜗牛壳在等待着我们探索。诺丽告诉我，其中一些蜗牛壳是 100 多年前收集的；一些则是私人收藏家捐赠的；如前所述，还有一些是博物馆考察时收集的。不管是哪种方式，它们都是在没有时间或资源对其进行充分编目的情况下来到这儿的。这些蜗牛壳现在被装在纸箱、旧梅森罐和各种其他容器中。毫无疑问，在这些蜗牛壳中，有无数科学界未知的“新物种”有待分类。不过，我们应该预料到，当有一天这些物种被正式被编目的时候，它们中的大多数都已经灭绝了。这些物种的外壳只能宣告一种在发生时还不为人知的损失。

未知物种的灭绝是当前全球生物多样性大规模丧失时期的一个普遍现象，但这一现象在很大程度上并未引发公众关注与讨论。正如我们将看到的那样，这可能会被理解为构成物种自身的未知灭绝危机。在此背景下，本章试图探讨一些未知的问题，即群岛蜗牛如何为科学所知并得到保护，以及这些过程所面临的挑战和局限性。通过这种方式，本章旨在揭示当今蜗牛和许多其他无脊椎动物物种的灭绝所伴随的无知和冷漠的威胁。

有许多方法可以对这个星球上的多样性生命进行分类。所有社区都使用自己特定的分类系统和“俗名”，这些系统和俗名与科学分类学的分类系统和俗名既有一致之处，也有不同之处。在上一章中，我们介绍了一些卡纳卡毛利人对蜗牛的称呼，以及理解和讲述蜗牛在更广阔世界中地位的方式。除了这些不同的人为分类模式，同样重要的是要认识到其他生物在彼此之间也有自己的“分类学”区别，它们以各种方式决定谁是自己的同类，或者谁是其他相关物种中的一员，谁是它们世界中有意义的一部分。正如我们在第一章中所描述的，蜗牛利用黏液痕迹来判断有没有潜在的配偶、伴侣或猎物，这是它们进行此类区分的方式之一。

因此，我在本章中对分类学及其分类领域、已命名和未命名的讨论，不应被视为对此类可能性的绝对或普遍限制的描述。恰恰相反，这只是在一个特定的时间点上对某一特定实践的描述。尽管我们将会看到，这种实践代表了一种极具影响力的理解和安顿生活的模式。随着我对这项分类学工作的深入了解，我发现它为我们的生物世界提供了一个迷人的窗口，帮助我们以新的方式欣赏生物种类孕育、凝固和消亡的复杂模式及过程。

藏宝图

毕夏普博物馆的腹足类动物学部位于科尼亚大厅的顶层，有一种奇怪的地堡感。昏暗的灯光、坚固的混凝土墙壁、嘈杂的空调嗡嗡声，给人一种安全、封闭的感觉。这是一个专为存放珍贵物品而设计的设施，与外界的光线和温度波动隔绝。从打开门的那一刻起，白色和灰色的金属橱柜就占据了整个空间，这些橱柜里存放的大部分都是珍贵的东西：蜗牛壳。每排大约有 40 个橱柜，叠起来有两层高，每个橱柜里有 22 个浅抽屉，抽屉又被各种大大小小的纸板小托盘依次分开。每个托盘里都有一批在特定时间和地点收集到的特定蜗牛物种的壳。

这些令人难以置信的蜗牛壳收藏品与小查尔斯·蒙塔古·库克（Charles Montague Cooke Jr.）和近藤义雄两个人的生活息息相关，他们在其生命的前 80 年共同监督了收藏馆的创建和管理。库克出生于檀香山，在耶鲁大学接受教育后回到夏威夷岛上，并于 1907 年担任毕夏普博物馆的第一位肺螺类（呼吸空气的蜗牛和蛞蝓）馆长。[4] 在接下来的 40 年中，库克成了一位备受尊敬的软体动物学家，并将博物馆改造成了太平洋软体动物研究的主要基地。在库克职业生涯的最后 15 年，他与近藤义雄密切合作。近藤最初是收藏馆的助理，在哈佛大学获得博士学位之前曾在夏威夷学习生物学。库克去世后，近藤接任了该部门的负责人，并在这个职位上工作了约 30 年，直到 1980 年退休。[5]

如今，站在软体动物贝壳收藏馆里，这两个人留下的遗产一目了然。墙上挂着他们的照片，贝壳橱柜里还残留着库克烟斗烟草的痕迹。近藤图书馆（Kondo Library）入口处悬挂的简洁标牌，以及装满他们数十年实地考察和研究的手稿、草图和手绘地图的文件柜，都充分体现了其巨大的贡献。此外，在一堵大墙上排列着数百个保存蜗牛躯体的玻璃罐，里面装满了一系列为它们量身定制的木橱柜。诺丽向我解释说："当时的大多数软体动物学家都是直接将蜗牛丢弃，而库克却有远见地保留了他收集的所有蜗牛躯体，大部分都保存在他亲自蒸馏的菠萝酒精中。"[6]

当然，就其科学价值和规模而言，最重要的遗产是蜗牛壳收藏品本身。在我参观这些橱柜时，这些美丽的蜗牛壳深深地吸引了我，许多单个标本上微小、无瑕的手写编号也同样引起了我的注意。当我向诺丽询问这些细致的笔迹是谁所留时，她回答说："哦，那是库克的笔迹。"最重要的蜗牛壳收购是在库克的领导下进行的，在近藤时期又有了一些新的大量收购。

其中许多蜗牛壳都是这两位先生及其同事亲自收集的。特别是在20世纪上半叶，博物馆在夏威夷和更广阔的太平洋地区开展了一项重要的探险和小型采集活动。库克曾领导过一次特别重要的考察之旅，即曼加雷万探险活动（Mangarevan Expedition）。1934年，该探险队带领一支科学家小组前往社会群岛（Society）、甘比尔群岛（Gambier）和南方群岛（Austral）考察，历时6个月，行程共计14 000千米。[7]在这次考察中，年轻的近藤担任轮机长，第一次接触到了软体动物学。[8]正如我们所看到的，它深深地吸引了近藤，近藤从此开始了以蜗牛为中心的研究生涯，包括在太平洋各地发起了许多他亲自组织的采集蜗牛之旅。

尽管博物馆几十年来进行了大量的收集工作，但其现存的大量蜗牛壳并不是科学家有意收集的。相反，正如本书前一章所述，这些蜗牛壳是博物馆从博物学家和蜗牛壳爱好者的私人收藏中获得的。这些收藏品——出售、捐赠或遗赠——经常被送往博物馆。约翰·托马斯·古利克在晚年完成研究后，也放弃了他的蜗牛壳收藏，将 4 万多枚蜗牛壳收藏品分成 20 套出售或捐赠给博物馆。库克在任职期间，为毕夏普博物馆争取到了其中的 11 套。[9]

到库克于 1948 年去世时，已经有大约 500 万件蜗牛壳标本进入了这个收藏馆。如今，它的规模与当时相比相差无几。它拥有大约 600 万个陆地、海洋和淡水太平洋岛屿蜗牛壳，是世界上同类蜗牛壳收藏中最全面的。虽然蜗牛壳来自太平洋上的 28 个岛屿群，但其中存在一个明显的焦点：整个收藏中大约 40% 的蜗牛壳来自夏威夷群岛特有的陆地蜗牛。[10]

在近藤退休后的几十年里，夏威夷陆地蜗牛的收集和分类研究都经历了一些重大的起伏。卡尔·克里斯滕森（Carl Christensen）于 1980 年接任博物馆馆长一职。刚刚完成博士学业的他，两年前作为一名没有经费的研究员来到博物馆，与考古学家一起鉴定死亡已久的海洋软体动物的遗骸。近藤退休后，卡尔欣然接受了这个职位，担任了岛上为数不多的由政府资助的软体动物学家职位之一，负责管理他在高中期间作为该馆实习生整理过的贝壳藏品。

但是，这一时期并不适合在群岛开展蜗牛科学研究。在 20 世纪 70 年代和 80 年代，人们对这项工作几乎没有兴趣，也没有相关资源。事实上，卡尔告诉我："在此期间，迈克·哈德菲尔德和我是（群岛上）唯一对夏威夷陆地蜗牛有专业兴趣的人。"与此同时，蜗牛壳收藏本身也开始因为缺乏维护资金而受到影响。卡尔在与蜗牛壳密切接触的过程中，发现越来越多的蜗牛壳上出现了白色粉末状物质，这让他越来越担心。有些蜗牛壳只是覆盖了一层薄薄的灰尘，有些蜗牛壳则已经伤痕累累，甚至开始解体。

卡尔确定这种情况是由贝壳白化病（Byne's disease，也被称为"拜恩病"引起的，这种疾病以英国博物学家洛夫特斯·圣乔治·拜恩（Loftus St. George Byne）的名字命名，他于1899年发表了对这种疾病的看法。然而，拜恩对其同类疾病的分析并不是特别有用。正如费城自然科学院软体动物学收藏馆馆长保罗·卡洛蒙（Paul Callomon）所说："拜恩得出的大部分结论都是错误的，他认为这种疾病是由细菌引起的。他开出的治疗方法要么毫无用处，要么实际上很危险，但这个名字还是沿用了下来。"[11] 相反，这种贝壳白化病是由木材、纸板、纸张和其他纤维素材料分解时自然产生的乙酸和甲酸造成的。这些酸与碳酸钙外壳发生反应，生成化合物水合乙酸钙和甲酸钙盐。正是这些盐造成了破坏，因此在受影响的蜗牛外壳上可以看到白色粉末或风化现象。

然而，卡尔还没来得及真正解决贝壳白化病这个问题，他的职业生涯就终止了。1985年6月，作为离职程序的一部分，他给自己的直接上司、动物学负责人艾伦·埃里森（Allen Allison）写了一份备忘录。在备忘录中他详细描述了贝壳白化病，并警告说这种病可能会对博物馆藏品造成影响。埃里森为此聘请了一名顾问对相关情况进行分析，并开始改善贝壳的存放环境，安装空调和建立密封空间。通过这种方式降低温度和湿度并减少其波动，可以减缓导致蜗牛壳白化病的化学过程，这对于在夏威夷热带气候下保存的大型蜗牛壳收藏来说是一个特别重要的考虑因素。但是，大部分蜗牛壳此时仍存放在木橱柜和纸箱中，由于没有资金进行更换，这个问题持续了很久也没有被解决。

卡尔担任藏品馆馆长仅 5 年就被解职。当时，在博物馆高层领导更迭后，该馆进行了大规模的重组，近四分之一的科研人员被解雇。人们普遍认为，博物馆不应再强调专业研究和收藏，而应倾向于呼吁公众参与。[12] 卡尔曾一度在群岛和其他地方寻找有关软体动物学研究的工作，但最终不得不接受没有找到工作的事实。39 岁时，卡尔改变了自己的职业生涯，进入法学院进修。在接下来的 5 年中，软体动物收藏馆成了“孤儿”，没有“监护人”（馆长）。在此期间，海洋收藏技术员雷吉·川本（Regie Kawamoto）继续负责收藏馆的日常管理工作，她在博物馆担任兼职，由软体动物学家艾莉森·凯私人资助。

1990 年，罗伯特受聘成为收藏馆的新馆长，并得到了首任馆长小查尔斯·蒙塔古·库克的帮助，或者说，他的家人为罗伯特提供了一点帮助。库克基金会（The Cooke Foundation）由蒙塔古的母亲安娜于 1920 年创立，最初两年为罗伯特提供了资金支持。上任后，罗伯特立即着手申请资助，对藏品房进行必要的升级改造，以确保蜗牛壳的长期健康。几年后，在美国国家科学基金会（the National Science Foundation，NSF）的大笔资助下，他购买了金属橱柜，现在这个空间里摆满了金属橱柜。在获得资助的工作人员和一些志愿者的帮助下，罗伯特承担起了将陆壳收藏从现有仓库转移到新家的艰巨任务，包括将所有旧标签和笔记归档。罗伯特简明扼要地对我说："这花了我很长时间，那是我在博物馆工作的头四年。"

不过，在闲暇时间里，罗伯特成功地实现了另一个重要的里程碑。他翻阅了生物学家和博物学家在过去 200 年中发表的数百篇文章，编制了第一份全面而严谨的夏威夷本土陆地和淡水软体动物目录。该目录吸收了卡尔和博物馆同事尼尔·埃文胡斯（Neal Evenhuis）的重要意见，为该领域随后的所有分类学工作提供了基准。[13] 正如我们所见，分类学研究和修订工作一直持续到今天，正是基于这份目录，以及自目录出版以来编目的少数几个物种，我们今天才可以自信地宣称，目前公认的夏威夷本地陆生蜗牛有 759 种。[14]

罗伯特向我解释说，他为重新安置蜗牛收藏品而做出的努力，再加上为编制这份目录进行的研究，使他对蜗牛收藏的范围和价值有了深入认识，并推动他为全世界的软体动物学家"重新认识蜗牛"而不懈奋斗：扩大材料的借阅范围，让更多的访问研究人员参与到蜗牛收藏中来，并最终确保蜗牛收藏品和夏威夷蜗牛都成为科研人员的重点研究对象和兴趣所在。

2001 年，尽管罗伯特对蜗牛收藏做出了巨大的贡献，但之后他依然选择转到夏威夷大学担任现职，因为这个职位更稳定、资金更充裕且前景光明。这个令人难以置信的"蜗牛生活档案馆"再次失去了馆长。雷吉继续半工半读，照看藏品，为新到的藏品编目，并处理资料借阅申请。这样的情况一直持续了 10 多年，直到 2015 年，诺丽开始担任馆长一职，成为该收藏馆 100 多年历史上的第五位馆长。与保护夏威夷活蜗牛的斗争一样，维护夏威夷蜗牛历史档案完整性的工作也在持续进行中。诺丽目前正在监督一项计划的实施，将近 11.7 万个装有微小蜗牛壳的玻璃瓶中用作瓶塞的棉絮更换为合成替代品。

为保护藏品免受拜恩病的侵袭，美国国家科学基金会资助了这项计划的最新进展部分。这是诺丽和她的搭档兼同事肯・海斯领导的更大项目的一部分。肯・海斯是毕夏普博物馆太平洋分子生物多样性中心的主任。他们正在共同努力，既要保护藏品，又要提高藏品的可访问性，包括推动数字化工作。他们充分利用这笔资金，让学生和志愿者实习生重返博物馆，对他们进行分类学、博物馆策展、保护生物学等方面的培训。诺丽告诉我，在这项工作中，他们认为自己是在“追随近藤的训练足迹”，培养下一代科学家，帮助照看这些藏品和记录蜗牛故事。

第一次见到这些令人震惊的蜗牛壳收藏品时，我想我和大多数人一样，都以为它是昔日尘封的遗物。然而，现实情况要有趣得多。虽然夏威夷蜗牛壳收藏的鼎盛时期早已过去，但毕夏普博物馆的蜗牛壳收藏品数量仍在继续增长，尽管增长速度要比以往慢得多。这种增长是蜗牛壳收藏馆生生不息的一个组成部分，也是它在帮助我们更好地了解和保护岛上剩余物种方面所做的重要工作的一个组成部分。事实上，我们需要了解蜗牛壳收藏馆的一个关键原因是，了解蜗牛和保护蜗牛完全是一码事——两者都需要我们以深刻但并不总是显而易见的方式逐步推进。

大约在过去十年里，诺丽和肯的工作重点是利用收集到的资料，在夏威夷群岛进行广泛调查，寻找下落不明的蜗牛。肯向我解释说，这个项目源自他在夏威夷的最初几年，当时他和诺丽还是夏威夷大学的研究生助理，与罗伯特一起工作。在此期间，罗伯特和肯进行了一系列调查，以更好地了解入侵淡水领域的树蜗牛和其他许多传入夏威夷群岛的腹足纲动物，其中一些对农业和人类健康有重大影响。

但是，随着他们在野外考察时间的增加，他们发现了越来越多的蜗牛，但几乎没人能辨认出它们是什么品种。肯开始意识到，这些蜗牛中有许多其实是本地物种。他告诉我，其中一些蜗牛“在最初编目时”是第一次也是最后一次被发现的物种，可能是在 20 世纪 10 年代或 20 世纪 20 年代。这些物种中的许多被认为已经灭绝，或者至少在很大程度上已经从软体动物学的名录上消失了。为了确认这些蜗牛的身份，肯翻阅了毕夏普博物馆的各类藏品，并开始思考还有多少其他蜗牛物种仍然存在，也许只是苟延残喘。

自 2010 年以来，诺丽、肯和他们的合作者已经在夏威夷主要岛屿的约 1 000 个地点进行了调查，这是迄今为止对夏威夷本地陆生蜗牛进行的最广泛的调查。这项调查工作最初由罗伯特的实验室在美国国家科学基金会的资助下进行，但后来当诺丽担任馆长一职时，这项工作就转移到了毕夏普博物馆，同时也转来了该博物馆不断增加的蜗牛壳收藏品。一路走来，许多人也加入了这项工作，包括戴夫·西斯科和预防蜗牛灭绝计划的成员，以及其他在蜗牛栖息地工作过的机构和组织。诺丽在必要时会对主要人员进行分类培训，以帮助他们辨别蜗牛物种。

毫无疑问，博物馆藏品为所有这些工作提供了必要指导。蜗牛壳本身固然重要，但从 19 世纪中叶到今天，过去那些专注于科学研究的收藏者保存的日记、地图和记录也同样至关重要。其中一些人提供了山丘和山谷的详细草图，准确标注了在哪里发现了什么。现在，这些资源为我们找到可能残存的蜗牛种群指明了方向。正如诺丽所说："这些资料就像我的藏宝图，如果没有它们，我们就不知道有多少蜗牛已经消失，也不知道还有多少蜗牛种群可以拯救。"

不过，这些藏品还提供了其他见解，尤其是对于那些懂得如何综合解读藏品材料的人来说。在某些情况下，他们能够根据收集到的蜗牛壳数量（控制重要变量）对不同蜗牛物种进行比较，从而推测它们过去的相对丰度。在其他情况下，他们将野外日志中有关蜗牛丰度的历史观察结果与当代调查数据进行比较。根据一个物种被采集的不同地点，有时也可以推断出它过去的分布情况。布伦登正是利用库克发表的关于薄壳耳喙螺的分布记录，确定了该物种大约 99.9% 的分布范围已经开始收缩。

目前的调查工作都是在夏威夷陆地蜗牛研究长期相对不活跃的背景下进行的。虽然软体动物学界和保护界的一些人士已经意识到蜗牛物种正在消失，并发表了一些文章试图引起人们对这一情况的关注，但从 20 世纪 60 年代起的几十年间，几乎没有新的研究探索或记录蜗牛物种减少的情况。[15] 诺丽和肯引用了芝加哥菲尔德博物馆（The Field Museum）艾伦·索林（Alan Solem）的描述，将这一时期称为夏威夷“软体动物学的沉默期”。[16]正如我们所看到的，由于缺乏相关支持和资源，这种情况变得更加严重，毕夏普博物馆的情况也是如此。

20世纪80年代，随着迈克·哈德菲尔德、艾伦·哈特等人对夏威夷小玛瑙螺属蜗牛的宣传和保护工作的开展，情况开始好转。但夏威夷绝大多数的陆地蜗牛在很大程度上仍然没有获得人们的关注，许多蜗牛甚至悄无声息地灭绝了。在过去的十年中，诺丽和肯与蜗牛灭绝预防计划团队及其他人员合作，努力改变这种以保护小玛瑙螺属蜗牛为中心的观念。当然，相对而言，关注体型更大、更有魅力的蜗牛的保护工作在过去几十年中发挥了重要作用，但如今他们认为这已成为一种负担。因此，他们坚持认为研究和保护夏威夷的蜗牛非常重要，无论其中一些蜗牛的外表多么单调和不起眼。肯解释说：“通过广泛的调查工作，我们发现了几十个蜗牛物种，这些物种曾一度被认为已经灭绝。”

尽管这些新发现至关重要，但不可否认的是，它们都发生在一个令人悲痛的故事中。以同纹螺科种群为例，通过诺丽和肯的工作，我们从2015年了解到的15个现存物种增加到今天的23个物种，其中8个被认为已经灭绝的蜗牛物种仍与我们同在。这无疑是个好消息，但事实是，同纹螺科曾经是迄今为止群岛上最大、最多样化的种群，包括325个公认的物种。换句话说，到目前为止，我们失去了大约300个其他种类的同纹螺科物种。

类似的模式在夏威夷群岛一再重复，造成了我们目前的困境。通过全面的实地研究，诺丽和肯记录了大约450个特有陆地蜗牛物种的消失情况，以及大多数幸存物种岌岌可危的状况。正如本书导言中提到的，他们的最新数据显示，在夏威夷所有蜗牛科中仅存的约300个物种中，共有11个可归类为“稳定物种”。[17]在这种情况下，虽然我想为新增的8个同纹螺科物种以及其他少数几个被认为尚未消失的物种庆祝，但是花太多时间沉浸于这个好消息里，感觉有点像在废墟中寻找一线希望。

无脊椎动物的分类危机

从蜗牛身上提取基因有多种方法。在过去，这些方法的侵入性要大得多，而且往往是致命的，包括从蜗牛的脚上剪取组织样本或使用蜗牛的整个身体。这对任何蜗牛来说都是不太理想的情况，但在处理濒危物种时，就会产生特别的问题。如今，随着基因技术变得更加先进，出现了其他选择。对于像小玛瑙螺属这样的蜗牛来说，提取基因程序通常很简单，只需用Q型吸头拭去蜗牛分泌的黏液即可。但体型较小的物种分泌的黏液不足以使这种方法有效，现在可以把它们放在FTA卡上，让它们爬过FTA卡。FTA卡是一张经过化学处理的纸，可以保留和保存蜗牛黏液中的基因。[18]就体型较小的蜗牛（体长在5毫米以下）而言，即使是这种非侵入式的方法也不可行，因为FTA卡中含有的盐分可能对这种体型的蜗牛造成甚至致命的伤害。

在与肯聊起他在博物馆太平洋分子生物多样性中心的工作时，我了解到了这些技术。太平洋分子生物多样性中心就在软体动物收藏馆隔壁的大楼里，从很多方面来说，这个中心都给人一种恍如隔世的感觉。在软体动物学部门，一排排橱柜里摆满了贝壳和保存好的蜗牛躯体，而这个中心则明显给人一种高科技感，长椅上摆放着各种实验室设备和电脑，用于分子分析和组织冷冻保存。

不过，尽管我对它的第一印象不错，但我很快就了解到，毕夏普博物馆的这两个部门所开展的工作是完全融合在一起的，两者相互依存。在蜗牛分类学工作中，两者都发挥着至关重要的作用，既要努力识别新物种，又要深化我们对以前编目过的物种的了解。过去，许多新物种的宣布仅仅依据其分布和外壳形态（物理特征）。事实上，在很长一段时间里，蜗牛分类学的研究都是以贝壳为中心，这在很大程度上被认为是海螺学家的专利，他们唯一的研究重点就是这些蜗牛壳里的钙化成分。在此基础上，随着后续分析对物种的有效性进行修正，这些物种在（分类学）名录里时有时无。在 19 世纪，小玛瑙螺属树蜗牛是人们特别感兴趣的一个研究主题，因此在这方面也引起了一些争论。在短短几十年的时间里，一些物种被人们提出、废弃，然后又被恢复。[19]

19 世纪晚期，国际上对蜗牛壳的关注开始发生转变，因为人们越来越认识到，这些坚硬的外壳并不一定能准确地说明应如何划分蜗牛物种和更大的群体。正如软体动物学家罗伯特·卡梅伦（Robert Cameron）所说，“内部解剖学讲述了不同的故事”。[20] 库克也许是第一个在分类学工作中真正关注夏威夷蜗牛躯体部分的人，当然也是第一个保存这些蜗牛躯体的人，他通过这些蜗牛的身体来比较生殖系统和其他解剖特征，以寻找重要的分类学线索。[21]

如今，分子生物学工具也加入了这一行列。从蜗牛身上提取

DNA 样本，对关键基因序列进行分析和比较。生物体之间的基因相似度有助于确定它们是否属于同一物种，而物种之间的基因相似度反过来又提供了它们在进化（系统发育）方面密切关系的信息。除了使用我刚才描述的方法对新采集的蜗牛进行取样，库克用菠萝酒精保存的蜗牛躯体被再次证明是一种宝贵的资源，从这些躯体里可以提取出许多现已灭绝蜗牛物种的 DNA。

该分类法是一项细心的工作，需要对细节一丝不苟。重要的是，分类学的新方法并没有简单地取代旧方法。相反，它们相互叠加，形成了一种综合方法，现在许多人认为这是做好分类工作的必要条件。[22] 谈到蜗牛，这是一种基于以下认识的方法：生物体的任何一个部分——无论是外壳、肉质解剖结构，还是 DNA——都无法提供简单而明确的答案。在每种情况下，相似性和差异性可能反映了系统发育关系，也可能是趋同进化的结果。例如，相似的外壳结构可能是适应共同生活方式或捕食者的结果。举个例子，夏威夷的小玛瑙螺属蜗牛和佛罗里达的旋线树蜗牛（*Liguus*）的外壳非常相似，但两者却毫无关联，这两类树蜗牛的外壳似乎因生活方式相似而趋于大致相同的形态。[23] 肯和诺丽解释说，基因相似性可能是以同样的方式产生的。例如，如果你研究的是与温度耐受性相关的基因，它们可能会以一种方式积累突变，从而使两个经历了相似自然选择过程的物种看起来比实际上更有亲缘关系。研究多个基因序列有助于解决这个问题，但无法完全克服。

当综合这些不同的信息链发现一个新物种时，通过发表文章进行描述，就代表该物种正式进入了科学知识的空间。这种做法可以追溯到林奈和现代分类学的诞生，但几个世纪以来，这种做法已经越来越正规化。就动物而言，这一过程的大部分现在都受《国际动物学命名法规》的约束。不过，关于物种描述包括哪些信息以及在哪里发布，仍然有相当大的自由度。如今，一份好的物种描述会提供解剖学和分子生物学方面的信息、个体之间的变异以及它们的生命周期、栖息地和分布情况，通常还会附上照片和其他相关插图。简而言之，正如肯所总结的，“一份好的物种描述包括其他人需要的一切信息，以辨别他们在野外发现的是否与你描述的是同一种生物体”。当然，物种描述还包括物种的名称。

除了出版，描述一个新物种还需要将“模式标本”存放到博物馆或其他安全的档案馆。“模式标本”或“正模标本”在现代分类学项目中扮演着重要角色。正如科学史学家洛林·达斯顿（Lorraine Daston）所言：“物种原始的描述和名称就固定在这个标本上，供后代分类学家参考。”[24]

在与诺丽、肯和其他分类学家的交谈中，我慢慢意识到这项工作的复杂性。好的分类学工作不是坐在椅子上就能完成的，它需要汇集多方面的信息、技术、方法和专业知识。诺丽和肯的工作需要他们深入野外、实验室进行调查，不仅是他们自己的毕夏普博物馆，还有世界各地其他博物馆的藏品。我有幸在伦敦自然历史博物馆参观了他们收藏的蜗牛标本，目睹了他们的艰苦研究。每当我看到一个夏威夷物种时，贝壳里都会夹着一张小纸条，就像一张来自夏威夷的奇怪而又非常简短的明信片，上面写着“2014 年 3 月 10 日至 14 日，由诺丽·杨在访问期间检查或拍摄”。

除了对细节的密切关注，分类学也是一项具有情怀的工作，因为它是在这样一种认识的推动和指导下进行的：准确地对物种多样性进行编目，这对于现存物种的持续生存至关重要。正如肯向我解释的那样，蜗牛和其他无脊椎动物给保护主义者带来了一个非常困难的局面。虽然我们对许多面临灭绝的鸟类和哺乳动物有深入的了解，但对其他物种却知之甚少。

> 我们不知道该如何拯救这些物种，因为我们叫不出它们中大多数的名字，它们甚至没有名字。我们不知道它们是否和已知物种是同一个物种。如果我们叫不出它们的名字，我们就无法了解它们的生物学特性。我们不知道它们有多少后代；我们不知道它们如何交配；我们不知道它们吃什么……总而言之，我们对它们几乎一无所知。

物种的编目和命名是当代生物多样性保护工作的重要组成部分。正如哲学家约书亚·特雷·巴内特（Joshua Trey Barnett）所指出的："分类学工作在某种意义上将物种作为独特、具体的实体带入世界，命名行为将严格意义上无法观察到的'物种'传递给我们，成为我们可以有意识地考虑、思考、书写和关爱的东西。"[25] 虽然这在某种意义上适用于所有物种，但对于许多无脊椎动物来说尤为如此，因为它们之间的物种差异并非一目了然。正如我们所看到的，这些物种关爱工作必须在从海螺学到遗传学等各种实践的交叉点上精心打造。

当然，物种描述与保护之间的关系并不简单。物种描述既不是保护的充分条件，也不是保护的必要条件：许多描述过的物种并没有得到保护，而有些物种在没有被描述的情况下也得到了保护（例如，某些物种碰巧位于保护区内）。事实上，在某些情况下，物种被正式描述可能会增加对该物种的威胁，使其更容易引起采集者和其他人的注意。然而，在各种方面，分类学名称如今已经成为重要的可见性保护的先决条件，包括肯所描述的基础研究，以及根据以物种为中心的制度（如美国《濒危物种法》）分配保护资金，这种制度目前在世界许多地方的保护工作中占据主导地位。

当涉及像夏威夷蜗牛这样种类繁多、研究相对不足且正在迅速灭绝的生物时，分类学就会以一种非常特殊的形式出现。在这种情况下，分类学不能简单地进行预设，即它不能静静地坐在后台，大体上尘埃落定（基本上是稳定的），时不时地在某个物种被重新分类为亚种的时候露头。相反，对于蜗牛和许多其他无脊椎动物来说，分类学工作是在与自然保护主义者的不断对话中进行的。当肯把他们的工作称为“分流分类学”时，我对这种情况有了更深刻的认识。他们正在努力识别物种，竭力拯救它们，关注那些还有时间可以帮助的物种，描述它们，以便将它们添加到蜗牛灭绝预防计划保护的物种名单中，也许有一天它们会被正式列为濒危物种。

毕夏普博物馆的软体动物收藏品——蜗牛壳、蜗牛躯体、DNA 样本、文件等——对蜗牛物种的分类工作至关重要。但这不是指任何藏品都具有价值，它们必须是有生命力、管理有序、资源充足的藏品，而不是无人看护、任其恶化变质和积灰的“孤品”。它们还需要就地安置，与使用它们的社区联系起来，包括上一章讨论的卡纳卡毛利文化从业者和本章讨论的自然保护工作者。

在诺丽的领导下，毕夏普博物馆的藏品不断增加。事实上，诺丽和肯都坚持认为，毕夏普博物馆的藏品必须不断增加，以记录未来我们不断深化的认识，以及物种分布和存在的变化。当然，随着新认识和技术的发展，收藏实践也发生了变化，如今我们不需要像库克时代或 19 世纪那样组织大规模的蜗牛壳收集，即使这仍然是有可能的。尽管如此，一些收集工作仍然必不可少。一些蜗牛会被带回毕夏普博物馆，与本馆或其他馆藏的蜗牛壳进行仔细比较，或在实验室进行 DNA 分析。然后，它们需要被小心翼翼地保存起来（这不可避免地关乎它们的生命），以便它们能够成为这个收藏馆的一部分，成为这个收藏馆丰富的、不断展开的岛屿蜗牛生活的故事的一部分。

通过与毕夏普博物馆的工作人员交谈，我第一次真正感受到“无脊椎动物偏见”才是当前生物多样性危机的核心所在。我们对身边爬行的、嗡嗡叫的、扑腾的、匍匐的，当然还有黏糊糊的无脊椎动物世界，以及它们种类的多样性知之甚少，这一点很难充分描述。从深海到错综复杂的细胞和基因，我们对生物世界的方方面面仍有很多需要了解的地方，而我们后院的许多微小动物——当然还有那些栖息在不太理想的环境中的小动物——也代表着人类现代科学集体知识工程中的巨大空白。

无脊椎动物占动物王国的绝大多数。这些无脊椎动物在无数方面对我们地球的健康做出了重要贡献。虽然这是一个研究相对不足的领域，但越来越多的研究强调了这些物种作为分解者、授粉者、种子传播者、营养循环者等所发挥的重要作用，以及由于无脊椎动物数量减少而导致的这些作用的减弱。[26] 然而，重要的是，即使这些物种没有或不再扮演这些明确的生态角色，我们也需要找到关爱它们的方法，如本书第二章所述。

人类对这些物种缺乏科学了解，既是对脊椎动物研究的普遍偏见造成的，也正是这种偏见加剧了这种情况。如果我们把全世界的动物学家按专业划分，那么研究脊椎动物的人大约是研究无脊椎动物的人的 100 倍。[27] 此外，他们的研究性质也往往不同。虽然无脊椎动物专家花费了大量时间进行分类学和基础生物学研究，但那些专注于哺乳动物和鸟类的研究者更有可能构建出更完整的物种生态、行为和保护状况图景。

这种情况不仅关乎我们对周围世界的理解深度，从根本上讲，它还关乎我们保护和维护这个世界的能力。地球上的大多数无脊椎动物甚至都没有被描述过，因此在现代保护图景中，它们在很大程度上是隐形的。即使是那些已经被描述过的无脊椎动物，也往往不是特别显眼。它们中的大多数缺乏科学数据，无法对其保护状况进行评估。一项研究发现，虽然 90% 的哺乳动物、鸟类和两栖动物已经过科学评估，但在已描述的软体动物中，这一数字仅为 3%。软体动物是无脊椎动物中研究得最好的物种之一，昆虫的数量接近 0.08%。[28] 这意味着，正如诺丽总结的那样，世界上只有不到 1% 的无脊椎动物物种的保护状况得到了科学评估。至于其他物种，我们尚不清楚它们的状况如何。

一个简单的现实是，像《世界自然保护联盟濒危物种红色名录》这样的系统并不是为无脊椎动物设计的。软体动物直到 1983 年，即《世界自然保护联盟濒危物种红色名录》发表 20 年后，才被列入其中。软体动物与其他无脊椎动物、植物和真菌的情况一样，更不用说难以归类为物种的细菌和古菌了，正如一个知名科学家小组指出的，它们在名录中的“代表性严重不足”。[29] 这个问题的很大一部分原因在于，《世界自然保护联盟濒危物种红色名录》的评估需要物种分布范围和种群的详细信息，并随着时间的推移反复进行调查以显示趋势。在绝大多数情况下，无脊椎动物并不具备这些信息。即使是列入名录的物种，我们对无脊椎动物的了解也普遍要少得多。与脊椎动物相比，研究者发表的关于列入名录的无脊椎动物的保护论文平均要少 12 倍。[30]

这种偏见在世界自然保护联盟的许多其他活动中仍然很明显，例如，在组建物种生存委员会专家组（Species Survival Commission Specialist Groups）方面。这些专家小组专注于某一分类群，旨在促进种群保护工作。虽然有 73 个这样的小组负责脊椎动物，但只有 12 个小组负责无脊椎动物。[31] 举个极端的例子，一个专家小组负责研究整个软体动物门，其中包括 10 万多种蜗牛、蛞蝓、章鱼、鱿鱼等，而一个类似规模的小组则只需负责研究非洲象，还有一个单独的小组专门负责研究亚洲象。[32] 我当然不会嫉妒大象们拥有这么多研究专家，但这里显然存在着不平衡。

当然，这种偏见并不是世界自然保护联盟特有的问题。一个简单的事实是，无脊椎动物在研究关注、资金投入和公众兴趣方面很少能与脊椎动物相提并论。我们在各级政府、非政府组织、动物园、儿童读物以及生物多样性教育的各个层面都能看到这种情况。归根结底，这种情况也意味着，即使一个无脊椎动物物种能够跨越所有障碍，被正式列入濒危物种的名录中，它也不太可能得到公众的支持和关注，而恰恰只有这种支持和关注才能为它会带来相关资金和保护。

我们对无脊椎动物有三重无知：第一，我们不了解大多数无脊椎动物；第二，我们了解的无脊椎物种往往没有数据将其列为濒危物种；第三，即使无脊椎动物被成功列入名录，我们对它们的了解往往也不足以真正保护它们。所有这一切的根源在于，一般来说，公众似乎并不真正关心大多数无脊椎动物，无论它们是否被命名、描述、列入名录，还是其他相关事项。这种冷漠和无知相互交织、相辅相成，导致全世界无脊椎动物多样性不断丧失。然而，据我们所知，无脊椎动物物种正在以惊人的速度消失，正如生物学家尼科·艾森豪尔（Nico Eisenhauer）及其同事所言，无脊椎动物消失的方式是“悄无声息且不受重视的”。[33]

我们目前对无脊椎动物的了解情况提醒我们，一个物种要在有意义的基础上“为公众所熟知”，所需要的远不止是被描述和被确认为一个物种这么简单。已知与未知之间的划分并不是非黑即白的，而是由许多灰色渐变组成的空间。正如生物学家阿兰·杜波依斯（Alain Dubois）所指出的那样：“如果认为这 175

万个‘已命名’物种是‘科学已知’的物种（现在接近200万个），那将是一种误导。事实上，对于其中许多物种（比例不详）而言，研究者只发表过一篇相关科学论文，提供了其模式标本的原始描述，因此这些物种的存在意义几乎只是名录上的一个名字而已。”[34]

显然，当前的时代呼吁我们对与我们共同生活在这个星球上的众多小生物的生活进行广泛且深入的研究。然而，尽管许多分类学家作出了努力，但几乎没有证据表明我们能够及时完成这项工作。在肯与我分享的一长串其他困难的见解中，最令人警醒的一点是，按照目前的分类学进展速度，大约还需要500年才能描述出世界上所有的无脊椎动物物种。按照目前的灭绝速度，到那时将有数十万甚至数百万无脊椎物种已消失。[35]

未知的物种灭绝

并非所有在毕夏普博物馆安家落户的蜗牛壳都能进入精心编目和设计的抽屉里。正如我在前文提到的，在这个收藏馆发展壮大的一个多世纪里，各种各样的蜗牛壳纷至沓来，毕夏普博物馆却没有时间或资源来处理它们。因此，现在它们被放在各种各样的容器中，等待着被检查、鉴定和编目。除了这些未编目的蜗牛壳，软体动物收藏馆还收集了大量蜗牛标本，虽然它们在技术上已经编目，但仍需要更密切的关注。其中一些标本在运抵时已标注了暂定的物种名称，而另一些标本可能只鉴定到科或属一级。无论如何，没人能确定它们的名称，或者说是何种物种。

据诺丽估计，馆藏蜗牛壳中大约有 300 万枚蜗牛壳没有被编入目录或缺少重要信息。因此，毫无疑问，有许多科学界未知的物种正耐心地等待着被描述。这意味着，除了在野外寻找稀有或灭绝蜗牛物种的宝贵实践，收藏馆本身也是一个探索蜗牛物种的重要场所。

正如我们所见，描述一个新物种需要大量的时间和研究。因此，从最初采集到正式描述之间往往会有延迟，这也许不足为奇。很多时候，这种延迟是非常严重的。夏威夷的蜗牛在这方面远非独一无二。在世界各地，从采集第一个新物种标本到正式描述该物种平均需要 21 年的时间。[36] 因此，最近的一项研究估计，国际上可能有多达 50 万个未被描述的物种已经被博物馆收藏。[37]

毕夏普博物馆的这一特殊收藏在发现许多新的蜗牛物种方面发挥了重要作用。在我上次访问时，诺丽、肯和同事们正在利用库克于 1924 年收集的贝壳描述一个物种。库克当时怀疑这是一个新物种，但他根本没有时间描述它。正如肯向我解释的那样，库克时代采集的标本中约有 50% 是科学界的新物种。如今，随着描述的物种越来越多，他估计这一数字更接近 10%，但这仍然需要大量的时间和资源。

在毕夏普博物馆中，有一个特别丰富的蜗牛类群正在等待描述，那就是内齿蜗牛科（Endodontidae）。这个小型蜗牛家族遍布太平洋的各个岛屿。事实上，有人认为它曾经是该地区种类最繁多的大蜗牛科。[38] 在发现这些蜗牛的每个地方，都会进化出新的物种，有时甚至会有很多。20 世纪 70 年代，当艾伦・索林走进毕夏普博物馆的藏品过道时，据说他大吃一惊。索林生前是研究内齿类动物最权威的专家，撰写了两本关于太平洋地区内齿类动物的巨著，描述了大量新物种。他在毕夏普博物馆指出，他还有很多工作要做，可能还有多达 300 个未被描述的夏威夷物种在等待细心的分类学家的关注。[39] 半个世纪后的今天，这些蜗牛壳仍在耐心等待着。

当我问诺丽和肯为什么没有人从事这项描述性工作时，他们的回答点明了本章内容的核心问题，即无脊椎动物偏见、腹足纲动物分类学、物种保护和灭绝等许多复杂问题。他们解释说，问题的部分原因在于，我们对这些“未知蜗牛物种”的了解仅限于它们的外壳。因此，我们不仅缺少有用的形态学数据，还缺少分子遗传学数据，而分子遗传学数据可能会让我们更容易、更快地对这些物种进行区分。虽然索林在该科分类学方面有 30 多年的工作经验，或许能够根据蜗牛壳来区分物种。但正如肯总结的那样：“我们再也没有像索林这样经验丰富的研究者了。”肯推测，要想真正弄清夏威夷蜗牛的底细，可能需要有人花上 10 年的时间来解决这个难题，学会在区域背景下真正观察和了解这些蜗牛，从而做出识别物种所需的分类。但是谁来承担这项工作呢？谁有时间和资源呢？肯和诺丽解释说，更重要的是，对于一个充满热情的初级研究人员来说，这样的工作很可能是他职业生涯的死胡同，因为如今适用这种老派分类学方法的职位太少了。

还有另一个重要因素在起作用。在分类学家目前承认的该科 36 个夏威夷物种中，几乎所有物种都已灭绝。事实上，诺丽和肯通过广泛的实地调查，只找到了其中的两个物种。在“分流分类法”的背景下，他们向我解释说：“像研究内齿蜗牛科这样的神奇类群的工作优先级较低，因为它们大多数已经灭绝了。”因此，即使真的有热心人愿意承担这项工作，并且最终在这个家族中发现了 100 个甚至 300 个额外的夏威夷物种，很可能也为时已晚，只能将它们加入不断变长的灭绝物种名单中。

夏威夷内齿蜗牛科物种的悲惨处境提醒我们，在我们身边一直都在发生着未知的物种灭绝事件。仔细想想，事情怎么可能不是这样呢？据估计，目前还有 800 万个物种尚未被描述，我们没有理由认为这些未知的物种能够幸免于当前大灭绝时期的影响。事实上，大多数花时间思考如何理解未知物种灭绝程度的科学家得出的结论是：如果有什么不同的话，未知物种的灭绝速度很可能比已知物种更快。这是因为人们认为未知物种的地理分布往往较窄（这通常与较高的灭绝风险相关），很可能不平衡地分布在生物多样性热点地区（这通常是指栖息地丧失严重的地方），而且不会成为任何有针对性的保护工作的对象。[40]

毫无疑问，这些未知物种中的绝大多数都是无脊椎动物，其中有些是蜗牛。事实上，科学家对夏威夷蜗牛的研究可能比大多数蜗牛都要深入，但在世界其他地方还能发现更多未被描述的蜗牛物种。就陆生蜗牛而言，最理想的估计也有很大的不确定性。据估计，全世界大约有 29 000 个物种已被描述，还有 11 000 到 40 000 个物种有待描述。[41] 正如最近的一项研究表明：陆生腹足类动物可以说是地球上最濒危的动物群体之一。[42]

在过去的十多年里，出现了一些更具体的实例，可以说明那些以前被称为“未知物种”的蜗牛灭绝情况了。其中一些蜗牛物种是通过博物馆收藏的标本发现的，另一些则是在沙丘和其他地方发现的蜗牛壳。不管是哪种情况，这些蜗牛壳都是在人们意识到它们确实是一个独特物种的成员时，其物种仅存的躯壳。

在最近的一项研究中，发现了法属波利尼西亚甘比尔群岛的9个新物种，它们都属于海螺科（Helicinidae）。所有这些物种都是库克在曼加雷万探险队中发现的，此后一直由毕夏普博物馆收藏，未作任何描述。令人遗憾的是，研究人员的后续调查发现，所有这些新物种以及岛上其他36种蜗牛中的33种现在都已灭绝，很可能是由于森林砍伐和栖息地丧失造成的。[43]

同样，过去几十年在法属波利尼西亚的鲁鲁图岛（Rurutu），的研究工作又发现了内齿蜗牛科的8个物种。然而，在这里，这些物种也只能以蜗牛壳的形式被发现。研究人员总结道：因此，鲁鲁图岛上内齿蜗牛科物种的分布范围比以前设想的要大得多。不过，我们推测该科的所有物种现在都已在该岛灭绝了。[44]

我们很难理解这些未知的物种灭绝，因为它们被人类发现时早已消失了。一个物种突然出现，随时可以被命名、描述，并有望得到人们的关注。但与此同时，它已经属于以前的物种（之前未被命名的物种），它曾经生活过的唯一记录，是像贝壳一样留存下来的遗迹。当这些发现涉及化石时，比如早在我们这个时代之前就在地球上漫游的雷龙和猛犸象，我们可以更直观地感受到这一点。但当这些损失替换为当代的伙伴时，不知为何，这些物种的前景更加令人不安。

然而，尽管未知物种灭绝的现象看起来很奇怪，但数据告诉我们，这实际上是一种常态。事实上，绝大多数情况下都是如此。地球上未被描述的物种数量大约是已被描述的物种数量的4倍。我猜想，这种未知灭绝模式在当代的普遍存在会让许多人感到惊讶，这正是因为我们如此专注于探索动物王国中那一小部分被描述得很清楚的物种。

我们正生活在一场未知的物种灭绝危机之中，在我们还没有意识到它们的存在之前，这场危机就已经把无数物种从这个世界上带走了。我们所知道的、我们所能命名的、我们所能部分理解的各种动植物的惊人损失，这些只是问题的一个方面。毫无疑问，对于今天正在灭绝的物种，还有很多东西是未知的，甚至是被人类忽视的，但至关重要的是，我们要意识到，这里还发生着另外一些事情：一场未知的灭绝危机，它规模庞大且影响深远，完全超出了我们的理解范围。

因此，关于蜗牛在被发现之前就已经灭绝的故事，其独特之处并不在于这一事实本身，而在于它们的存在和灭绝终于为人所知。在大多数情况下，当一个物种的最后一个个体死亡时，关于它的所有记录都会随之消失。这就是哲学家米歇尔·巴斯蒂安（Michelle Bastian）所描述的“不为人知的灭绝”。[45] 例如，我们可能会想到土壤生物种群的多样性生态，随着农业的变化，越来越多的化学物质进入土壤，这些生物种群几乎已经消失了。或者是复杂的无脊椎动物专家群体，在商业捕鲸导致鲸鱼从海洋中消失之前，他们曾经以掉到深海海底的鲸鱼尸体为研究对象。在有记载的历史中，曾经在这些生态系统和许多其他生态系统中发现的无数物种已经消失得无影无踪。

不过，与许多其他物种相比，蜗牛在灭绝后被发现方面有一个特别的优势。与大多数其他无脊椎动物不同，蜗牛柔软的身体意味着它们在死后往往不会留下任何尘世的痕迹，但蜗牛拥有非凡的钙化残留物（即蜗牛壳）。它们在壳中留下了自己存在的记录，即使是不完美和不完整的记录。

蜗牛壳是一个神奇的东西。亿万年来，蜗牛一直在地球的海洋、河流和陆地上漫游，它们多孔的肉身被坚固的碳酸钙结构所保护。这些外壳记录了蜗牛的一生。蜗牛壳螺旋的顶点或最内层是其最古老的部分。当陆生蜗牛孵化或出生时，它的生命就是从这个小小的壳开始的。随着蜗牛的成长，它的外壳会分泌碳酸钙和其他化学物质，在壳孔周围堆积起来，并逐渐延长壳的最外层。节肢动物和许多其他无脊椎动物的外骨骼必须脱落才能生长，而蜗牛与它们不同，蜗牛进化出的保护层可以随着蜗牛的生长而扩张，不需要一段脆弱的肉体暴露期。但这种保护是有代价的：这种外壳消耗了蜗牛生长所需的一半能量。[46] 如果你用眼睛仔细观察蜗牛壳从顶点到孔口的螺旋状纹路，就可以追溯这个微小生物的生命史。

我们可以通过各种方式来解读这些蜗牛壳里所蕴含的信息，这是一段浓缩的、凝固的“历史”。[47] 蜗牛壳的厚度可能会因环境中的营养成分不同而有很大的差异。在完全停止生长的生命时期，蜗牛壳上会留下一个小疤痕，被称为“螺层”。在更长的时间尺度上，蜗牛壳还记录了一个物种的一些生活特征，其特定的适应性反映了它们所占据的栖息地、它们的饮食特性以及与它们的捕食者等情况。对于那些能够读懂蜗牛壳的人来说，蜗牛壳不仅可以宣告一个现已灭绝的物种曾经存在过，还可以为我们提供一些重要的信息，让我们更了解这个物种曾经的生存状态。

当然，其他生物在灭绝后也会留下重要的痕迹。有了恒温博物馆的帮助，即使是最微小、最脆弱的物种，有时也能在它们消失很久之后被发现，也许是钉在木板上的一只蝴蝶，也许是压在书页之间的叶子和花朵样本。在这方面，过去令收藏家们着迷的动植物——包括夏威夷的大蜗牛——有可能不会以这种方式灭绝。

但是，蜗牛只是无脊椎动物中的一小部分，它们甚至不需要博物馆的保护。正如在甘比尔群岛发现9个新蜗牛物种的生物学家艾拉·里奇林（Ira Richling）和菲利普·布歇（Philippe Bouchet）所说："在科学采集之前，记录物种灭绝情况的工作基本上仅限于脊椎动物、蜗牛，在某种程度上还有甲壳类动物。这些物种类群的共同点是，它们在死后留下的遗骸（骨骼、蜗牛壳和甲壳）可以在考古记录或离散的土壤或洞穴地层中找到踪迹。"[48]

关于蜗牛壳能以这种方式存在多长时间，目前还没有精确的数据。这在很大程度上取决于特定蜗牛壳的大小和厚度，以及土壤、气候和其他环境条件。即使是在表层土壤中，情况也有很大不同。在某些条件下，蜗牛壳在短短几个月内就会严重降解，而在另一些条件下，蜗牛壳被认为可以持续几十年，甚至一个世纪。[49]不过，有些陆地蜗牛壳作为亚化石埋藏得更深一些，它们可以完好无损地存活几万年甚至几十万年。[50]我们将在本书结语中谈到一些这样的蜗牛壳。

因此，在我看来，蜗牛比大多数生物，也许比任何其他生物更有能力打破普遍存在的未知灭绝现象，吸引我们的注意力，让我们看到以前未曾注意到的巨大损失。蜗牛是一个种类繁多、濒临灭绝的群体，它的生存环境介于无脊椎动物和脊椎动物之间：前者拥有丰富的物种，后者则有许多坚硬的结构。正是这种独特的地位使蜗牛不仅成为一种象征，而且如果运气好的话，还有可能成为正在迅速发展的未知物种灭绝危机的强大干扰者。

关爱未知物种

在毕夏普博物馆遇到的所有蜗牛中，也许最让我惊讶的是在一个旧葡萄酒酒柜里发现的蜗牛，它们藏在软体动物学部一个安静的角落里。它们之所以令人惊奇，主要是因为它们与其共处一室的无数空壳不同，这些蜗牛是活的，并且茁壮成长。这些蜗牛的持续存在是生物学家丹尼尔·钟（Daniel Chung）几十年来的心血结晶。20 世纪 80 年代末，丹尼尔注意到许多不起眼的小型地栖蜗牛物种正在消失。此时，色彩斑斓的小玛瑙螺属树蜗牛刚刚开始引起人们的保护兴趣。当然，政府或公众并不关心这些不那么引人注目的蜗牛，也没有为它们提供保护资源。除了体型小之外，它们中的许多还呈黑褐色，而且一般都被泥土和腐烂的植被覆盖。总而言之，当涉及有限的保护资金时，它们就难以得到人们的关注。

于是，丹尼尔决定做点什么。一天下午，当我们在博物馆见面时，他向我解释说，他也许应该申请官方许可。但他认为如果需要的话，最好先采取行动。此外，他还指出："反正也没人真正在乎人们给无脊椎动物带来的伤害。"

丹尼尔一边和我聊天，一边为他的小伙伴们准备新叶子。他照顾的所有蜗牛都是食腐动物，以枯叶和腐烂的叶片为食。虽然很难确定，但许多蜗牛都极其罕见，有些甚至可能已经在野外灭绝了。这里大约有 20 个物种，其中大部分属于同纹螺科。如前文所述，这个夏威夷特有的蜗牛家族目前仅存 23 个物种，300 多个物种已经灭绝。

丹尼尔最初在家里照顾这些蜗牛。他通过反复试验，摸索出了让它们存活的方法。最终，他学会了如何帮助它们茁壮成长。起初，这些蜗牛生活在一个改装过的冰箱里，这是预防蜗牛灭绝计划人工繁殖实验室使用的环境室的 DIY 版本。后来，丹尼尔把它们搬到了葡萄酒酒柜里。在过去的大约 20 年里，这些蜗牛大部分都生活在博物馆里，享受着这里相对安全和稳定的环境。

那天，看着丹尼尔从冰箱里取出一个个小塑料容器，换上植被，再放回房间角落那个孤零零的柜子里，我很难不得出这样的结论：这些蜗牛过早地成为博物馆的标本，由于它们是不起眼的无脊椎动物，因此被人们置于保护领域的最边缘。

然而，至少这些蜗牛为人们所熟知，哪怕只有少数人。它们在这个世界上受到关爱，并保持着活力，即使是以这种有点非传统和非正式的方式。事实上，随着近年来人们对保护夏威夷所有蜗牛兴趣的增长，这个安静地生活在博物馆一角的小群体的意义也开始得到更广泛的重视。

以螺旋纹中螺（*Amastra intermedia*）为例，如果不是丹尼尔，这些有着锥形褐色外壳的蜗牛很可能已经灭绝。2015 年，戴夫和蜗牛灭绝预防计划团队收集到了已知的最后一只自由生活的蜗牛——一只个体。这只小生命的结局可能会和金顶小玛瑙螺乔治一样，在人工繁殖设施中孤独地度过最后的时光。幸运的是，这并没有发生。十多年前，丹尼尔曾收集过两只这样的蜗牛。其中一只蜗牛很快就死了，但另一只——也许是通过自交或储存精子——繁殖了后代。丹尼尔正是通过这只蜗牛，得以在人工饲养条件下继续保护这一物种。2015 年，丹尼尔种群中的六只蜗牛与蜗牛灭绝预防计划团队收集到的一只蜗牛生活在一起。现在，它们又繁殖了数百只蜗牛，并在博物馆、檀香山动物园、预防蜗牛灭绝计划方舟以及森林保护区（该保护区位于最后一只野生蜗牛采集地附近）建立了蜗牛种群。

如果没有详细的分类学工作，这种保护就不可能实现。此外，这需要了解物种，及时发现它们的衰退情况，以便将它们圈养起来，并对它们（或它们的近亲）有足够的了解，使它们在这种条件下存活，以便有朝一日能将它们送回曾经生活过的栖息地。

近年来，随着对夏威夷群岛蜗牛的了解不断加深，螺旋纹中螺成为众多夏威夷保护物种中的一员。这项工作极其重要，但我们也看到，这远远不够。本章描述的情况清楚地表明，尽管有针对性的保护工作可以帮助许多蜗牛物种，但在可预见的未来，仍将有无数其他物种——具体有多少，我们不得而知——会从这些方法的缝隙中溜走（灭绝）。

我们目前面临的地球困境需要我们共同努力，尽可能多地了解这些生物，不仅要记录它们的存在，还要了解它们的保护状况和需求。几十年来，人们一直在强调这一点，由于世界上许多地方对研究生物分类学的兴趣和资金都在渐渐减少，导致一些人猜测生物分类学本身将走向消亡。[51]

但是，这些努力还远远不够。现实情况是，在未来几十年中，无数未被描述的物种将灭绝，我们根本无法及时发现和描述它们，更不用说对它们进行有意义的了解了。因此，要充分应对未知的物种灭绝危机，就必须采取更为激进的措施，而不是培养一种新的“有魅力的微型动物”，让腹足纲动物和昆虫加入大熊猫和大象的行列，成为庞大的保护幼年海豹俱乐部的一员。认真对待无脊椎动物就是承认，地球上的生物种类实在是太多了，我们的保护实践不能被我们所了解的生物所严格限制。相反，我们必须培养对未知事物的欣赏能力。

几十年来，一些自然保护主义者一直批评将公共信息和保护资金都集中在有魅力的哺乳动物和鸟类身上。在某些情况下，他们认为其他物种，如蚂蚁和蜗牛，应该成为焦点。但在大多数情况下，他们坚持认为我们的思维应该超越物种保护本身。从这个角度出发，我们应该专注于保护为这些物种和无数其他已知或未知物种提供栖息地的生态系统。

对此，人们经常指出，保护濒危物种的目的通常就在于此。富有魅力的动物往往可以起到“保护伞”的作用，保护它们的栖息地可以为无数其他物种提供保护。尽管并非所有魅力物种最终都能为其他物种提供特别好的“保护伞”，但这一论点肯定有其道理，这在很大程度上取决于相关物种分布的重叠性和具体需求。[52] 但是，只要这些“保护伞”物种发挥了预期的作用，那么物种或生态系统的优先次序之间的区别可能就不是很重要了。正如世界自然保护联盟物种计划副主任让·克里斯托夫·维（Jean Christophe Vie）所说，这可能只是“用不同的包装做同样的事情”。[53] 然而，当谈到引人注目的包装方式时，鲸鱼和大象很可能每次都会胜出。

不过，只有当濒危物种在其栖息地内就地保护时，情况才会如此。就夏威夷蜗牛而言，正如我们将在最后一章讨论的那样，在森林中保护它们或将它们送到这些地方存在着巨大的障碍，甚至是不可逾越的障碍。在这种情况下，栖息地的丧失和捕食者的引入共同导致了这一结果，正如戴夫所描述的那样，“撤离已经成为蜗牛生存的唯一选择”。然而，就其本质而言，这种撤离（迁地）保护方法必须逐一进行。它依赖于识别和提取已知的物种，因此不可避免地会遗漏几乎所有尚未被识别的物种（“搭便车者”可能会从中受益，比如一些圈养鸟类种群无意中保护的羽虱物种）。当然，与此同时，这种保护对于夏威夷森林中许多已知的植物、昆虫、鸟类和其他物种——更广泛的生态系统——来说作用甚微。

归根结底，在我们目前的情况下，所需要的似乎是将以物种为中心的方法和生态系统层面的方法结合起来：有针对性地保护单个物种，最好是在当地保护（当这些物种受到严重威胁，为了它们的生存有必要这样做时），但同时也要保护整个生态系统和景观。

当然，仅仅关注生态系统层面并不能解决未知物种的问题。更重要的是，如果我们想知道这些保护计划是否真的行之有效，就需要清楚地了解这些地方的居民以及我们的行为对他们产生了怎样的影响。尽管没有完整的“生命大百科全书”，我们也可以开展保护工作。事实上，我们必须这样做，因为基础分类学研究的必要性是无法回避的。

回到毕夏普博物馆那些装满蜗牛壳的抽屉，我比以往任何时候都更加坚信深入了解这种多样性的重要性和必要性，也更加坚信我们需要有超越自身认知的鉴赏模式。多年以后，我发现自己作为分类学家的认知并不比我开始这段旅程时强多少，但我对一些自己还不够了解的蜗牛的重要性有了更深刻的认识，比如从蜗牛壳形态学到分类学实践等。在这个损失不断增加的时代，我们需要努力深入了解更多的蜗牛物种——这对我们提出了新挑战，也将提升我们保护生物和与它们和睦共处的能力——但我们的知识不能成为我们关爱蜗牛物种的局限。此外，我们还需要寻找新的、更广阔的方式来理解那些在我们身边嗡嗡作响、慢慢爬行、呼呼歌唱的生物，甚至是在我们身边销声匿迹、不为人知、不受重视的神奇生命，并与它们建立联系。

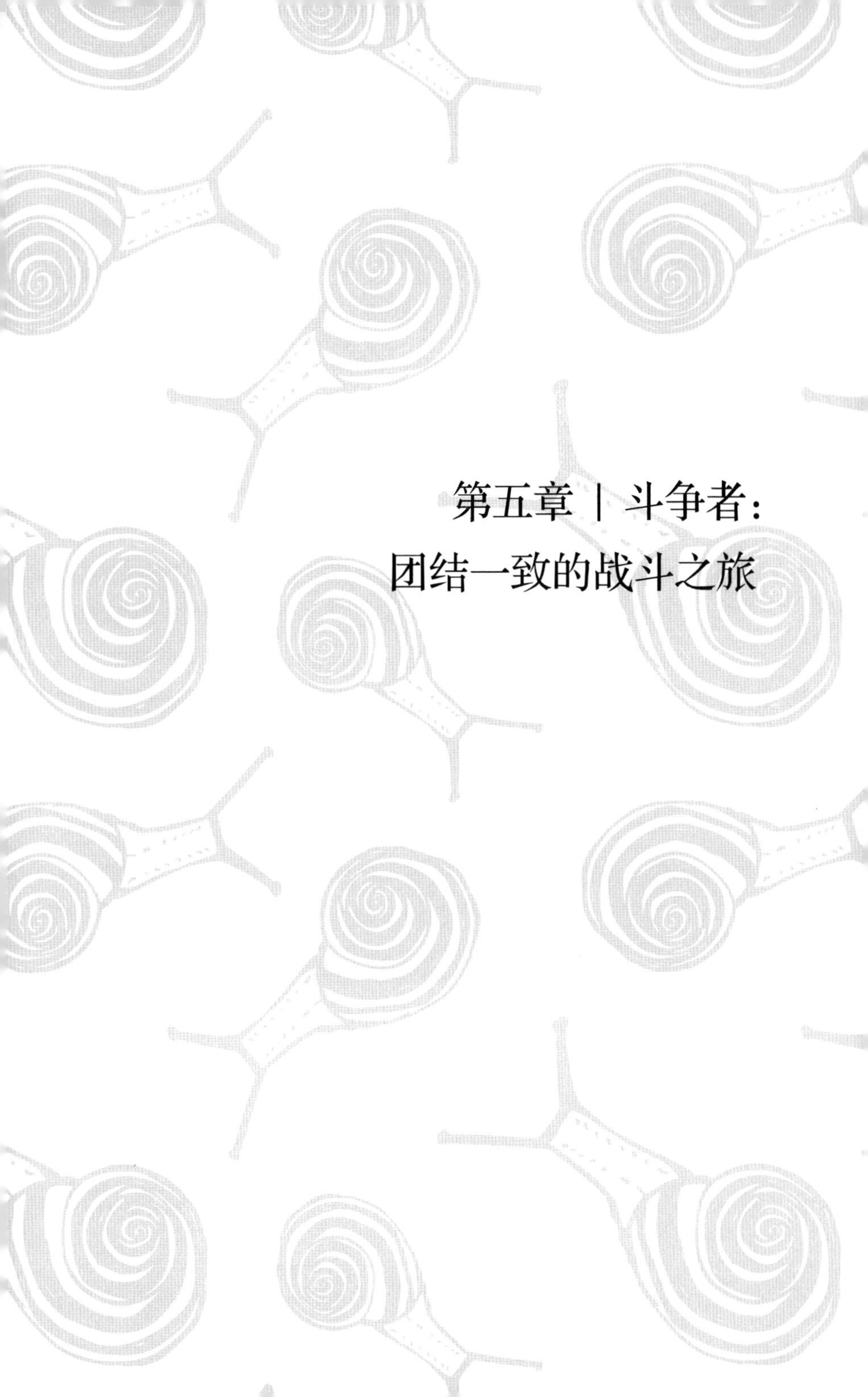

第五章 | 斗争者：团结一致的战斗之旅

我逐渐放慢车速，驶离高速公路，把车停在一道巨大的铁丝网围栏前。当我走近敞开的大门时，一名身着迷彩服的男子示意我靠边停车。我降下车窗，他问我叫什么名字。他对照剪贴板上的名单，随后向我挥手，示意我进入马库亚军事保留地的停车场。

我把车停好，下车的时候还不到早上 7 点。第一缕阳光刚洒在山谷的背面。我的眼前是一片草海，四周是陡峭的岩壁，嶙峋的岩石被侵蚀得很深。马库亚山谷占地近 5 000 英亩，给人的感觉就像一个巨大的圆形剧场，广阔而又内敛。覆盖谷底的草地和低矮的灌木丛一直延伸到谷壁。在山顶边缘，至少在一些地方，我可以看到一些森林。在这些树木之间，曾经生活着山谷中最后一批较大的树蜗牛。

在接下来的半个小时里，随着其他人陆续到达，我在停车场上观赏着马库亚山谷。我们被告知不要随意走动，所以我一直紧跟在队伍后面，偶尔和其他人聊聊天，渴望更深入地了解这个地方。当我们全部到齐后，将带领我们进行文化探访的文斯·道奇（Vince Dodge）把我们召集到一起进行自我介绍。大约 15 人围成了一个松散的圆圈。文斯欢迎我们来到马库亚，他解释说，这里世世代代都是夏威夷人的家园，他们在山谷广阔的怀抱中生活。尽管这里地处欧胡岛的背风面，气候相对炎热干燥，但谷底却被广泛耕种。古时，山谷中至少建有三座重要的神庙，夏威夷故事告诉我们，整个地区都被视为“传奇之地”，即与夏威夷创世故事密切相关的圣地。“Mākua”在夏威夷语中意为“父母”，许多人认为这里是“大地之母（Papa）和天空之父（Wākea）的相会之地”。[1]

君主制被推翻后，山谷里的生活发生了重大变化。从20世纪初开始，随着一条铁路的建成，该地区的大部分土地都被麦肯德勒斯牧场（McCandless Ranch）收购，在许多情况下，自由奔跑的牛群使得该地区拥有小地块的农民无法生存。[2]然而，到了20世纪40年代，情况又发生了重大转变，牧场和所有剩余的农民都被迫撤离。珍珠港事件爆发后，在第二次世界大战的动荡时期，马库亚和周边地区被美军根据戒严令（夏威夷在这一阶段是美国的领土，而不是独立州）的授权征用。[3]

战争期间，山谷被用来进行实弹射击训练，包括迫击炮和大炮射击、炸弹引爆，甚至从空中和海上发射导弹轰炸。在随后的几十年里，马库亚也成了军队的垃圾场，山谷后部的一大片区域成了“露天焚烧、露天引爆”场地，军方在此处理常规炸药、芥子气、凝固汽油弹和大量白磷等各种化学物品。[4]

这个神圣的地方到处布满了这类破坏活动留下的伤痕。其中一些伤痕在地貌景观中清晰可见，比如大片被剥蚀的土地和外来入侵的野草，它们现在已经延伸到了山壁上。由于数十年的爆炸和随后的火灾，曾经在这片艰险地带生存的复杂植物群落已经消失殆尽。虽然在军队到来之前，特别是由于牧牛而造成的一些破坏已经开始显现，但几十年的实弹射击训练使剩下的部分生物群落伤痕累累。

不过，这些活动造成的许多其他伤痕却很难看到。它们以毒素的形式渗入土壤和水中，而这些毒素是无法真正量化的，尤其是在大多数相关信息尚未公开的情况下。此外，这里随处可见大量的未爆弹药，它们隐藏在被毁坏的地貌中，被齐头高的入侵草丛所覆盖，或者埋藏在土壤表面之下，等待着被引爆。

由于这些遗留问题，在马库亚山谷生活现在已成为一项危险活动。然而，大约在过去的 15 年里，社区团体“关爱马库亚”每个月会在这里开展两次文化探访活动。这些探访活动持续大半天，带领任何有兴趣且身体条件允许的人参观遍布山谷的各种文化遗址。当天，我们的队伍中有环保主义者、和平活动家、学者和学生，还有一些当地居民，他们只是想更多地了解这个神秘的围栏地区，因为他们经常在高速公路上开车经过这里。我们小组有几位成员是当地人，但大多数人不是。我发现这些文化探访活动不仅关乎教育，还有助于引导人们关心这个地方并与之建立持续的联系。

毫无疑问，这是一次奇怪的文化探访活动。美国陆军并不允许文化机构进入现役军事设施。事实上，我无法找到任何其他此类情况。因此，在马库亚，这种文化探访活动并不是自愿达成的，这也许并不令人惊讶。相反，它是社区团体“关爱马库亚”和其他人几十年来反对军队占领和破坏该地区的活动及诉讼的产物，其中充满了不愉快和不稳定。在这些谈判中，除了成功开通文化通道，山谷中的实弹射击训练也完全停止了，尽管该地区仍被用于其他爆炸性较小的军事目的。

鉴于这些危险的历史遗留问题，进入山谷的旅行有严格的条件也就不足为奇了。在我们一行人做完自我介绍后，站在一旁的五名陆军军官中的一位加入了我们的队伍，向我们详细介绍了强制性的安全指示。为了防止我们在进入这里时签署的责任免除书给我们带来任何不确定因素，陆军人员强烈提醒我们，这里是一个危险的地方，地表和地下到处都是爆炸装置。

军队对我们的指示很明确：我们要保持在一个小组中，始终确保走在车队两端的军车之间。一名爆炸物处理专家将在前方扫描地形。除非另有指示，我们必须一直在土路上行走。事实上，我们应该走在路中间，因为大雨往往会将爆炸物冲进路边的沟壑中。

我们被告知，在几个选定的、事先批准的地点，我们需要冒险离开公路。在这些地方，我们必须时刻保持警惕，待在黄色绳索围起来的区域。这些绳索禁区最近经过了危险检查。不过，我们要去的一些地方被军方视为脆弱的考古遗址。因此，待在绳索范围内也是为了保护山谷免受我们活动的影响——免受我们的靴子和手的撞击。为此，我们被告知，我们的团队还将有两名陆军考古学家陪同，他们的职责是确保这些遗址不受干扰。

听到这个建议，我注意到我们小组的其他几个成员翻了个白眼。我只能猜测，他们和我一样，都在怀疑军队是否有道德权威将自己定位为该地的保护者，因为在过去的 60 年中，他们大部分时间都在无情地炸毁这个地方。

本章探讨了马库亚山谷的近代史。不出意外，本章将特别关注现已消失的腹足类动物。特别是自 20 世纪 80 年代初以来，人

们一直在为这个地方的生物和文化遗产而斗争。在这一过程中形成的知识、关系、活动策略和技术对整个夏威夷及其他地区的蜗牛保护工作产生了巨大的影响。

马库亚的情况还提供了一个具体的途径，让我们了解一个更为普遍的环境问题：军国主义。美国军方在全美乃至世界各地都建立了基地和训练设施，对环境产生了深远的影响。说到濒危物种，美国国防部的记录也是令人怀疑的：清除濒危物种的栖息地，破坏它们的筑巢地，或者直接炸毁它们。其影响之所以如此巨大，部分原因在于国防部控制着如此多的土地。在美国，大约有 2 500 万英亩的土地由军方管理，使其成为美国最大的土地实际控制者之一。[5]

有趣的是，这些军用土地上的濒危物种特别丰富。事实上，根据《濒危物种法》，与包括国家公园在内的其他联邦土地相比，美国国防部土地上被列为受威胁或濒危物种的数量最多、密度最高。[6]在全国范围内，美国国防部土地上大约有 400 种此类物种，其中包括 15 种蜗牛。这些物种中至少有几种已经濒临灭绝，这在很大程度上是由于它们生活在军事土地上，而对于许多其他物种来说，这些地方尽管面临着许多挑战，却比其他地方提供了更好的生存机会。

由于这种奇怪的情况，美国军方现在经常发现自己扮演着保护濒危物种的角色。作为受《濒危物种法》管辖的联邦机构，国防部各部门必须根据该法案第 7 条的规定，确保“授权、资助或实施的任何行动都不会危及任何濒危或受威胁物种的持续生存”。[7]在马库亚及其周边地区，为履行这项义务，陆军需要制订一项广泛的蜗牛保护计划，包括建造欧胡岛的蜗牛围栏保护区，以及濒危植物苗圃和户外种植计划。

类似的军队保护计划还有很多。我们可能会想到在华盛顿州刘易斯-麦科德联合基地（Joint Base Lewis-McChord）安家的条纹角云雀和马扎马袖珍地鼠，或者在北卡罗来纳州布拉格堡（Fort Bragg）安家的小圣弗朗西斯斑蝶和红冠啄木鸟，该基地被认为是世界上人口最多的军事基地。在这些地方和其他许多地方，军事行动或多或少都需要保护濒危的动植物，而国防部至少要为积极保护这些生物承担部分费用。

人们很容易把美国军方简单地理解成环境恶棍或救世主。事实上，媒体经常报道这两类叙事。然而，现实情况更为复杂。马库亚的蜗牛为我们提供了一个例子，说明了自然保护与军国主义之间矛盾而复杂的关系。

夏威夷是讨论这些话题的一个特别重要的地方。在这个群岛上，正如我们所看到的，物种保护资金甚至比美国其他大部分地区更加匮乏，美国近三分之一的濒危物种都分布在这里，但分配给它们的联邦保护资金却不到 10%。[8] 与此同时，这些岛屿的部分地区也是全球军事化程度最高的地区之一：仅欧胡岛就有七个主要军事基地和大约五万名现役军人。因此，国防部所作的评估发现，全国范围内受威胁和濒危物种数量最多的四个军事设施都在夏威夷。事实上，它们都分布在欧胡岛上，这也许并不奇怪。马库亚位列第二。这四个地点共发现了 168 种濒危物种。这种情况证明了夏威夷生物多样性令人难以置信的地方独特性。但这也是这些岛屿长期以来环境遭到破坏的结果，再加上规模惊人的持续军事化活动。

在夏威夷，正如我们在马库亚山谷所看到的那样，这种情况由于发生在殖民地上而变得更加复杂。在这里，围绕蜗牛和炸弹展开的斗争与卡纳卡毛利人为确保土地和文化权利、以各种方式行使主权所做的努力密不可分。[9] 在某些情况下，原住民的需求和理解与致力于保护濒危物种的保护主义者的需求和理解相冲突，这在这些岛屿和世界各地都有记录。有时，这些分歧可以得到解决；而在其他情况下，这些分歧似乎难以解决。[10]

然而，马库亚山谷的故事提供了一个目标一致的范例，它将卡纳卡毛利人和其他当地社区成员、自然资源保护主义者、律师，还有致力于非军事化以及社会和环境正义的活动家等不同群体聚集在一起。更为重要的是，在马库亚，这些人不仅团结一致，而且通过山谷中非凡的蜗牛种群团结在一起。

虽然我讲述这个故事的目的是要超越简单化、黑白分明地描述军队对蜗牛和其他濒危物种的影响，但我必须从一开始就承认，我认为这些岛屿乃至整个地球可持续发展的未来从根本上说与美军目前的规模和行动是相反的。本章的重点是军方管理的土地，仅就这一点而言，情况也十分严峻。除了在本国境内占据大片土地，美军还在外国领土上拥有约 800 个基地组成的庞大网络。[11] 美军在全球范围内的足迹，加上其所有其他活动，使美国成为世界上最大的温室气体排放者，其排放量远远超过瑞典等许多国家。[12]

然而，在这个太平洋中部小岛上的一个山谷里，这台战争机器已经被一群声援蜗牛的人联手制止了十多年。我之所以讲述这个故事，是因为这里有重要的经验教训，同时也因为它给人们带来了希望，即比现状更好的事情或许仍然有可能发生。

寻找蜗牛

安全简报结束后，我们从停车场出发，一路向北穿过山谷谷口。我们的第一站是一个用黑色熔岩石砌成的祭坛。在这里，我们留下了人们带来的祭品——水、鲜花、树叶和歌曲，并宣布了我们进入山谷的意图。尽管这个祭坛看起来饱经风霜，但它的建造年代却比人们想象的要晚。由于人们不允许与山谷中的古代考古遗址互动，也不想破坏它们，2001 年，社区团体“关爱马库亚”与军队协商，请求允许修建三个祭坛，作为社区和游客的聚集地，以表达他们对这个地方的认可和尊重。

当每个人都留下了自己带来的祭品并做完祈祷后，我们继续赶路。转入一条沿着保护区最北边延伸的土路，我们开始缓慢而稳定地向山谷后方爬去。在我们的左侧，谷壁高耸入云，上面长满了草，沿着谷壁的上缘有一条细细的树带。但在右边，我们可以看到整个卡哈纳海基山谷和马库亚山谷。虽然该地区被泛称为马库亚山谷，但实际上它是由三个山谷组成的，上述两个山谷是该地区的主体。从很多角度看，这些山谷之间的分界线并不明显，但从我们当天早上所处的卡哈纳海基北部边缘的位置看，它们之间突起的山脊却清晰可见。

第一次清楚地看到这座山脊时，我想起了 20 世纪 80 年代初读过的一份报告，其中提到这里曾经是“特别丰富的蜗牛种群”鼬鼠小玛瑙螺的家园。[13] 这份报告是在 1981 年《濒危物种法》将所有小玛瑙螺属蜗牛列入名单之后的几年里撰写的。生物学家戴尔特·A. 韦尔奇（d' Alté A. Welch）等人的历史调查表明，该地区曾经发现过鼬鼠小玛瑙螺。[14] 因此，军方很不情愿地请来生物学家，看看这些蜗牛是否还在这里生存。毕夏普博物馆获得了这份报告，当时负责博物馆软体动物收藏的卡尔·克里斯滕森和迈克·哈德菲尔德在彼得·加洛韦（Peter Galloway）和芭芭拉·尚克（Barbara Shank）的协助下承担了这项工作。

在我研究的初期，迈克首先向我介绍了马库亚山谷。他向我描述了他在这异常艰苦的条件下寻找蜗牛的经历。即使在 20 世纪 80 年代，山谷中的森林也仅限于山谷边缘、沟壑、峭壁及其周边地带。在最好的情况下，这种地形也很难行走，如果不走人迹罕至的小路，他们很可能会遇到未爆炸的弹药。该团队的队员们接受了识别这些危险的基本训练：蜗牛科学家们学习了一种不同的外壳分类技能。

他们还必须由爆炸物处理专家陪同，这使得他们的任务更加具有挑战性，即使是在更安全的情况下。这意味着，正如迈克向我解释的那样，每当团队中有人想查看某棵树的时候，他们都必须先宣布自己的意图，然后等待军方人员先行查看。这使得整个过程非常耗时。但这肯定不是多余的预防措施。在调查过程中，他们看到了军队长期活动的痕迹，其中包括一枚未爆炸的火箭弹和一枚重达 1 000 磅① 的炸弹，这枚炸弹很可能自第二次世界大战

① 1 磅约等于 0.4536 千克。

以来就一直存在于这片土地上。

不过，在那个最不可能出现蜗牛的地方，该团队发现了他们正在寻找的蜗牛。在海拔较高的地方，尤其是海拔 500 米以上的地方，他们发现了许多安静地生活在树丛中的鼬鼠小玛瑙螺。在山谷边缘的一些地方，它们的数量仍然非常多。然而，在卡哈纳海基山谷–马库亚分部山脊的背面发现了最大的鼬鼠小玛瑙螺种群。迈克和卡尔在报告中指出："据笔者所知，其他任何地方都找不到比这儿更多的欧胡岛树蜗牛。"[15]

虽然他们被派到山谷中调查的只是这一个蜗牛物种，因为它是该地区已知的唯一被联邦列入名录的濒危物种，但该团队还记录了其他各种蜗牛的存在。其中包括旋甲螺亚科（*Philonesia*）、小旋螺亚科和琥珀螺属的活体成员，以及阿玛斯特红蜗牛（*Amastra rubens*）[①]和尖耳玛瑙螺（*Auriculella ambusta*）[②]两种蜗牛的外壳——也许它们也是隐居的个体。其中许多蜗牛物种本身就非常罕见，尽管没有被正式列入濒危物种保护名录。

然而，更令人惊讶的是，他们遇到了一只大树蜗牛——杜氏帕图螺属蜗牛（*Partulina dubia*）。虽然考古证据表明该属的几个蜗牛物种曾经生活在欧胡岛，但其他所有物种都早已灭绝。当我和迈克探讨这一发现时，他回忆起当时的情景："我听到卡尔惊呼

① 阿玛斯特红蜗牛是一种陆生的肺腹足类软体动物。这种蜗牛仅在夏威夷群岛上分布。——译者注

② 尖耳玛瑙螺是一种陆生肺腹足类软体动物，生活在热带。——译者注

‘我的天啊’。我看过去，只见他紧盯着树干上的一个洞，自言自语地重复着‘我的天啊，我的天啊’。”在实地考察之前，卡尔查阅了毕夏普博物馆的历史收藏记录，一直在寻找这一蜗牛物种，但他告诉我，他真的没想到会找到它。上一次发现该物种还是在他出生之前，也就是四十多年前。遗憾的是，他们与这只蜗牛个体的偶遇也是他们最后一次见到该物种。几乎可以肯定的是，杜氏帕图螺属蜗牛现在已经灭绝。

除了这些隐藏的蜗牛财富，该调查还揭示了军队活动的广泛影响。在一些地方，调查小组遇到了生活在树上的成群的鼬鼠小玛瑙螺，这些树的树枝和树干上都嵌有火箭弹爆炸后留下的碎片。一些地区的森林显然已被炸得支离破碎，稀有的濒危蜗牛也随之消失。

但比爆炸本身更致命的是爆炸引发的火灾。调查小组遇到了几片被严重烧毁的森林，这些森林以前本该是蜗牛的栖息地，其中包括卡哈纳海基山谷-马库亚分部高海拔地区的火灾痕迹。[16] 与栖息地的直接丧失同样令人担忧的是，迈克和卡尔开始担心这些大火可能会把老鼠和其他蜗牛捕食者推向更高海拔的地区。他们在这些地区的森林里发现了大量空心、破损的鼬鼠小玛瑙螺外壳，这加重了他们的恐惧与担忧。

他们的报告向军方提出了各种建议，其中最主要的是需要限制和更好地控制火灾，以及修改指定的“高爆炸影响区”，使其不包括实际或可能的蜗牛栖息地。然而，在随后的几年里，情况并没有发生多大变化。正如受人尊敬的环境记者帕特里夏·图蒙斯（Patricia Tummons）总结道：“这里发生火灾的频率和规模都没有减弱。”[17] 但是，迈克和其他保护主义者继续游说美国鱼类和野生动物管理局，要求根据《濒危物种法》第 7 条与军方进行正式磋商。虽然讨论也包括山谷中的其他一些濒危物种——各种珍稀植物和一种鸟类（瓦岛蚋鹟），但树蜗牛却成了马库亚争夺战的主角。

大约在这个时候，迈克还在帕霍尔自然保护区马库亚山谷上方的边缘地带建立了一个实地考察点。在这里，他和他的同事及学生们开始对鼬鼠小玛瑙螺进行广泛的标记和再捕捉研究。他们很快就发现，主要由于老鼠和玫瑰狼蜗牛的捕食，该蜗牛物种的数量正在大量减少。迈克不断想起山谷内外正在发生的破坏。20 世纪 80 年代末，他带着新成立的塞拉俱乐部法律辩护基金（Sierra Club Legal Defense Fund）夏威夷办事处的律师迈克尔·舍伍德（Michael Sherwood）来到了现场。舍伍德开始向军方和美国鱼类和野生动物管理局施加法律压力，要求他们开展广泛研究，以便更全面地了解战争及火灾对环境的影响，并努力采取措施减轻这些影响。

在一个出人意料的情况下，卡尔·克里斯滕森起草了致军方的第一封信，并由舍伍德签署寄出。在被毕夏普博物馆解雇后，卡尔暂时放弃了在软体动物学领域的研究，进入哈佛大学法学院学习。1989 年暑假，他回到夏威夷，在塞拉俱乐部法律辩护基金实习。他告诉我：“我的任务之一就是起草一封信，让律师寄给军方，告知他们应该认真听听哈德菲尔德和克里斯滕森这些人多年前讲述的关于烧毁山谷的事情。”

但军方并没有真正听取他们的意见。在随后的几年里，意见仍然没有被采纳。20 世纪 80 年代末和 90 年代初，迫于法律压力，军方做出了一些微乎其微的改变：有一段时间，军方停止了一些破坏性较大的活动，例如据说引发了许多火灾的直升机射击训练，并努力改进灭火和控制火势的方法。[18] 然而，20 世纪 90 年代中期，这种压力的性质发生了变化，蜗牛消失的原因开始与居住在山谷另一端马库亚海滩上的一些人为活动相关联。

动员海滩上的蜗牛

我们沿着卡哈纳海基山谷的北部边缘稳步上行。虽然时间尚早，但天气已经逐渐炎热起来，我们很快就感到吃力了。随着我们爬得越来越高，视野也越来越开阔。我停下脚步，吹了一会儿微风，转过身回望那条土路。从高处，我可以看到整个山谷底部，越过高速公路则可以看到海滩和远处的大海。

过去，我们现在所处的地区被划分为两个不同的单元，这是夏威夷传统的地块，通常从山上一直延伸到海边，确保每块土地上的居民都能获得从山间植物到海洋鱼类等各种资源。如今，法林顿公路绕过怀阿奈海岸，穿过这些传统的地块分区。公路高处（在山的一侧）的所有广阔土地都由军队控制，而公路低处（在海的一侧）的一小块区域（有些地方只有几米宽）仍然是公共海滩，或者至少是半公共海滩。

几天前，我就是在这片海滩上见到斯帕基·罗德里格斯（Sparky Rodrigues）叔叔的。我们的会面是贾斯汀·希尔（Justin Hill）安排的，当时我通过“关爱马库亚”的网站与他们取得了联系，想与他们谈谈他们的工作及其与蜗牛的联系。贾斯汀回复了我，邀请我一起进行文化探访，并表示愿意安排我与斯帕基叔叔会面。我们三人在马库亚海滩停车场旁边的公路边碰面。简短的自我介绍后，我们沿着一条小路进入了一个种满树木和其他植物的小区域。斯帕基叔叔指着一些古老的花坛和马赛克说，这些都是他已故的妻子莉安德拉·韦（Leandra Wai）阿姨的心血结晶。

那天我们走着走着就下起了雨，在斯帕基叔叔的建议下，我们三人来到一棵茂密的大树下。斯帕基叔叔开始给我们讲述这个地方的故事。我了解到，围绕山谷的斗争并没有止于军队建立的围栏保护区。在过去的几十年里，海滩地区也一直是激烈争夺的场所。当地人利用这片海滩捕鱼和娱乐，但这里也是当地人，尤其是卡纳卡毛利人建造自己家园、寻求和平与庇护的地方。然而，早在 20 世纪 60 年代，就有人想方设法拆除这些房屋，驱逐居民，以便为电影摄制组和两栖军队训练以及拟建州立公园等一切活动让路。

尽管困难重重，这个社区仍坚持了几十年，每次房屋被拆毁之后，他们都会重建家园。[19] 斯帕基叔叔解释说："过去海滩上住着各种各样的人，包括老人、病人、疯子、情侣、单身人士等。社会称这些人为无家可归者。事实上，他们不是无家可归，这里就是他们的家。"这些人中的许多人，在被周边地区的住房价格压得喘不过气后，最后选择来到马库亚安家落户。但这个地方的意义远不止于此。

20 世纪 90 年代，莉安德拉阿姨和斯帕基叔叔居住在马库亚。

他向我解释说："马库亚是我们疗伤的地方。"当时他们的婚姻遇到了困难。当他们第一次来到马库亚的时候，和许多其他居民一样，莉安德拉阿姨开始打扫卫生。她清除了积存几十年的垃圾，其中大部分是由企业和私人倾倒的，她还努力推倒引进的草类和植物，如银合欢树。这些新居民在房屋旁种植了甘薯、南瓜和豆类等粮食作物，以及各种其他本地的传统植物。

斯帕基叔叔告诉我："我们所在的地块被称为卡哈纳海基山谷，它是一个过渡之地，而这个过渡之地就是你可以来疗伤的地方。"他继续解释说："在过去，无论是身体、心理还是精神上的治疗过程，都可能需要一位老师或长者的帮助。在这里，我们没有这些帮助，所以土地就是我们的恩人。多年来，马库亚帮助我们治愈我们的家庭，治愈我们之间的关系，让我们开始对周围发生的事情有了更多的了解。"

20 世纪 90 年代中期，约有 300 人居住在马库亚海滩。驱逐居民的压力再次增大，斯帕基叔叔和莉安德拉阿姨成了反抗斗争的领导者。在他们的组织下，越来越多人参与到更广泛的斗争中，反对军队占领山谷及其对耕种者造成的破坏。他们关注的是对文化遗址的破坏以及对山谷内森林和更广泛环境的影响。但至关重要的是，他们还担心这些活动——尤其是露天焚烧和露天引爆的做法——可能对他们赖以生存、捕鱼和以其他方式依赖的沿海土地及水域造成毒害。"我们开始发现毒药，所有军事活动的残留物都在毒害土地。"

也正是在这个时候，他们开始逐步了解蜗牛。一群来自大学的教授和学生来到怀阿奈地区参加一个宣传活动，斯帕基叔叔、莉安德拉阿姨和其他人在活动中讲述了他们为马库亚而战的故事。斯帕基叔叔告诉我："其中一个人就是哈德菲尔德。"迈克向他们讲述了他在保护蜗牛方面的工作，以及他为停止山谷实弹训练所做的努力。斯帕基叔叔接着讲述道，"那次偶然的相遇把马库亚的居民带到了塞拉俱乐部法律辩护基金会，在那里我们询问了蜗牛的生存情况"。在随后的年月里，他们了解到了鼬鼠小玛瑙螺日益衰退的前景；它们的家园范围有多狭窄；它们需要多长时间才能达到性成熟；它们在森林里要面对多少捕食者。斯帕基叔叔解释道："因此，鼬鼠小玛瑙螺处于危险之中，受到巨大威胁。它们也成了我们的口头禅——我们该如何保护本地蜗牛？"

在随后为海滩和山谷采取的行动中，在真正关心这些苦苦挣扎的蜗牛的生命的同时，他们还做出了一项战略决策，即调动美国法律赋予濒危物种的法律力量。多年来，他们一直试图寻找法律代表，将马库亚海滩社区的案件推上法庭，但他们得出的结论是："我们不能去那里为自己辩护，但我们可以去法庭为濒危物种辩护。"社区团体"关爱马库亚"（Mālama Mākua）诞生于1996年，它将人们对卡纳卡毛利人的土地和文化权利、岛屿军事化以及环境健康的担忧汇集在一起。简而言之，顾名思义，夏威夷语"Mālama"意为关爱或保护，该社区团体代表了一个人民和利益联盟，共同致力于关注保护这个地方及其未来。

社区团体"关爱马库亚"开始了缓慢而艰难的工作，通过法庭对军队在山谷中的活动提出质疑。在这项工作中，他们得到了塞拉俱乐部法律辩护基金（现为"地球正义"）律师大卫·亨金（David Henkin）的支持。这些法律诉讼大多是根据《国家环境政策法》（*National Environmental Policy Act*，NEPA）提起的，其核心是要求陆军通过开展详细的环境影响报告来确定其在山谷中的影响规模和重要性。社区团体“关爱马库亚”在提出诉讼时，不仅强调了对蜗牛和其他濒危物种的影响，还强调了文化、社会和健康后果，这些后果可能与军队对该地区的破坏及其有毒遗留物密切相关。

专业知识问题

我们的小车队沿着卡哈纳海基山谷后部一条杂草丛生的狭窄小路前进。我们排成一列，在一组黄色绳索之间行进，把与我们同行的军车留在了主道上。四周都是高高的草丛，远远高过头顶。有几条小路一直延伸小山沟里，我们不得不在泥泞中爬上爬下。最后，我们来到了一片树木茂密的区域，我想我们所有人都为这片树荫而感到庆幸。

我们正在前往一个重要的文化遗址，它被称为“皮科石”（Piko Stone）。当我们的队伍慢慢抵达时，我们聚集在树荫下，坐下来休息，欣赏这里的美景。文斯向我们详细介绍了这个遗址。这个地方对他来说意义非凡，部分原因是这里曾是莉安德拉阿姨最喜欢的地方之一。在发言即将结束时，文斯向大家解释说，他想把祭品留在这里。不过，这样做需要他走出黄色绳索，靠近石头。这时，与我们同行的一位陆军考古学家重申了规则：我们必须待在绳索之间，以确保考古遗址不会受到我们行动的影响。

文斯显然对此感到沮丧，但并不感到意外，他平静地转向我们，告诉我们这是一个宝贵的机会，让我们了解与军队建立这种工作关系的困难。他感到沮丧的核心原因是，他对山谷和这些遗址有着根本不同的定位：在军队看来，过去的遗迹应该原封不动地保存下来，而在社区团体“关爱马库亚”看来，活的遗产应该通过持续的联系和认可得到尊重和保护。

与此同时，文斯解释说：“军方的立场纯粹是虚伪的，令人难以忍受，这就是军队保护这些遗址的理念。他们对这些遗址进行了长达60年的狂轰滥炸，现在我们要保护这些遗址，却遭到了阻止。”但在他看来，这些限制和规则也并不稳定和一致。军队关于穿鞋、留下祭品、开放和关闭的场地的声明不断变化，一般来说没有商量的余地。文斯接着解释道：“这就是我们经常遇到的棘手问题。”

这次文化探访凸显了山谷里的居民和军方在理解和专业知识方面持续存在的紧张关系。在过去的几十年里，军队内部引进了越来越多的考古学家和生物学家。后来，当我向凯尔·梶弘（Kyle Kajihiro）询问这一情况时，他简明扼要地总结道：“军队这么做的真正目的是控制专业知识，拥有知识生产的手段，以驳斥当地人和环保主义者可能会阐述的观点。”凯尔是社区团体“关爱马库亚”的骨干成员，也是一名活动家和学者，他的工作重点是提倡非军事化。

在有关这一主题的文章中，凯尔坚持认为，在马库亚，陆军从海军争夺卡霍奥拉维岛（Kahoʻolawe）的斗争中吸取了教训。四十多年来，美国海军一直利用毛伊岛西南部的这座岛屿进行打靶训练，从海上和空中向岛上投掷炸弹和导弹。20世纪70年代，为阻止这些活动而进行的斗争最终取得了成功，包括卡霍奥拉维岛保护组织对该岛进行的一系列占领，这已成为夏威夷历史的标志性篇章。[20] 在凯尔看来，海军在某种程度上措手不及，而陆军则在马库亚岛部署了更为复杂的信息和人口控制计划。他解释说，陆军毕竟在反叛乱方面更有经验。在这场针对濒危物种和圣地的战争中，控制信息和公众认知就是一切。

那天，文斯决定最好遵守军方的决定，至少现在是这样。军方人员告诉我们，跨过绳索很可能导致文化通道被取消，我们所有人都会被护送出山谷。文斯说，有时我们确实需要推动这些问题的解决，以便在不断的变化和挑战面前维护权利。在确定何时以及如何进行这项工作时，他会遵循山谷的指导。就这样，文斯在绳索区外的一块石头上放下了他的祭品，没有离开绳索区的范围，这场争吵就此结束。

就在我们那天聚集的地方以东几千米处，发生了夏威夷蜗牛近代保护史上的另一件大事。这一事件的核心内容也关乎必要的专业知识和资源，以掌控这一山谷的未来。在我们的上方，毗邻军事保护区的是州政府管理的帕霍尔自然保护区。正如第一章所述，夏威夷的第一个蜗牛围栏保护区就是在这里于 1998 年建成的。该围栏由州政府在马库亚山谷边缘地区建造，自 20 世纪 80 年代初以来，这里一直是迈克研究鼬鼠小玛瑙螺的重点。事实上，第一道围栏包围了 5 米 ×5 米的标记和捕捉区域，迈克一直在该区域内监测蜗牛种群的破坏情况，当时蜗牛种群已减少到不足 20 只。

大约在同一时间，军队开始转变其物种保护工作的方向。1995 年，陆军成立了一个科学家小组，以更好地监测人类活动对全岛蜗牛和其他濒危物种的影响。迈克同意将其中一些科学家纳入美国鱼类和野生动物管理局的许可范围，这使他能够研究联邦政府列出的蜗牛物种。陆军科学家开始对陆军设施内和周围的蜗牛种群进行监测，包括马库亚岛和邻近陆军斯科菲尔德兵营东靶场的另一侧岛屿。与此同时，他们还努力采取行动减少这些蜗牛种群面临的威胁，包括建立围栏保护区和清除破坏森林的有蹄类动物，以及制订老鼠捕食者控制计划。

作为这项工作的一部分，军队受到帕霍尔围栏保护区的启发，利用建立围栏剩余的一些材料，在卡哈纳海基建造了自己的围场。这座新建筑距离州立帕霍尔围栏不到 1 千米，越过边界就进入了马库亚军事保护区。通过这些活动，军队从简单地限制其自身活动对濒危蜗牛的影响——或至少试图以一些非常有限的方式——转变为保护蜗牛种群的积极响应者。

促成这一变化的主要压力之一是陆军就马库亚山谷问题与美国鱼类和野生动物管理局进行正式磋商。虽然从严格意义上讲，这始于 1998 年，但在此之前的几年中，压力一直在增加，军队曾多次被要求对其行为负责。一段时间以来，各种自然资源保护主义者一直在推动两方进行正式协商，社区团体"关爱马库亚"也是如此。事实上，同年早些时候，大卫·亨金代表社区团体"关爱马库亚"致函军方，警告如果不进行协商，他们将提起诉讼。[21] 就在这封信发出后不久，山谷中的训练演习引发了一场

800 英亩范围的大火，大火一直烧到将马库亚山谷和卡哈纳海基山谷分隔开来的山脊线上。这是压死骆驼的最后一根稻草。大卫解释道："眼见大势已去，军队立即停止了在马库亚军事保留地的所有军事训练，并'自愿'与美国鱼类和野生动物管理局进行正式协商。"

这次磋商很快得出结论，即军队在马库亚的行动影响了一系列濒危植物物种以及鼬鼠小玛瑙螺等动物物种，应该制订有针对性的实施计划来保护这些物种。为此，陆军于 1999 年成立了一个实施小组，成员包括他们自己的科学家以及来自政府、大学和保护组织的代表，其中也包括迈克。该小组将负责持续的研究和咨询，帮助陆军确定可能采取的其他措施，以改善这些物种的生存环境，使其有足够的种群数量，确保其长期生存能力。[22]

虽然当时有 10 种幸存的小玛瑙螺属物种被列入《濒危物种法》，但军队的责任仅限于保护直接受其活动影响的物种。由于在这一地区只发现了鼬鼠小玛瑙螺，因此在这些谈判中只考虑了这一个蜗牛物种。重要的是，军队的责任只是"稳定"这一物种的数量。因此军方认为，该物种不需要安全保护；相反，它只需要不再走向灭绝即可。

但与美国鱼类和野生动物管理局的协商也要求陆军尽可能多地保护该物种的遗传多样性。为此，研究人员于 2000 年开始进行基因研究，从怀阿奈山脉周围的 18 个地点采集蜗牛样本。这些研究主要由迈克和布伦登·霍兰德负责。事实上，正是这个项目让布伦登来到夏威夷担任博士后研究员。通过这项工作，我们确定该物种由八个"重要进化单元"组成。正如第二章所讨论的，蜗牛往往不会扩散，因此一旦被隔离，通常就不会再接触。因此，每一个重要进化单元都由一个或一组种群组成，而这些种群实际上已经朝着不同的方向进化。事实上，当我向诺丽询问鼬鼠小玛瑙螺的情况时，她告诉我，如果未来的分类学分析表明鼬鼠小玛瑙螺实际上已经是几个不同的物种，她也不会感到惊讶。不过，即使没有这些信息，军队也必须承诺保护这些不同进化单元中的每一个。而要做到这一点，所需的围栏保护区远不止一个。

在自然保护主义者对军队施加压力的同时，社区团体“关爱马库亚”的情况也开始变得棘手起来。最终，在军队多年拖延进行环境影响评估后，2001 年 7 月，檀香山法院发布了一项初步禁令，禁止军队在案件审理期间在山谷中进行任何军事训练。这是一个非常重要的禁令。正如社区团体“关爱马库亚”的律师大卫·亨金向我解释的那样：“据我所知，这是法院首次以违反环境法为由命令美军不得在山谷中进行军事训练。”

就在几个月后，2001 年 9 月 11 日，纽约和华盛顿发生了袭击事件。军方坚决要求恢复在山谷中的军事训练，并为此与社区团体“关爱马库亚”进行了谈判。次月，双方达成了一项协议，军队可以在三年内逐步恢复非常有限的实弹射击训练。但大卫解释说：“如果到了第三年年底，他们还没有完成环境影响评估，就必须停止山谷中的军事训练，直到完成评估为止。”

三年时间已经过去了，但环境影响评估报告仍未完成。因此，山谷中的所有实弹训练都被停止。此后近二十年间，这方面的情况几乎没有任何改变。时至今日，环境影响评估报告仍未完成，无法令法院满意，山谷中的实弹演习也未恢复。

除了停止实弹射击训练，2001 年与军方达成的解决方案还向社区团体“关爱马库亚”做出了一系列其他让步，这些让步没有日落条款，因此直到现在仍然有效。军队同意在山谷中进行一些清理工作，开展进一步研究，并为当地社区提供技术援助基金，以聘请外部专家对这些研究进行同行评审。像我参加的这类文化探访也是此次和解的一个重要部分。每月两次，社区团体“关爱马库亚”以这种方式带领成员、当地居民和游客团体进入山谷。每年还有两次在山谷中庆祝马卡希基节日（Makahiki festivals）的机会，由一个名为“马库亚保护协会”的社区团体组织。

文斯将这些文化探访活动描述为“改变游戏规则的敲门砖”。他解释说：“我们知道文化探访通道非常重要。一旦有了文化通道，人们就开始向前探索……这完全改变了力量的平衡。因为人们意识到，他们亲身经历过，这个地方是有生命的，我们需要悉心保护照顾它。”

在这场斗争的早期，社区团体“关爱马库亚”由莉安德拉阿姨、斯帕基叔叔和文斯的父亲弗雷德·道奇（Fred Dodge）叔叔领导。弗雷德是当地的一名医生，也是早期反对军队在山谷开展活动的人之一，同时他还是怀阿奈地区一系列其他社区问题的热心倡导者。虽然弗雷德不是卡纳卡毛利人的后裔，但正如文斯向我解释的那样，他的父亲从 1962 年第一眼看到马库亚的那一刻起，就受到了的马库亚召唤。

大约在最初的十年里，是莉安德拉阿姨和弗雷德叔叔带队对山谷进行文化探访，每个月两次，每次探访要花一整天的时间。如今，随着最初领导这个项目的长者相继去世，或者发觉艰苦的文化探访太过劳累，新一代人接过了他们的衣钵。文斯接手了他父亲的一部分工作。人类学教授、夏威夷文化历史和权利的长期倡导者琳内特·克鲁兹（Lynette Cruz）阿姨担任了社区团体“关爱马库亚”的主席。与此同时，该团体还启动了一项“守护者”计划，让年轻人参与其中，并对他们进行培训，以领导文化探访活动。通过这种方式，社区团体“关爱马库亚”正在奠定基础，以确保未来组织有能力继续保护山谷。

在社区团体“关爱马库亚”开展的所有工作中，蜗牛一直扮演着至关重要的角色，尽管在很大程度上它们并不为人所知。大卫·亨金向我解释说，蜗牛是 2001 年法院发布初步禁令的主要依据之一。与军队行动对环境造成的许多其他影响不同（这些影响连证明都很难，更不用说量化了），从迈克和卡尔在 20 世纪 80 年代初的调查开始，就有确凿证据表明山谷中存在鼬鼠小玛瑙螺，而且军队的训练破坏了它们的栖息地。因此，制定全面的环境影响评估报告的必要性毋庸置疑。虽然陆军试图辩称他们不可能将濒危物种推向灭绝的边缘，但这一说法并未被法庭接受。正如大卫解释的那样：“法院回应说，这不是重大损害的标准。并不是说把某一物种从地球上彻底抹去才算造成了重大损害。”

这么多年过去了，人们仍然不清楚为什么军方还没有完成环境影响评估，并推动恢复实弹射击训练。与我交谈过的一些人认为，马库亚的境况愈加艰难了。社区团体“关爱马库亚”和其他一些人（甚至包括濒危物种和文化遗址）引起了越来越多的当地人的关注和反对，这使得马库亚的情况变得更加复杂。与此同时，陆军在夏威夷和该地区的优先事项也发生了变化。他们需要在其他地方建立军事训练区并监测其影响，所有这些都耗费了大量的时间、精力和资源。有鉴于此，其他一些人将马库亚问题似乎抛在了脑后，因此这场斗争随时可能再次爆发。

无论出于何种原因，社区团体“关爱马库亚”都对山谷多年来的和平表示欢迎。但他们知道，即使实弹射击训练不再恢复，山谷中的生活也不可能回到非军事化状态。军队在马库亚的租约将于 2029 年到期，社区内越来越多的人坚持认为，归还这片土地的时机已经到来。即便如此，数十年遗留下来的未爆弹药、土壤和水中的毒素，当然还有许多灭绝的物种，这些问题都将继续困扰着这片土地。最终可能证明，要使山谷恢复到足够安全的状态，让公众真正踏足这片土地是不太可能的。

美国陆军于 1941 年控制该山谷后不久，就与领土政府签署了一项协议，规定军队将在战争结束 6 个月后撤离该地区，承诺“在撤离时搬走其所有财产，并以公共土地专员（Commissioner of Public Lands）满意的条件归还房舍”。[23] 此后的几十年里，尽管地方政府和州政府不断施加压力，但军队始终没有执行这一撤离协议。与此同时，它还逐渐努力将恢复该地区的义务降到最低。如今，根据目前与州政府签订的租约条款，军队只需在技术和经济能力允许的范围内“恢复”山谷，而且清除炮弹的支出不得超过土地的公平市场价值。此外，陆军已被免除与这项恢复工作有关的所有责任和索赔。[24]

社区团体“关爱马库亚”认为，他们的下一个重大任务是让军方对山谷修复工作负责。正如斯帕基叔叔所述，他们的目标是让军方清理干净，不要让这里成为另一个卡霍奥拉维岛。虽然从法律层面讲，这里已经归还给夏威夷州，但这里并不适合人类居住。事实上，在海军完成清理工作时，该岛还有 25% 的面积没有进行任何补救，被认为是不安全的禁区，而该岛其余绝大部分面积只进行了表面处理。目前，国家正在利用志愿者的辛勤劳动进行持续的清理工作。[25]

海军在卡霍奥拉维岛部署的战术已被美国国防部广泛使用，无论是在美国还是在世界各地。它甚至有一个名字：从军事演练到野生动物保护的转变。这种方法不是为了彻底修复一个地区，而是简单地将其转化为野生动物保护区或其他保护区。通常情况下，这些土地会被移交给美国鱼类和野生动物管理局，而在卡霍奥拉维岛，这些土地则被交还给州政府，成为卡霍奥拉维岛保护区。以这种方式改造前军事设施时，修复标准要低得多，因此达到标准的成本也更低。如果人们不长期居住在该地区，那么毒素和其他物质的危害水平就会较高，一些有问题的地区甚至可以简单地用栅栏围起来。除了经济上的优势，军方还能获得与建立新的环境保护区相关的所有正面宣传。最近的一项调查发现，有 20 多个前美军基地以这种方式重新划定了保护区，涉及土地面积超过 100 万英亩，其中仅包括联邦管理的土地。[26]

马库亚山谷拥有大量濒危物种——其中许多物种只能勉强

存活——是这类保护区的理想候选地。虽然这种转换可能是最好的选择，但社区团体“关爱马库亚”希望在做出任何此类决定之前，看到山谷得到妥善清理和修复。美国各地的自然资源保护主义者现在经常接受这些提议及其可能性，而这种热情往往源于“不断减少的栖息地保护区”缺乏替代方案。[27] 在这种情况下，保护工作只能从战争机器的餐桌上获得残羹剩饭而已。

同样重要的是，要注意，这些军事用地向野生动物用地转换的过程并不是美国军事用地使用规模总体缩小或减少的一部分。恰恰相反，它们是逐渐淘汰那些已经遭到破坏、难以利用或饱受争议的土地，转而使用新的土地的过程。事实上，2014 年的一项研究发现，美军的军事训练用地每年增加约 1 200 公顷。[28] 这样一来，越来越多的土地被卷入这一进程，人类和非人类的生活变得难以为继，为后代留下了大量难以解决问题，大约每 18 个月就会出现一个新的“马库亚山谷”。

社区团体“关爱马库亚”希望他们已经做了足够多的工作，让群岛乃至全世界关注位于太平洋中央的小山谷。他们希望，他们已经做了充足的准备工作，以确保在时机成熟之时，让军方无法一走了之。

虽然马库亚山谷的未来还很不确定，但有一点是明确的：为争夺这个地方而进行的旷日持久的斗争给蜗牛带来了巨大的好处。诉讼、和解和公众监督不仅制止了大多数破坏活动，还促使军队更加积极地保护蜗牛，尽管有时会产生一些出乎意料的后果。

自 20 世纪 90 年代中期以来，致力于保护岛上蜗牛和其他濒危物种的陆军科学家团队不断壮大。从最初的几个人发展到今天拥有 50 多名科学家和技术人员的团队，即欧胡岛陆军自然资源计划。该小组负责监督陆军在岛上各种训练设施中遵守一系列联邦保护法规。马库亚山谷是夏威夷军队在保护问题上争议最大、最引人注目的地点，对欧胡岛陆军自然资源计划的发展和军队积极承担这些责任至关重要。

大约在过去的 25 年里，欧胡岛陆军自然资源计划的蜗牛工作一直由文斯·科斯特洛（Vince Costello）领导，他是夏威夷各种腹足类物种热情而坚定的支持者和保护者。这些工作的核心内容是在欧胡岛建造一个新的围栏保护区，首先是在卡哈纳海基山谷建立围栏。每建造一个新的围栏，欧胡岛陆军自然资源计划的团队都会借鉴有机园艺方法，甚至是蜗牛领域的理念，改进围栏的设计和屏障。[29] 我在第一章中介绍过的帕利克围栏区的三种屏障现在已成为标准屏障：角形屏障、切割网屏障和电屏障。实时监控系统也在不断改进，例如，如果有树枝掉落在围栏上，让捕食者有可能进入，系统就会通知工作人员。

经过 20 多年的努力，美国陆军已成为夏威夷蜗牛保护领域最重要的资助者之一。我们无法确切知道这项工作花费了多少资金。不过，据陆军报告，仅 2018 年，“马库亚岛实施计划”的支出就约为 580 万美元，蜗牛保护工作是该计划的重要组成部分。20 年来，每年都有类似的支出，而且在可预见的未来还将持续投入，因此蜗牛保护成本正在不断增加。

这项工作最奇怪的一点是，至少就蜗牛而言，所有这些资金在技术上都是针对单一物种的。在众多其他蜗牛物种濒临灭绝的时候，对于鼬鼠小玛瑙螺的8个独特基因种群中的每一个种群，陆军都在建造围栏对其进行保护。

即使是其他被联邦列入保护名录的物种，也没有得到如此多的资助与保护。尽管剩余的9个极度濒危的小玛瑙螺属物种中有7个位于岛屿另一侧的科奥劳山脉，但直到最近，这些山脉中也只有两个围栏保护区。由于陆军活动对那里的影响要小得多，因此他们没有被要求对该地进行修复。同样，在毛伊岛的4个岛屿上，军队也没有被要求以同样的方式减轻其影响，这些岛屿上的蜗牛物种数量与毛伊岛相当，其中包括3个被列入《濒危物种法》的物种，但直到最近几年，这些岛屿上只建造了一个围栏保护区。[31]

因此，我的观点很简单：虽然围栏保护区是拯救正在消失的蜗牛的一项重要技术，但只有军队才拥有建造大量围栏的资源，而这种情况下，围栏的分布方式更多地受军队变化无常的行动的影响，而非由蜗牛的需求决定。事实上，具体而言，这种分布方式主要是由代表蜗牛对陆军行动提出的激进主义和法律挑战的特殊历史所决定的。

很难知道该如何看待这一切。当然，我所遇到的代表军队开展这项工作的欧胡岛陆军自然资源计划生物学家对蜗牛的未来充满热情与希望。他们正在尽最大努力，利用现有资源拯救蜗牛物种。社区团体“关爱马库亚”的一些人也持有同样的观点。正如斯帕基叔叔对我说的那样：“这是军队中我唯一真正热爱的部门。我会告诉人们去那里做志愿者，因为他们的工作真的很出色。”然而，对于陆军这个组织来说，很显然，这种保护工作只是达到目的的一种手段：确保训练活动受到尽可能少的干扰。与此同时，陆军还会利用一切机会宣传他们多年来迫于外部压力而开展的环保项目。

然而，最终的现实是，无论是否受到军队的影响，这些蜗牛都将消失。玫瑰狼蜗牛仍然会把马库亚山谷森林里的蜗牛通通吃掉，就像它们遍布夏威夷群岛一样。这种情况造成的可悲且令人难以置信的结果是，作为夏威夷的濒危蜗牛，最好的生存机会是成为正在或已经被美国军方例行炸毁的物种成员之一。

重要的是，陆军的物种保护工作最终能够惠及许多其他蜗牛物种。为满足鼬鼠小玛瑙螺的需要而建造的围栏实际上已经成为其他物种的保护伞，而这些物种恰好也居住在这些区域。欧胡岛陆军自然资源计划和蜗牛灭绝预防计划团队积极协调，让尽可能多的物种进入这些保护空间。但事实上，它们的安置几乎完全是围绕一个物种的特殊需要而设计的。

虽然军队肯定会对蜗牛产生总体的积极影响，但这远不是最佳安排。从根本上说，我们可能会问，为什么濒危蜗牛必须依赖军方的资助？为什么美国政府中只有军方拥有此类资金？当然，在任何合理的资源安排中，保护机构和研究机构——它们是相关专业知识的主要拥有者，也是承担主要责任的组织，而不是达到目的的手段——都应该获得充足的资金，以便自己承担物种保护工作。然而，这恰恰需要军队放弃对专业知识的控制，而这正是军队一直以来努力的方向。

团结互助的蜗牛

当天下午，我们从皮科石碑遗址返回主路，开始慢慢下山，朝山谷前方走去。大约一年后，我再次来到山谷，与凯尔·梶弘走在同一段山路上。凯尔长期与社区团体“关爱马库亚”和其他一系列关注非军事化的组织合作，并对这一主题进行了学术研究，在此基础上，他向我解释说，有必要在更大的背景下理解这一特定山谷的斗争。正如凯尔所言：

> 谈到夏威夷的军事化，就不能不联系到更广泛的问题。美国军国主义的影响范围是全球性的。夏威夷是太平洋司令部（Pacific Command）的中心，因此这里发生的任何事情都会影响到该地区的其他岛屿和其他区域，而其他岛屿和区域发生的事情也会影响到夏威夷。

社区团体“关爱马库亚”一直致力于形成一种承认这种联系观的方法，促进信息共享和建立团结网络。当军队和其他军事行动在某地受到有效阻击时，它们不可避免地会转移到其他地方。正如凯尔向我指出的那样，阻止海军破坏卡霍奥拉维的斗争取得了胜利，而这也意味着一些军事活动被转移到了其他地方。同样的情况也发生在马库亚岛：

> 事实上，我们已经阻止了在马库亚的实弹射击训练，这意味着夏威夷岛上的长岩（Pōhakuloa）正在进行大量的实弹

射击活动。因此，我们正在积极与那里的居民建立联系，努力提高他们的斗争能力。即使这可能会延缓我们保护马库亚遗址工作的进展，但我认为这是我们应尽的义务。

与我交谈过的社区团体“关爱马库亚”的其他成员也赞同这一观点，他们提到了与欧胡岛另一边的卡胡库（Kahuku）、夏威夷的莫纳凯亚山（Maunakea），当然还有军方在长岩训练场的相关斗争的联系，那里的轰炸至今仍在继续。其中一些地点如今出现在社区团体“关爱马库亚”网站的“相互关联的斗争”栏目下。正如“关爱马库亚”的主席琳内特阿姨向我解释的那样：“这项工作的意义在于团结一致，不仅反对野蛮的军事活动，而且支持社会和环境正义。”

我们一行人来到了文化探访之旅的最后一站。现在，我们几乎又回到了公路边的出发点，我们向南急转弯，绕过一片长满草的地方，进入一个小山沟。在那里的树冠下，我们看到了一块高约 3 米的大型岩画石。人物在粗糙的灰色表面上翩翩起舞，还有其他我看不清楚的形状，这些岩画都是这里的居民在很久以前雕刻的。

虽然整个山谷都是一个值得学习和探索的地方，但在过去的几年里，这个特殊的地点已经成为一种非正式的课堂。包括音乐家、研究人员和和平活动家在内的各种人士都应邀参加了文化探访活动，分享他们对岩画和山谷的见解。这些活动通常有助于将这个地方与军国主义及其他更广泛问题联系起来。除了向包括军队人员和其他游客在内的文化探访者传授知识，这种学习还通过在社区团体“关爱马库亚”的网站和油管网（YouTube）上发布的视频走出了山谷。

正是通过这样一段视频，我听到了安·赖特（Ann Wright）在此地发表的简短演讲。赖特是一名退休的美国陆军上校和外交官，2003年，她因反对伊拉克战争而被迫辞职。当天，她向马库亚山谷的游客介绍了遍布世界各地的大约800个美军基地，以及这些基地给当地人民和环境造成的创伤。太平洋、中东和欧洲的基地都曾是当地冲突的发生地。赖特谈到了目前正在进行的一场斗争，这场斗争是为了在琉球岛上为美军修建另一条跑道，该跑道正位于濒危儒艮的栖息地。随着美国在日本驻军的压力越来越大，军方越来越多地将目光转向关岛和北马里亚纳群岛。目前，美国正在进行大规模的部队重新部署。正如赖特所指出的，这次重新部署的一部分是基于海军提出的一项建议，即将基本无人居住的帕甘岛（Pagan Island）用于打靶训练，将其变成又一片伤痕累累的牺牲之地，并对当地居民和环境造成长期影响。

在帕甘小岛上还有许多珍贵的动植物，其中包括美丽的、极度濒危的帕图拉小蜗牛（*Partula gibba*）。有趣的是，这些蜗牛也成了岛屿间非军事化团结项目的核心参与者。在过去的10年里，迈克·哈德菲尔德和戴夫·西斯科都参与了保护这类蜗牛在北马里亚纳群岛的家园的工作。2010年，他们深受帕图拉小蜗牛吸引而来到这里，帮助美国鱼类和野生动物管理局确定该物种是否仍然存在，他们利用自己对当地生物多样性的了解，共同反对破坏该岛的军事活动。除了美国海军正在进行的军事演习，还包括另一项将帕甘岛变成2011年日本海啸残骸倾倒场的提案。

“地球正义”的大卫·亨金也参与了这场斗争，与许多反对破坏其土地的热情当地人一起工作。在担任这一角色之前，大卫必须先与马里亚纳群岛的社区团体“关爱马库亚”和查莫罗（Chamoru）活动家讨论他们的案件之间可能存在的冲突。大卫与他们讨论了一个可悲的现实，即成功阻止任何一个地区的军事活动可能会增加另一个地区面临的压力。大卫告诉我：“我很高兴，双方都承认这一点，并认为各方都应该具备良好的法律代表，相互团结。”在马里亚纳群岛，这种法律途径是开放的，因为他们属于美国联邦，因此要遵守《国家环境政策法》和《濒危物种法》等联邦法律。而大多数美军海外基地的情况并非如此，当地居民和物种只能依靠政府的能力来对抗世界上规模最大、资金最雄厚的军队。

当我走出山谷时，我转过身来最后看了一眼马库亚山谷令人难以置信的地貌。这些崎岖的山谷，是一个美丽无比又充满破坏的地方，是一个被剥夺财产和充满暴力的历史所塑造的地方，但同时也是一个复兴和抵抗的地方。这里正在上演的军事化和物种保护之间的关系是极其错综复杂的，与其他关于土地、文化、岛屿和我们星球未来的斗争密不可分。

当蜗牛和其他濒危物种继续在世界上生存时，它们可以在保护土地和文化免受军国主义、资源开采、过度开发等持续不断的破坏中发挥重要作用。但是，单靠它们的力量是不够的。正如马库亚漫长而艰难的历史所表明的那样，蜗牛的作用和影响是通过与人类团结一致而实现的：与卡纳卡毛利人、自然资源保护主义者、活动家、律师等共同努力，充分利用法律和诉讼、社区动员、细致的蜗牛调查和长期的种群研究等资源。因此，在夏威夷蜗牛的所有其他意义中，失去夏威夷蜗牛就等于失去了一个正在为建立更美好宜居的世界而奋斗的重要盟友。

就我个人而言，我希望有一天这些努力能够缩小世界军队的规模和范围，从而减少它们对不同地区和地貌的影响。然而，在此之前，这些斗争在要求美国和其他地方军队对其行为负责方面发挥着重要作用，确保他们在一定程度上履行保护物种、恢复受损土地、延续原住民文化等义务。毕竟，军方膨胀的预算使其他机构和地方社区无法获得资金自行解决这些问题。

马库亚山谷以自己的方式加入了这场全球非军事化斗争。在这个地方形成的专业知识、网络和激情——其中许多都是围绕着山谷中正在消失的腹足类动物形成的——正在向世界延伸，以帮助保护其他濒危物种、人类和地区。强大的“蜗牛团体”正在逐步形成。

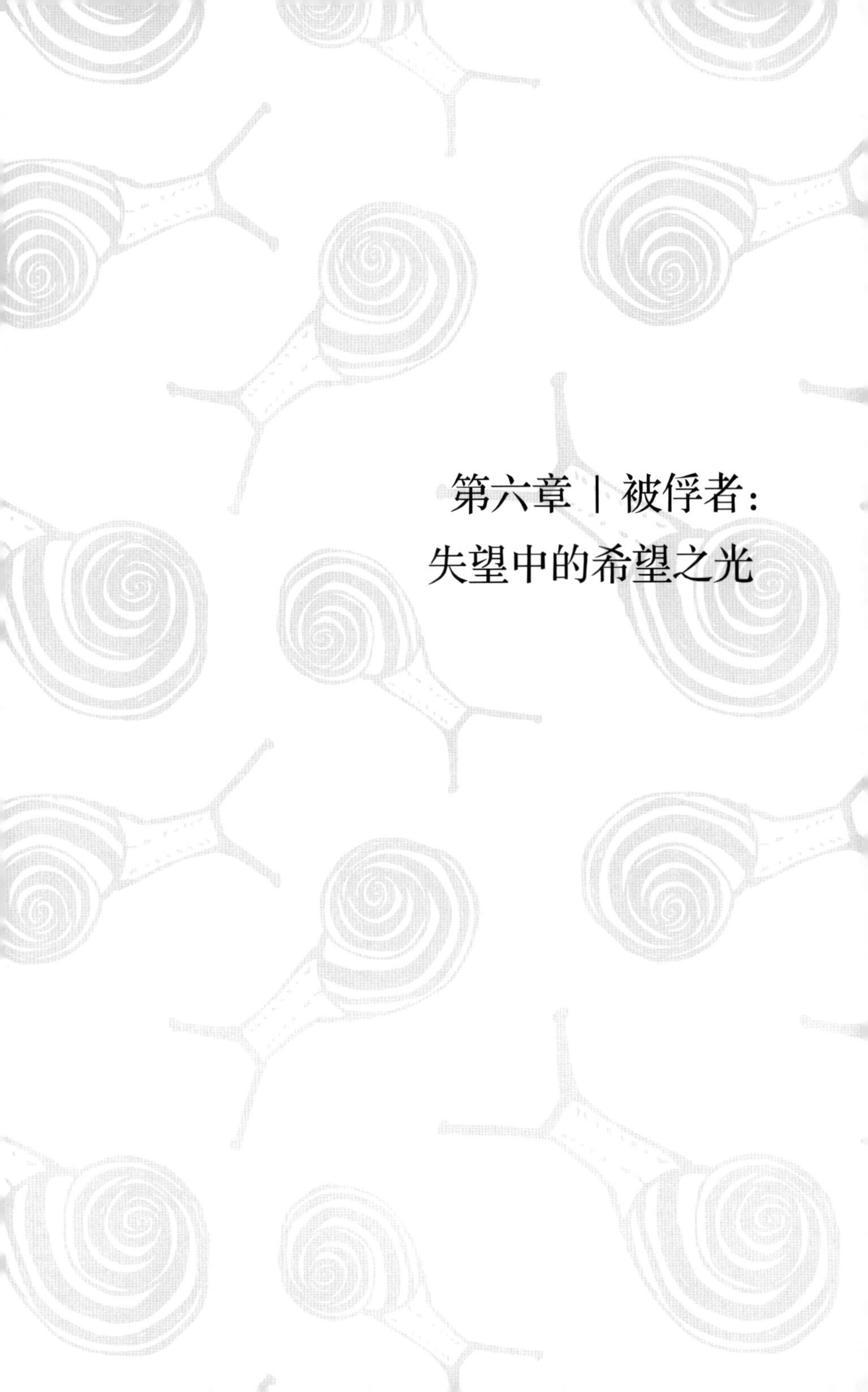

第六章 | 被俘者：失望中的希望之光

我们四个人围着工作台数蜗牛，准确地说，是数里拉小玛瑙螺。我们可以轻易地在植被中找到成年蜗牛。不过，幼年蜗牛就完全不同了。它们的体型很小，只有几毫米长，很容易被忽略，或者被误认为是树叶或树枝上的印记。因此，每一片植被都必须由两个不同的人检查两次。这个特殊的容器里总共有 40 只蜗牛，18 只成年蜗牛和 22 只幼年蜗牛。当我们完成清点工作，将蜗牛集中到两个培养皿中时，我趁机仔细观察了它们美丽的棕绿色外壳，在实验室灯光的照射下熠熠生辉。

这一次，我又和戴夫·西斯科以及他的两位同事——林赛·伦肖（Lindsay Renshaw）和金伯·特劳姆布（Kimber Troumbley）一起，来到了蜗牛预防灭绝计划的人工繁殖实验室。除了森林围栏网络，这个实验室也是蜗牛灭绝预防计划在群岛为蜗牛建立保护家园的另一个核心部分。几年前，科奥劳山脉上最后一个已知的自由生活的里拉小玛瑙螺种群已经消失，但该物种仍然能在这里生存。其他各种珍稀蜗牛物种也曾在实验室安家，而它们中的大多数要么在野外灭绝，要么正面临着灭绝的风险。这些蜗牛加入了世界上越来越多的物种保护名单的行列，它们现在只能在人工饲养条件下生存，而且还需要人们的大力协助和照顾。

这个设施有各种各样的名字。通常它被简单地称为实验室，但有时我也听说它被称为“蜗牛监狱”，甚至“爱情小屋”。我更愿意把它看成是一个方舟——或者更恰当地说，是一个社区，一个安全的空间，远离一些最糟糕的破坏。如果幸运的话，这个空间可以让这些生命体渡过难关，让这些生命有朝一日重新融入外面的世界。[1]

本章将探讨在这个地方形成的特殊保护形式的关怀和希望。以这种方式让蜗牛平安无事地生活在这个世界上是一个复杂的过程，需要专注和持续的工作。这项工作使实验室成为一个充满希望的地方：在这个空间里，只要蜗牛们能在风雨中得到庇护，就有可能迎来光明的未来。但这是没有任何保证的。正如我们所看到的，对于夏威夷仅存的绝大多数蜗牛物种来说，情况仍然非常糟糕。即使是那些躲在相对安全的实验室里的蜗牛，也仍然面临着各种新旧风险。

目前还不清楚如何才能释放实验室里的小蜗牛，这使得情况变得更加复杂。在现阶段，自然资源保护主义者甚至无法想象可以采取哪些具体措施，让它们重新在更广阔的森林中生活。值得一提的是，所有与我交谈过的科学家都认为，任何此类计划都需要大范围地根除玫瑰狼蜗牛。但是，正如我们将要看到的，没有人知道如何才能做到这一点。因此，最好的办法就是竭尽全力保护稀有的蜗牛物种，以防万一。

在这样的困难时期，希望意味着什么？本章探讨了一种形式特殊的哀伤的希望，这种希望伴随着在持续的损失中为蜗牛留出空间的努力。在人类世时代，环境破坏日益加剧，但当我们还抱有希望的时候，这种形式的希望就会越来越多。正如地理学家莱斯利·海德（Lesley Head）在谈到我们当前的处境时所写到的那样："悲伤将越来越多地伴随着我们。它不是我们可以处理和摆脱的事情，而是我们必须承认和坚持的事情。”[2] 正如我们在保护夏威夷蜗牛的工作中所看到的，希望并不是一个大胆的乌托邦命题；相反，它的形式是在面对不断升级和不可避免的破坏时，拒绝放弃关怀和责任，并继续努力为我们和他人建立关系，增加可能性。

关爱被俘者

蜗牛实验室环境奇特。它位于欧胡岛东部迎风面的毛纳维利（Maunawili）地区，在公路旁郁郁葱葱的山坡上，有一辆 13 米长的拖车。简单地说，这里的环境并不是最舒适的。我第一次来的那天早上，戴夫好心地让我搭乘了顺风车，当我们把车停在门口时，他巧妙地总结了这里的状况：“我们到了，此刻位于沼泽里的拖车旁。”

虽然该实验室——就像更广泛意义上的预防蜗牛灭绝计划一样——是在极其微薄的预算下运行的，但与过去的情况相比，这仍然是一个重大的进步。在 2016 年年末建立这个设施之前，唯一的蜗牛圈养场所就是我在导言中提到的那个我第一次遇到乔治的地方（这是迈克·哈德菲尔德于 20 世纪 80 年代中后期在夏威夷大学马诺阿分校建立的一个保护项目，工作人员主要是学生和志愿者）。正如我们所看到的那样，在过去的几十年里，群岛上对蜗牛保护的投入慢慢增加，从最初特别关注那些被列入《濒危物种法》正式名录的大型树蜗牛，到如今以一种更具包容性的方式来保护其他濒危蜗牛物种（在可用资源允许的情况下）。该实验室是这项工作的重要组成部分。

爬上几级金属楼梯，戴夫和我进入拖车的一间小办公室，里面有几张办公桌、一台咖啡机和其他必需品。不过，内部的大部分空间都留给了一个大型实验室。与外部形成鲜明对比的是，这个空间明显有一种医院的感觉：所有东西都各就各位，干净整洁，空气中弥漫着淡淡的化学品气味。在这里，一小群蜗牛在塑料容器中度过它们的一生，就像在家里饲养宠物鼠或宠物鱼一样。每个容器被称为一个“笼子”，里面都有适合其特定居住者的植物，无论它们是喜欢清理树叶的蜗牛、喜欢微生物的树蜗牛还是喜欢碎屑的蜗牛。笼子存放在 7 个大型环境室中，这些环境室看起来很像高级冰箱，但要复制每个物种所需的特定温度和湿度条件则是一项更为复杂的工作。通过这种方式，该实验室旨在模拟一系列森林微观世界，并将其封装在一个相对安全的单元中。

这里是 40 个不同种类的 5 000 多只蜗牛的家园。保持实验室里所有黏糊糊的蜗牛的健康是一项细致、耗时的护理工作。这项工作主要由实验室经理林赛负责。每两周，每个笼子都需要取出来消毒和清理干净。这项工作的第一部分是清点笼子里的所有蜗牛，耗时 10 分钟到 1 个多小时不等。清理装有亚成年树蜗牛的笼子算是最简单的工作。这些体型相对较大的蜗牛很容易被发现，而且由于它们尚未繁殖，所以也没有幼年蜗牛需要注意。而饲养繁殖蜗牛的笼子，比如我帮助检查的饲养里拉小玛瑙螺的笼子，则需要更多的时间和照顾，要对所有东西进行两次检查。有时，一只幼年蜗牛不见了，我们需要花 20 分钟或更长时间在所有旧植被中寻找它，直到找到为止。

最困难的笼子是那些蜗牛物种的家园，如细齿蜗牛（*Leptachatina vitreola*）和厚壳蜗牛（*Cookeconcha hystricella*），它们会产下大量的小卵。要对它们进行普查，实际上需要使用显微镜和镊子来寻找并收集这些蜗牛楔入树皮中的卵。林赛和团队会密切记录蜗牛和卵的数量及状况。通过这种方式，他们就可以跟踪比较蜗牛的死亡率和繁殖率，并希望能控制蜗牛数量的减少，或者至少在出现问题时迅速做出反应。

一旦笼子里的所有蜗牛都清点完毕，就可以对笼子进行清洗和蒸汽消毒。林赛向我解释说："我们这里非常重视消毒。"工作人员会戴上经常更换的外科手套，并在笼子表面大量涂抹乙醇，以防止疾病或病原体从一个笼子意外传播到另一个笼子。清洗后，需要用适当的植被来重建笼子。对于树蜗牛来说，每隔几天就需要在野外采集植物插条，通常是在前往围栏或其他地点的例行工作中采集，然后储存在冰箱中备用。这些植物插条需要从海拔较高的森林中采集，以降低它们被园林蜗牛传播的病原体寄生的风险。这些植被不能随便扔进笼子里。这是一门科学，或者说是一门艺术。正如林赛所说：

> 这就像插花一样，要建造一个合适的"笼子"，这样东西才不会倒塌。笼子里要有合适的气流。否则，笼子里的东西就会变得黏稠，开始腐烂，叶子就会掉到笼底，影响蜗牛的生长，它们就会因此而死亡。所以，我们必须把笼子建得恰到好处。

植被就位后，再添加补充食物。团队每隔几天就会准备新的食物：将马铃薯葡萄糖琼脂的培养基倒入培养皿中，然后接种蜗牛最喜欢的枝孢属（*Cladosporium*）真菌。焕然一新后，笼子就可以放回环境室了。但也需要对它们进行不断的调整，其湿度不能简单地设定后就不再变化。每个笼子里独特的植被组合都会改变其含水量，这意味着在没有监控的情况下，笼子很容易变干或过于潮湿。设施内大约有 70 个笼子，需要两周时间才能全部清理完毕。当最后一个笼子清理完后，又要重新开始新一轮的清理。因此，让蜗牛在这种社区中存活是一项细致而专注的护理工作。

尽管实验室经历了严重的损失，但它仍是产生和维持希望的重要场所：它保障了在未来的某个时候，在残骸清除之后，这些物种仍然拥有存活的可能性。人们通常认为，希望是乐观主义的同义词，是对实现某种特定状态的渴望。但实际上，希望是一种更加变化无常和神秘的野兽。正如作家丽贝卡·索尔尼特（Rebecca Solnit）所说的那样："希望是对未知和不可知的拥抱，是乐观主义者和悲观主义者的确定性的替代品。"[3] 如果我们确定所期望的可能的未来会到来，或者确定它不会到来，那么无论如何，它都不能说是真正的希望。希望是依赖且介于这两极之间的模糊空间和可能性。因此，希望要求我们工作，尽我们所能去实现某种特定的情况。在实验室里，希望的形式是日常的关注和照顾；这些关爱与呵护维系生命，并通过生命维系物种。这是一种脚踏实地、切实可行的希望，一种关爱未来的实践。[4]但它也并非没有风险和危险。

当林赛关上焕然一新的里拉小玛瑙螺笼子，清点笼子里的所有蜗牛并将它们安全送回笼子时，她快速地在笼盖上喷了几下水。她解释说，这个看似微不足道的举动却有着至关重要的意义。当把笼子放回环境室时，以及在每个工作日结束时，她都会给笼子喷点水。这种做法源于一种猜测。林赛注意到，一些小蜗牛被封在笼盖下面，并在那儿死去。她还意识到，从环境室进入每个笼子顶部的喷雾喷嘴并不总是能打湿笼盖。因此，她假设，如果没有外部水源，这些小蜗牛可能无法爬出密封圈，或许水可以成为它们爬出密封圈的帮手。

这似乎就是当时的情况。幼蜗牛被封在壳里，死于脱水。夏威夷大学马诺阿分校的生物学家梅丽莎·普莱斯向我解释说，在森林里，这种密封行为是有益的，可以保护脆弱的小蜗牛不被风干。在这样的环境中，它们可以依靠定期的降雨，随时摆脱黏附在身体上的东西，四处爬行，获得一些水分。“这在野外是适应性的，而在实验室里是非适应性的。”这种新方法投入使用后，幼年蜗牛的存活率提高了一倍。

最近，实验室的另一项新方案发现蜗牛死亡率明显下降，这次的实验对象是成年蜗牛。以前，一些大型树蜗牛成体死亡的主要原因是一种不寻常的同类相食行为。而导致这种情况的核心是不起眼的矿物质钙。一些蜗牛似乎开始缺钙，导致壳上出现斑点。其他同样缺钙的蜗牛会趁机刮掉这些斑点，以获得储存在壳中的钙。于是，蜗牛的壳上就出现了许多洞和伤口，最终死亡。了解到这一情况后，研究小组立即实施了一个巧妙而又同样奇怪的应对措施：他们对死去的玫瑰狼蜗牛的外壳进行消毒，然后将其放入笼子里供其他蜗牛食用（在蜗牛壳里灌满胶水，以确保幼年蜗牛不会卡在里面）。戴夫解释说："这样一来，我们就把从祖先那里夺走的钙还给了蜗牛。"

通过不断发展和完善这些护理方案，在这个新实验室里饲养的大多数蜗牛都生存良好，至少在大多数时候是这样。虽然为更好地了解和满足蜗牛的需求做出了种种努力，但是时不时还是会出现一些问题。2018 年 9 月发生了一起特别重大的事件，当时一种病原体、寄生虫或有毒物质进入了实验室。林赛向我解释道："我们无法控制一切……我们要引入外部植被，所以有时会携带其他东西进来。"当时那种情况似乎正是如此。用同一袋树叶喂养的五个不同笼子里的蜗牛都受到了影响。个别蜗牛变得昏昏欲睡，触角下垂，白天本该休息的时候却开始四处走动。然后，它们开始大量死亡。戴夫回忆起当时的情景："它们死的时候身体都暴露在壳外，好像在躲避什么东西。"研究小组迅速采取行动，将幸存的蜗牛隔离在单独的空间——一个小塑料杯——里面放了些食物。林赛和戴夫屏住呼吸，观察接下来会发生什么。值得庆幸的是，这种方法起到了作用。虽然许多蜗牛死亡，但没有一种蜗牛物种灭绝。情况最终趋于稳定，剩下的蜗牛可以放回消毒过的笼子里。

几年前，在一次类似的事件中，实验室里一种食腐物种的大部分幼年蜗牛都神秘地开始死亡。戴夫向我讲述了紧急寻找答案的过程："我们急切地想知道发生了什么，最后我们在显微镜下观察到了异常情况。"在蜗牛壳周围聚集着微小的螨虫。每只蜗牛都必须在显微镜下用吸管清洗数次，以确保除去所有的螨虫。有人认为，这些螨虫很可能来自蜗牛吃的枯叶。经过这次事件后，研究小组现在在为食腐蜗牛提供所有植被之前，都会先将其冷冻，然后解冻，并且所有蜗牛都会定期在显微镜下接受螨虫检查。

这些持续发生的事件清楚地表明，实验室并不像最初看起来那样安全。常规的护理、记录保存和检疫已经将病原体风险降到了最低，但并不能完全消除它们。此外，还有许多其他潜在问题需要担心。例如，如果其中一个环境室发生故障，会发生什么情况？在世界其他地方的类似蜗牛设施中，电气故障曾导致大量蜗牛死亡。[5]同样，虽然其中一些不确定因素可以缓和，但无法克服。该设施配备了备用发电机和独立的警报系统，对每个蜗牛室进行监控。如果其中任何一个温度高于或低于其设定值1摄氏度，所有工作人员都会开始收到自动电话、短信和电子邮件（通过不依赖互联网或电网运行的蜂窝系统）。

但是，如果设施需要疏散，会发生什么呢？团队为此制订了应对风暴和火灾的应急计划。到目前为止，这些计划都很有效，蜗牛也很幸运。2018年，当飓风"莱恩"逼近群岛时，所有蜗牛都被转移到了檀香山市中心的州政府大楼。每只蜗牛都及时转移到了安全地带，但这是一项巨大的努力。2020年年初，当我与戴夫谈及此事时，他松了一口气，但又对未来感到担忧。他解释说："当时我们只有 1 200 只蜗牛，现在我们有 5 000 多只。"几个月后，"道格拉斯"飓风逼近群岛，证实了他的担忧是合理的。不过，有志者事竟成。戴夫和他的团队在一次真正的大规模后勤行动中，成功地将更多的蜗牛转移到檀香山的安全地带，然后让它们在环境室外保持凉爽和湿润。

总之，为了确保实验室及其居民的安全，我们正在采取一切合理且经济上可承受的措施。然而，所有这些准备工作也在提醒我们，这一切都很容易出错，而且风险很大。虽然这个拖车中的森林可以可靠地抵御玫瑰狼蜗牛和夏威夷蜗牛目前面临的许多其他主要威胁，但这样做也会产生许多新的漏洞。简单地说，实验室对蜗牛物种而言并不是一个可行的长期生存策略。尽管林赛、戴夫和团队付出了艰辛的努力，但这个关怀的泡沫和它所寄托的希望都非常脆弱。[6]

失望中的希望之光

没有人希望实验室成为保护蜗牛的一个长期项目。正如迈克在我们讨论他在夏威夷大学建立最初的人工饲养蜗牛设施时所说："我从未想过要创建世界上最大的蜗牛动物园。"然而，该设施及其后续设施现已持续运营了 30 多年。无数代不同种类的蜗牛在这里度过了它们的一生。更可悲的现实是，对于实验室中的大多数物种以及围栏中的物种来说，在可预见的未来，它们将无法在这些受保护的空间之外生活。事实上，现阶段我们甚至无法想象可以采取哪些措施来释放蜗牛以及恢复它们的生活环境。

几乎在所有情况下，要让它们重返森林，就必须根除或至少广泛清除玫瑰狼蜗牛。当然，玫瑰狼蜗牛只是相关捕食者之一，一些自然资源保护主义者希望将追随黏液痕迹的玫瑰狼蜗牛从等式中除去，这样夏威夷众多濒危蜗牛物种中至少有一些可以应对老鼠和变色龙的捕食。这一观点并没有得到所有人的认同，但大家一致认为，如果不大面积清除玫瑰狼蜗牛，将其他濒危蜗牛放回森林就毫无意义，我们只是在喂养掠食者。只清除一个地区的玫瑰狼蜗牛，哪怕是一大片地区，也治标不治本。过段时间，玫瑰狼蜗牛就会繁殖起来，重新回到这里。布伦登·霍兰德总结道："我们必须在全岛范围内进行清除……但目前我还找不到切实可行的办法。"

然而，布伦登、戴夫和其他与我交谈过的保护主义者都充满希望，之后捕食者控制方面的进步可能会改善这种状况。也许"充满希望"这个词并不恰当。更准确的说法是，他们"希望"充满希望。虽然在这些讨论中出现了几种可能的情况，但每个人都无一例外地认为，这些都是高度猜测的前景，即使有的话，也不会很快到来，而且很可能伴随着相当大的风险。

在这些对话中，最常被提及的是 CRISPR 和其他基因组编辑技术。近年来，这些方法在各种领域都受到了极大的关注，从艾滋病和遗传性失明的可能新疗法到一系列潜在的保护应用。在夏威夷，自然资源保护主义者也在猜测是否有可能通过这种干预措施控制蚊子，从而控制导致当地鸟类灭绝的禽类疟疾。虽然实验室目前正在对蚊子进行这方面的研究，但在开发和最终应用方面还存在相当大的阻碍。[7]然而，对于夏威夷的蜗牛来说，这样的工作甚至还没有开始，与传播疾病的蚊子相比，研究人员和资助机构对控制捕食性蜗牛的兴趣可能要小得多。戴夫和其他向我提出这种可能性的人都知道这一点。他告诉我，他希望基因组编辑方法最快能在 20 年后问世。

布伦登告诉我，他希望有一天能研制出一种基于信息素的诱饵，这样就能更有效、更有针对性地消灭玫瑰狼蜗牛，或者至少能在大片森林中持续清除和控制玫瑰狼蜗牛。不过，在现阶段，布伦登告诉我这只是他一厢情愿的想法罢了。

与此同时，其他人已经开始寄希望于一种寄生线虫的潜力，这种线虫被广泛用于农业害虫防治，可以杀死各种蜗牛和蛞蝓物种。他们声称，如果将这种寄生线虫释放到岛上，它可能会杀死玫瑰狼蜗牛。不过，在现阶段，还没有研究确定这种线虫是否对这些特定的蜗牛有效，或者它实际上是否也会捕食本地其他的蜗牛物种。毫不奇怪，考虑到最初是一项计划和研究不周的生物控制方案让我们陷入了困境，我在夏威夷采访过的大多数生物学家都非常谨慎地对待这一前景。[8]

在没有天敌、气候可控的实验室里，这些蜗牛如今的生活状况相对较好。但我们现在似乎已经到了这样一个时刻：在可预见的未来，夏威夷的大多数蜗牛物种将继续生活在这些圈养空间里。在这些围栏保护区内，其中一些蜗牛物种可能会慢慢衰退，然后逐渐灭绝，也可能被一种神秘的病原体一举消灭。随着 2019 年金顶小玛瑙螺乔治的去世，这种可能性得到了极大的体现。其他蜗牛物种可能会在人工饲养的环境中苟延残喘。还有一些蜗牛物种可能会茁壮成长：里拉小玛瑙螺就是这样一个“成功案例”，大约二十年前，只有六只蜗牛被引入人工饲养，而现在已经有成百上千只了。尽管这些蜗牛的生命力看似不同，但在某个重要的意义上，它们的处境都非常相似。高繁殖率的蜗牛物种只是能够更好地掩饰这一点。它们和其他物种一样，在自己的世界逐步消失的时候还在坚持，而就我们所能控制或预测的而言，这种消失是无法挽回的。

如果这个实验室确实是一艘方舟，我们该如何理解这种复杂的情况？如果乘客永远无法登船，方舟又是什么？如果海水永不停息地上涨，抑或如果方舟年复一年地在越来越大的风暴中继续前行，载着越来越多的乘客，那么这艘方舟又意味着什么呢？

至少从生物学家迈克尔·苏莱（Michael Soulé）于1985年发表经典论文《什么是保护生物学》（*What Is Conservation Biology*）以来，我们就习惯于将保护视为一门“危机学科”。在这种背景下，濒危物种管理经常被比作急诊室工作，伴随着各种形式的重症监护、干预甚至分流。从表面上看，实验室似乎是这种保护工作的典范。但事实或许并非如此。重症监护意味着存在有意义的康复前景，只要稍加注意，物种就可能继续存活。当物种恢复变得越来越不现实时，会发生什么呢？至少对于现在以实验室为家的一些蜗牛物种来说，它们很有可能不会被释放。究竟有多少物种会有这样的命运，我们无从知晓。在这样的时代，当许多像实验室这样的圈养场所变得更像临终关怀室而不是急诊室时，会发生什么？

在这方面，夏威夷蜗牛远非孤例。事实上，如今越来越多的

其他动物和植物也处于这种境地。在世界各地，从加拉帕戈斯群岛的巨龟、非洲的白犀牛到夏威夷各种各样的森林鸟类和蜗牛，许多个体都在动物园和人工繁殖设施等陌生环境中，在人类的照料下度过最后的时光。当许多物种濒临灭绝，形势变得越来越严峻时，将所有或部分残存的个体带入这些（相对）安全的空间就成了一个吸引人的选择。但对于其中的许多物种来说，它们永远无法被释放。对重引计划的评估显示，大多数重引计划都因各种原因而失败，其中包括无法获得合适的释放栖息地。[9] 在这种情况下，饲养圈养动物与其说是一种保护行为，不如说是在慢慢等待灭绝的到来。人类世无法阻止我们这个时代持续不断的破坏，在这个时代里，其他物种的生死越来越多地由人类的（某些）行为影响，这些行为或多或少是有意识的。

在这样的时代，希望是什么样子的？面对持续不断的损失，继续关爱物种意味着什么？莱斯利·海德提醒我们，希望并不需要乐观主义。[10] 我们不需要觉得或相信某件事情可能会发生，就对它抱有希望。相反，希望是一种可能性的实践。实验室里充满希望的工作并不是大胆地、乌托邦式地展望未来，让世界恢复正常。至少对夏威夷的蜗牛来说，这样的未来已经不再是可以想象的了。相反，它是一种在被破坏的地球上苟延残喘的做法，同时还抱有一种可能性，那就是，即使情况不能比现在更好，至少也要比可能出现的情况更好——只要用心呵护，还是可以创造出更好的东西的。人类学家罗安清将此称为“废墟中的园艺”。[11] 这是一种尽我们所能培育美丽和可能性的工作，一种已经意识到损失，甚至是持续的损失，但绝不会否定关爱和责任义务的工作。

通过我们长时间的交谈，我得出结论，这有点像戴夫对预防蜗牛灭绝计划工作的看法。他做着充满希望的工作，然而，他的乐观主义受到了严重的限制。但是，他也会很快提醒我，无论他们在实验室和围栏保护区里所能把握的可能性是多么有限，如果没有这些蜗牛种群，就根本没有希望。事实上，戴夫正在积极努力地扩大这两个空间，建造新的围栏保护区，增加实验室的容量，以容纳更多的蜗牛。他还能做什么呢？至少在它们继续生存的时候，这些蜗牛为我们打开了可能的空间。

但是，正如哲学家尚塔尔·穆夫（Chantal Mouffe）提醒我们的那样，在失落的时候，我们也必须记住，“希望可以以许多危险的方式发挥作用”。[12] 在环保主义者群体的某些方面，一个核心目标似乎是倡导希望和“好消息”，同时避免悲观主义。[13] 正如海德所说：“西方有一种强烈的文化压力，要求人们不要成为‘悲观商人’。”[14] 在这种情况下，对某事充满希望不如采取有希望的行动、鼓励他人以特定方式展望未来。但是，模糊而笼统的希望并不一定有帮助。希望从来都不是天真无邪的，它始终是一个希望是什么、代价是什么的问题。

在实验室和围栏中饲养蜗牛，可能会给它们带来某种未来。我们在马库亚山谷等军事用地就看到了这种情况。正如我们所看到的，军队在保护蜗牛方面的作用是非常矛盾的，但我们必须注意到，濒危蜗牛和植物被“封存”在实验室和军队土地外的隔离区中，这是军队能够长期在敏感地区继续其破坏性行为的一个重要原因。

与此同时，我们也看到了希望的潜在暴力的另一个方面，那就是夏威夷蜗牛宜居未来的许多愿景都建立在消灭狼蜗牛，以及不断捕杀无数的老鼠、变色龙和其他蜗牛天敌的基础上。无论我们如何看待这些生物的生命和痛苦的相对重要性，事实是，在这种情况下，我们对一些生物的希望寄托在对另一些生物的毁灭上。

这并不是说我们应该放弃夏威夷的蜗牛，也不是说我们对它们未来的希望不应该被孕育和维持。相反，我的观点很简单：谨慎、负责任的希望形式需要持续的关注和审视，因为它们既能带来希望，也会削弱希望。

哀伤的希望

在我第一次访问实验室的当天下午，戴夫和我驱车返回檀香山的途中，我们谈到了一些从实验室密室中消失的物种。我们从岛屿的迎风面出发，沿着利克里克公路向西行驶。在这条公路上有一个特别的地方，就在我们即将到达穿越科奥劳山脉的隧道时，总是让我惊叹不已。群山陡峭地耸立在你的面前，葱郁的树木覆盖着绿色的峭壁，只有一连串尖锐的垂直沟壑点缀其间，这些沟壑是经过数百万年的侵蚀而形成的。就在这些令人难以置信的山坡上，在科奥劳山脉中部稍稍偏北的地方，曾经是一种差点进入实验室的蜗牛物种的家园。

开车途中，戴夫向我讲述了普普卡尼欧蜗牛（*Achatinella*

pupukanioe）的消失、重新发现和再次消失。2015年，人们在一段被认为完全没有小玛瑙螺属树蜗牛的徒步旅行路线上重新发现了这一物种。事实上，自20世纪80年代以来，没有人在岛上的这一地区看到过这种蜗牛。但它们就生活在那里，在一棵大树上。我们看到了大约10只普普卡尼欧蜗牛，但可能还有更多，它们安静地生活着，没有人注意到它们。戴夫向我解释说，这种蜗牛在晚上很容易被发现，但到了白天，它们就会消失在寄主树卷曲的叶子中。

> 你白天去那里，一只普普卡尼欧蜗牛也找不到。但到了晚上，它们就会爬来爬去。我们去的时候，这些蜗牛只在这一棵树上爬行。我们找遍了四周，但在其他地方没有看到它们。

它们似乎是一个很小的孑遗种群。戴夫和团队以前从未见过这个物种，为了确定该物种的身份，他们把照片带回博物馆给诺丽看，后来又采集了基因样本进行保存。当确认它们确实是被认为已经灭绝的普普卡尼欧蜗牛时，戴夫面临着一个艰难的决定。

当时，现在的实验室还没有建立和运行。夏威夷大学的实验室仍处于不明原因的蜗牛大量死亡的余震期。把蜗牛带到那里似乎并不安全。因此，戴夫决定暂时不打扰它们。但是，当他们在2017年返回，将一些蜗牛带入新实验室时，就像之前的许多其他蜗牛种群一样，它们消失得无影无踪。戴夫在讲述这一悲剧时告诉我："我们真的翻遍了每一片叶子，但什么都没有。"他们还仔细搜索了周围所有的树木，但一无所获。戴夫告诉我："它们很可能被狼蜗牛整个吞了下去。"

悲伤是实验室里永恒的主旋律。这里创造的希望是悲痛的，是被失去的东西所困扰的希望。戴夫、林赛和许多其他与我交谈过的充满热情的蜗牛保护主义者每天都生活在一种"生态悲痛"中，这种说法似乎一点也不夸张。气候变化和相关过程的影响意味着个人和社区需要与"有价值的物种、生态系统和景观"的丧失做斗争，这种情况正变得越来越普遍。[15] 这样，他们在工作中就会随时目睹死亡和灭绝。正如戴夫在谈到普普卡尼欧蜗牛时向我解释的那样："我觉得我错过了我们的机会，在我的眼皮底下让最后一个物种从我们的指缝中溜走了……在过去的几年里，我觉得我们总是晚了五分钟。"

当我发现情况如此糟糕时，我已经爱上了夏威夷的蜗牛。我慢慢意识到并接受了这样一个事实，即人们对这些蜗牛物种并没有实施真正意义上的"恢复计划"。当然，没有计划并不是因为不努力，而是反映了我们当前的现实。然而，我对夏威夷蜗牛的困境了解得越多，就越坚信希望的重要性。不过，我们现在需要的希望——或者至少是我们得到的、需要学会与之共存的希望——是一种与悲伤交织在一起的希望。我们的希望同时是一项关怀和哀悼的工作，是一项需要坦然面对自身代价和危险的工作，是一项尊重和承认已经失去和很可能仍将失去的东西的工作。

然而，在我看来，实验室是产生这种希望的重要场所。虽然哀悼和悲痛并不常与希望联系在一起，但它们却蕴含着新的理解、关系和可能性的种子。失落有时会使人丧失力量，但也可能是一种际遇，要求我们重新评估自己在世界上的位置，巩固我们的承诺，改变我们的做法。正如社会科学家内维尔·埃利斯（Neville Ellis）和阿什莉·库索罗（Ashlee Cunsolo）所指出的那样："集体的生态悲痛经历可能会凝聚成一种更强烈的爱的意识和对地区、生态系统及物种的承诺，而这些地区、生态系统和物种将会激励、养育和支撑着我们。"[16] 通过这种方式，我们也许可以超越对希望与悲伤之间区别的简单化、二元化理解，去领会这些反应在我们与周围生物世界的关系中——而且将越来越多地——彼此密切联系的方式。

在这样的时刻，我们所需要的哀伤的希望是建立在见证工作基础之上的。首先，这种见证是一种忠实于个体和物种的行为，我们共同摧毁了它们的世界——那些已经从实验室消失的蜗牛，比如金顶小玛瑙螺，以及那些没能成功进入实验室的蜗牛，比如普普卡尼欧蜗牛。其次，这也是对所有那些如今必须在塑料容器中度过余生的蜗牛，以及那些命运与它们同在的更大物种的忠诚。

在这种情况下，即使它们最终无法回到外面的世界，但只要它们生活得很好，我们就会尽可能地留住它们，这或许可以理解为一种培养某种责任感的努力。毕竟，还有什么选择呢？在这个时候拒绝承担责任将是一种双重暴力：在粗心大意和漠不关心的暴力之外，我们又加上了明知故犯，这些都将蜗牛物种带到了灭绝的边缘。[17] 正如哲学家詹姆斯·哈特利（James Hatley）所指出的，这种对物种灭绝的漠不关心反过来会伤害我们自己，危及我们的人性。[18]

见证就是拒绝背弃，就是对这些物种保持信心和信念。人类学家黛博拉·伯德·罗斯（Deborah Bird Rose）教给我面对灭绝时的见证义务。她认为，“拒绝背弃就是忠实于与我们纠缠在一起的生命，无论我们能否完成巨大的改变”。[19]她认为这种拒绝是“一种意愿，将自己置于他人的召唤之下……一种承担责任的意愿，一种相遇和回应的选择”。[20]

这种见证本身就是一种充满希望的行为。它基于希望，这种希望比任何简单的成功概念都更谦逊、更根本。这种希望是，在当代可怕的局限中，我们可以培养与他人的关系和责任的最佳模式，而这种模式仍然是我们可以利用的。[21]在我看来，这是我们对夏威夷蜗牛和无数其他生活在灭绝边缘的物种最起码的亏欠。

见证也意味着与他人分享这些知识，拒绝在死亡和灭绝面前保持沉默。至少在某种程度上，这种分享行为是基于这样一种希望：它可能会产生影响，即使不能改变故事的主人公，至少也能改变其他人。这也是一种哀悼工作，实验室使之成为可能，并在某种程度上已经开始。在永无休止的新闻报道循环中，生物灭绝即使引起了人们的注意，也只是登上几次头条新闻，然后很快就会被人们遗忘。与此形成鲜明对比的是，实验室是一个强化和延长损失的空间。当然，不仅仅是这样。实验室不仅是蜗牛持续生活的地方，也是一个充满关爱的地方。然而，与这些过程同时发生、纠缠在一起的，还有一个悲惨的现实，那就是越来越多的小生命在它们的世界被系统性地摧毁之后，仍然顽强地生活着。

实验室为学生团体、草裙舞老师和其他文化从业者、记者、作家以及像我这样的哲学家创造了一个可以接触这一现实的场所。实验室为本书的反思创造了可能，并通过本书走向世界。通过这种方式，它有助于让人们看到、分享和见证物种正在消失的现象，否则人们可能很难看到这种现象。简而言之，实验室为公众直面物种损失创造了空间：过去的损失、未来的损失，以及我们现在常常忽略的损失。

直到写作接近尾声时，我才意识到这本书本身就是以这种方式表达哀伤的希望。需要强调的是，这并不意味着我放弃了希望。和我遇到的每一个有机会了解夏威夷非凡蜗牛的人一样，我固执地认为蜗牛有可能再次在森林中过上充实且幸福的生活。即使我们还看不到前进的道路，我们也可以努力为它开辟出一片空地，在这种情况下，这意味着我们要尽一切可能让蜗牛留在这个世界上。然而，我们也不能忽视哀伤。美好的未来可能不会降临在所有这些物种身上，也许只会降临在少数物种身上，也许甚至不会降临在任何一个物种身上。

本书所蕴含的哀伤希望，是努力培养人们对蜗牛和它们的世界产生一种新的、更深层次的惊奇和欣赏之情，讲述那些充满活力并激励人们寻找繁荣可能性的故事。同时，这也是对生活在濒临灭绝边缘的物种生命的尊重和认可，正视和面对这里发生的令人难以置信的解体和创伤过程，并分享这些故事。因此，我讲述这些蜗牛的故事，是希望它们能够改变我们当下的处境，改变我们所有人。我也清楚地知道，这些故事可能不会带来任何改变，但我坚信，无论如何，讲述这些故事都是至关重要的。

后记

我们顶着烈日，沿着岩石海岸线一路前行。在狭窄的碎石路左边，陆地一直延伸到海边。右边是陡峭的玄武岩悬崖。我们正穿过一片干燥的灌木丛，向位于欧胡岛最西端的卡埃纳角（Ka‘ena Point）走去。我又一次和布伦登·霍兰德会面，这次的环境截然不同。白天的热浪扑面而来，从这片干涸土地的每一块表面散发出来。除了冬季的几个月，一年中的大部分时间里，岛上的背风部分几乎没有降雨。再加上气温、盐雾和强风，这里唯一能看到的植物就是矮小的草和低矮的灌木丛，大部分都是棕色的。我们走着走着，周围干旱的土地与拍打着海岸的清凉海浪形成了奇怪的对比。有一次，当我驻足观赏岩石时，布伦登回头笑着说："我们离威基基（Waikiki）海滩很远。"

我们来到这条崎岖而美丽的海岸线，寻找古蜗牛的踪迹。当然，在这种环境中，人们通常不会遇到依赖水分的腹足类动物，但这个地方可能并非一直如此。至少，我们带着这种假设来到了这里。

大约走了一个小时，我们拐过一个弯，布伦登宣布我们已经到达了现场。在我们前面，小路的内陆一侧，一个小滑坡把沙子和其他碎石从上面的悬崖带了下来。我们就是来这里寻找蜗牛的，或者更确切地说，寻找它们的外壳。就在小路边，我们开始用手筛沙子，一边筛一边慢慢往上爬。几乎是一瞬间，我们就找到了我们要找的东西，布伦登知道我们终究会找到的，因为他以前来过这里很多次。在那里，到处散落着数以百计的白色小蜗牛壳。它们大多呈圆锥形，长度只有6~7毫米。布伦登告诉我说："它们都属于同纹螺科。这是我们在这里看到的最常见的灭绝物种。"

其中还散落着另外两种消失的蜗牛的外壳。一种是扁平的小蜗牛壳，大小差不多，属于内齿蜗牛科；另一种更罕见，是一种较大的圆锥形蜗牛壳，长度刚刚超过1厘米，属于同纹螺科的另一个蜗牛物种。布伦登解释说，后一种蜗牛壳来自一个特别有趣的物种，它是该科中仅有的两种具有正中或左旋外壳的物种之一。据布伦登所知，这三个物种仍属于未知灭绝物种，有待正式描述。不过，它们的外壳还存在，而且数量很多——至少在这个地方是这样。正如布伦登的描述："或许你行走一英里却看不到任何蜗牛壳，然后突然就会看到数百个这类蜗牛的外壳。"

在我们之前的一次谈话中，也就是我在第二章中提到的在普乌大希亚山散步时，布伦登提到了这些蜗牛壳，我趁机向他表示我对这些蜗牛壳颇感兴趣，询问他是否介意专程带我看看这些蜗牛壳。布伦登几年前曾来过这个地方，他一直被这个古老蜗牛生活的野生档案馆所吸引。在我们参观的时候，他刚刚开始计划对这些外壳进行一些研究，希望这些外壳能够为我们揭示蜗牛与不断变化的气候之间的关系，帮助我们了解气候在群岛过去和未来可能出现的腹足纲动物灭绝中所扮演的角色。

出于显而易见的原因，我们对气候变化导致的物种灭绝的思考大多集中在现在和未来。但是，尽管我们当前的人为气候变化时期将带来前所未有的改变，但气候在过去也发生过变化。在了解这些过程及其影响方面，蜗牛能为我们提供哪些启示呢？布伦登总结道："蜗牛是典型的灭绝案例……非常不幸。主要是因为一旦环境发生变化，它们无法逃离。"相反，它们要么适应环境，要么灭绝。当这些变化来得很快时，后者的可能性要大得多。可悲的是，在这种情况下，我们会发现，正如布伦登所说："蜗牛唯一做得快的事就是死亡。"

迄今为止，有关夏威夷群岛深层古气候历史的研究很少。不过，已经完成的研究表明，在欧胡岛背风的一侧，大约 1.1 万年前最后一个冰期的结束标志着全新世的开始，随之而来的是气候变暖和降雨量减少，导致植被发生重大变化。[1] 尽管过去的气候变化发生得相对缓慢，但布伦登的假设是，它所带来的生态系统转变可能让大多数常驻蜗牛物种难以承受。

这一推理基于几个关键因素。重要的是，所有这些物种都是仍然存活的大家族的成员，而所有其他已知成员生活在与这个家族截然不同的环境中，特别是在潮湿的森林中。布伦登解释说："这简直是天壤之别。"这意味着，这些古老的蜗牛要么是它们各自家族中的异类，栖息在干旱的环境中，以其他方式灭绝了；要么是环境改变了它们，也许是环境导致了它们的灭绝。

我们当然不能排除第一种可能性，即这些特殊物种是异常项。正如布伦登在我们的谈话中指出的那样，在这一地区还能发现另一种蜗牛——琥珀色苔蜗牛（*Succinea caduca*），它是夏威夷唯一已知的适应这种环境的蜗牛家族成员。但是，根据我们从其他研究中了解到的夏威夷环境在过去几千年中的变化，布伦登认为气候变化导致物种灭绝的可能性更大，或者说至少有足够的可能性值得进一步调查。

为此，布伦登和他的学生对其中一些古老的蜗牛壳进行了碳测定。虽然它们的年龄各不相同，但迄今为止测试的所有外壳都属于生活在过去 45 000 年前至 3 000 年前的蜗牛。因此，这些蜗牛似乎在人类到来之前就已经消失了，而且是在气候不断变化的时期。后来，布伦登计划对蜗牛壳中的碳 13 同位素特征进行分析，希望借此了解这些蜗牛生活过的植物信息。重要的是，这些测试可以提供一个衡量环境中适应干燥和湿润环境的植物丰度的指标。

这些测试结果可以在不同时期的蜗牛壳之间进行比较，或许能揭示植被的变化情况。与此同时，研究小组还将对近亲蜗牛物种——仍生活在普乌哈帕帕（Pu‘u Hapapa）湿地森林中的蜗牛——的外壳进行同样的分析。他们的初步假设是，卡埃纳角最古老的蜗牛壳将与这些现存物种具有相似的同位素特征，这表明它们生活在相似的植被中，而最年轻的古蜗牛壳来自大约 3 000 年前，它们所处的环境与此截然不同，要干燥得多，也许是它们最后的同类物种。

如果这些分析都正确的话，这项研究或许能告诉我们一些关于这些古老蜗牛的信息，同时也能让它们的外壳成为一个宝贵的档案，让我们更好地了解群岛环境变化的历史进程，包括非人类灭绝。当然，布伦登同时也希望，在我们进入气候日益动荡的新时期时，这种情况能够进一步揭示腹足类动物对这类变化的潜在耐受性和脆弱性。

不管这些古老的蜗牛物种是否受不断变化的气候影响，但事实是，它们的当代近亲在这方面正面临着日益严峻的挑战。事实上，生物学家梅丽莎·普莱斯告诉我，夏威夷的蜗牛可能已经受到了气候变化的影响。她解释说，在怀阿奈山脉部分地区相对炎热干燥的环境中，我们看到低海拔地区的物种正在消失。过去的研究表明，在干旱条件下，幼年蜗牛的死亡率要比平时高得多。[2]她认为，目前蜗牛数量的减少似乎与天气的变化有关，因为云层正在向山谷的更高处移动，减少了森林中的可用水分。

梅丽莎解释说，这种观点仍然存在争议，其他人认为捕食者几乎是导致物种数量减少的唯一因素。迄今为止，还没有研究试图绘制蜗牛和降雨分布的重叠模式图，考虑到需要充分分析对蜗牛的所有其他影响，这将是一项非常复杂的建模工作。不过，根据我们所了解的情况，梅丽莎告诉我，她的假设是“气候变化降低了幼蜗牛的存活率，再加上严重的捕食，导致它们从低海拔地区消失”。简而言之，蜗牛正随着云层向山上移动。或者，更准确地说，它们正在那些逐渐干涸的地区消亡。

在欧胡岛另一侧更潮湿的迎风坡科奥劳山脉安家落户的蜗牛或许还能应付降雨量的减少，但在本就干旱且变化无常的怀阿奈山脉，即使降雨量略有减少，对蜗牛来说也可能是灾难性的打击。然而，这似乎是正在发生的事情。在过去的几十年里，夏威夷群岛不仅降雨量发生了明显的变化，而且降雨的输送方式也发生了变化。夏威夷群岛降雨所依赖的凉爽东北信风开始明显减弱。最近的研究表明，以檀香山为例，与大约 40 年前的天气模式相比，2009 年每年刮这种风的天数减少了约 80 天。[3] 这一变化与截至 2010 年的 20 年间降雨量普遍下降约 15% 有关。[4] 与此同时，强暴雨期——强暴雨期经常造成山体滑坡、洪水和其他危害，但对生态系统或蓄水层的补充几乎没有好处——也增加了大致相同的降雨量。[5]

蜗牛是最先感受到这些变化的物种之一，这是合情合理的。毕竟，它们对湿度和温度高度敏感，对变化的耐受范围往往相对较窄。因此，海洋和陆地上的蜗牛越来越多地被视为“哨兵物种”。正如生物学家丽贝卡·伦德尔（Rebecca Rundell）所说：“通过监测它们的丰度和缺失情况，我们或许能够发现人类在为时已晚之前可能无法发现的微妙变化。”[6] 正如肯·海斯告诉我的那样，夏威夷已经开始这样做了，各个政府机构使用标准化的、定期重复的蜗牛计数来监测他们所负责的环境。通过这种方式，蜗牛正在成为气候变化的“煤矿中的金丝雀”——一个令人担忧的恰当比喻，在这个时期，开采煤炭和其他化石燃料的危害正以新的方式显现出来。

气候变化对夏威夷蜗牛的影响到底有多严重，现阶段还没有人能准确预测。不过，气候变化已经迫在眉睫，需要越来越多的关注。2018 年，当我与戴夫谈及蜗牛和气候变化时，他显然还有其他更紧迫的事情要处理。由于许多蜗牛种群正在被捕食者迅速消灭，他的重点是尽快疏散它们。正如他当时焦虑地笑着说的那样，气候变化不是他们真正可以考虑太多的事情。但这并不意味着他们忽视了气候变化。事实上，多年来，只要有可能，气候模型就会被纳入未来的规划中，其中最重要的可能就是新围栏保护区的结构与位置。

但这方面的情况也发生了迅速变化。虽然在实验室和围栏中保护尽可能多的物种的压力依然很大，捕食者的影响在日益增加，而气候变化的影响也有所加强。2020 年，当我再次与戴夫谈及这个话题时，他告诉我，预防蜗牛灭绝计划团队正在考虑一个非常现实的前景，即在未来 60 年至 100 年内，欧胡岛许多蜗牛物种历史分布区的气候可能不再适合它们生存。因此，为了存活，它们需要迁移到其他地方。

对于一些岛屿上的某些蜗牛物种来说，也许可以“简单地”把它们转移到山坡上。但是，一旦它们到达各自山脉的高海拔地区，这种办法显然就不再可行了。在这种情况下，可能有必要考虑将物种迁移到其历史分布区之外，迁移到另一座山或完全不同的岛屿上。至少，戴夫、梅丽莎和其他人都认为，这些都是我们现在需要开始考虑的方向。这一前景带来了一系列挑战，从围绕濒危物种迁移的立法障碍和与其他物种杂交的风险，到社区的反对意见。这些障碍都不是微不足道的，但归根结底，如果气候持续变化，这可能是蜗牛在环境室外生活的唯一选择。

至少在可预见的将来，任何被迁移到新环境的蜗牛都有可能需要在新家为它们建造围栏保护区。夏威夷群岛上没有狼蜗牛栖息的地方，也没有人提过要把蜗牛迁移到群岛以外的地方。以这种方式迁移的任何物种都不太可能在围栏保护区外立足。正如戴夫指出的那样，虽然蜗牛可以走出围栏保护区，但它们往往会被捕食者吃掉。通过这种方式，现有的和不断扩大的围栏保护区网络可能成为更多物种和新物种组合的家园。如果有一天找到了解决天敌威胁的办法，这些新的景观也可能成为释放这些蜗牛的最合适环境。然而，正如我们所看到的那样，这样的未来还很遥远——如果它真的到来的话。

夏威夷的蜗牛绝非孤例。在整个岛屿以及在世界各地，越来越多的自然资源保护主义者开始考虑在某些情况下，实施迁移计划，让植物和动物为我们不断变化的气候现实做好准备。事实上，沿着我和布伦登在卡埃纳角走过的小路再往前走一点，就有一大片围栏区域，它们正是为了适应未来的需要而建造的。在整个北太平洋，许多海鸟（包括一些濒危物种，如雷桑信天翁和黑脚信天翁）都在低洼的岛屿上筑巢，这些岛屿已经在经受着海平面上升、风暴潮增加和海水淹没的影响。为了保护这些物种，自然资源保护主义者努力在欧胡岛等地势较高的岛屿上建立新的繁殖地。虽然在卡埃纳角，这些物种并没有被移出其历史分布区，只是在其分布区内得到了加强，但在其他情况下，它们必须寻找全新的环境。一些自然资源保护主义者认为，随着时间的推移，这种做法可能变得越来越重要。[7]

诚然，蜗牛并不是大多数昂贵的保护性迁移项目的首选。但是，如果真的有必要并有可能将夏威夷的一些蜗牛迁移到更合适的环境中，那么，有些反常的是，我们最终可能会回忆起这段蜗牛疏散时期，并感谢其提供的经验教训。在实验室、围栏保护区、博物馆和其他地方，已经和正在进行的所有工作都提供了宝贵的信息，包括如何让蜗牛在人工饲养条件下存活、如何重新安置它们以及如何应对蜗牛流浪等挑战。如果蜗牛迁移确实有必要，也许是大规模的迁移，那么这种背景可能最终会拯救该物种。

这并不是说，我们不值得为尽可能多地保持现有的环境和气候条件而奋斗。在世界范围内迁移物种，即使能做得很好，也永远不会带来理想的保护结果。相反，这是一种不得已而为之的方法，而且必须始终如此。[8]因此，在围栏保护区和实验室中保护蜗牛的工作必须与更广泛的气候变化和森林保护行动相结合。只有这样，如果有一天能找到解决狼蜗牛捕食问题的办法，夏威夷的蜗牛才有可能回到它们祖先的森林，回到它们在数百万年的树叶旅行中塑造的那些特殊景观。

在本书的最后几页提到的气候变化是一个严重的问题。然而，我们无法回避的事实是，我们将越来越需要与气候变化共存。在这一点上，以及在许多其他方面，我不知道夏威夷蜗牛的未来会怎样。没有人知道。但与此同时，我在本书中分享的许多充满热情的人和团体正在继续努力，积极为蜗牛在这个世界上生活创造和开辟空间。

在毕夏普博物馆，分类学工作仍在继续。2020 年，诺丽、肯和他们的同事发表了另一个新的夏威夷蜗牛物种描述：甘氏耳喙螺（*Auriculella gagneorum*）。这个物种还是抢占了一些媒体头条。虽然近几十年来发现了许多已经灭绝的蜗牛物种，但这一描述是针对一个仍然存在的物种。[9]一方面，这种情况可能会提醒人们需要在无脊椎动物分类学上投入更多的精力：该物种的第一个标本是在大约 100 年前采集到的，即便如此，近藤义雄还是将其标注为“NSP”，表示这是一个新物种。近藤的评估经过很长时间才得到正式确认。不过，另一方面，正如我向诺丽询问这项工作时她提醒我的那样，这个新物种提醒我们，还有很多蜗牛物种尚未被人类发现。即使在今天，他们在野外采集到的夏威夷陆地蜗牛标本中，仍有大约 10% 被认为是来自未被描述的物种。虽然有很多物种已经消失了，而且我们永远也不会知道，但事实证明，还有很多物种是我们尚未认识到的，我们仍然可以探寻它们。

与此同时，戴夫和预防蜗牛灭绝计划团队正在扩大业务，在毛伊岛有一名长期工作人员和一个不断扩大的围栏网络，并与私人土地所有者开展了新的合作，在拉纳伊岛建造了两个围栏保护区。在欧胡岛，围栏保护区网络也在迅速扩大。如果一切按计划进行，在未来 5 年内建造的围栏数量将与过去 20 年建造的数量相当。与此同时，我们还获得了将实验室规模扩大一倍的资金。这个新设施将于 2022 年开始接待“新住户”，有朝一日将成为承载 10 000 多只蜗牛的新家园。不过，戴夫并不满足于此，他一直在努力争取资金，与毕夏普博物馆和檀香山动物园的合作伙伴一起建立实验室设施。正如他向我解释的那样：“这是一个非常好的合作伙伴关系，将使我们能够在三个设施之间传播脆弱的种群，以降低随机事件在一个设施中造成灭绝的风险。”

这些发展是夏威夷蜗牛保护工作新能量的一部分。几十年前，在科学界真正了解和关心夏威夷蜗牛的人屈指可数。如今，我们可以组建一个由 40 多名生物学家组成的团队，他们唯一或主要关注的就是这些岛屿上的蜗牛。事实上，在2020年年初，这个团队就已经成立了，他们在博物馆举行了一整天的会议活动，会议主题为“探寻源头”。几个月后，当我和戴夫聊起这次会议时，他告诉我，即使在10年前，这也是绝无可能的。但情况正在发生变化，新的动力正在积聚。“我们正在迈克多年前通过人工饲养项目奠定的基础上继续前进。我希望，这股动力将足以支撑我们走过这一切。”

更重要的是，所有这些以蜗牛为中心的保护工作都是在日益壮大的“卡纳卡毛利人运动”的背景下进行的，该运动反对破坏土地及其支持的人类和非人类生命社区。正如当今世界许多地方发生的情况一样，这些岛屿上的原住民正在反击气候变化、资本主义、军国主义和采掘业的肆虐，并努力揭示这些进程与殖民化之间根深蒂固的联系。[10]诺埃拉妮·古德耶·卡普亚指出，这种反抗往往试图强调帝国主义工业项目伤害太平洋原住民文化的方式，同时利用这些文化实践，重新建立与土地和水域的联系，以参与直接行动的抗争。[11]通过这场斗争，卡纳卡毛利人及其盟友正在努力打破一些关键的进程，这些进程促使岛上的蜗牛和许多其他动物及植物物种在过去不断减少，而今天，这些进程正在迎来气候转变，这或许是蜗牛最大的新威胁。

除了这些努力外，越来越多的科学家和文化实践者——其中许多人跨越这些知识传统并在其间流动——正在努力将保护工作植根于卡纳卡毛利人的智慧和实践中。正如卡维卡·温特、卡玛纳迈卡拉尼·比莫尔（Kamanamaikalani Beamer）、梅哈娜·布莱奇·沃恩和他们的同事所指出的那样，在今天的岛屿上，人们越来越认识到夏威夷生物文化资源管理系统的独创性。这些系统有效地适应了当地条件，同时根据观察到的管理效果（包括成功和失败）积累了大量知识，以长期维持资源的丰富。[12] 从实地保护行动到教育倡议，在各种不同的背景下，卡纳卡毛利文化与生物群落相互维系、相互滋养的联系正在得到认可和实施。[13] 通过这种方式，实践者们希望，在这些岛屿漫长的殖民历史中，生物文化损失和破坏的过程能够得到扭转，为相互复兴创造新的机会。在这方面，蜗牛也可以发挥重要作用。萨姆·奥胡·贡在一次关于蜗牛的谈话中简明扼要地总结道："任何时候，只要你发现一种具有文化意义的植物或动物，这都是一件重要的事情。因为这不仅是保护该物种的动力，也是夏威夷文化与自然世界重新结合的动力。"

本书旨在展示和探索故事如何成为我们努力保护蜗牛和其他正在消失的物种的一个重要方面，同时承认、抵制甚至重演导致这些物种消失的宏观过程。随着我们越来越深入地进入地球的第六次物种大灭绝事件，进入一个深不可测的时期，无论是看得见的还是看不见的损失，以及波及不同生活和景观的损失，讲故事变得越来越重要，使我们能够创造性地、包容性地、有效地想象和设计我们当前轨迹的替代方案。

最重要的是，这本书的目的是让我们对物种濒临灭绝所造成的损失有更深刻的认识。我们很容易忽视蜗牛，忽视一群微不足道的、黏糊糊的小动物的消失。关注蜗牛的故事，学会以不同的方式看待和聆听蜗牛，会让我们对这一损失的意义有更多的理解。夏威夷的蜗牛记录着多种多样的生活方式：追寻和解读世界的方式、社交和进食的方式以及丰富的存在方式，即使这些方式远非人类所能理解。它们还携带着巨大的进化脉络、跨越海洋的深厚历史、鸟类或树木的旅行史，以及在这些岛屿景观中移动的历史，这些历史使得地球上最多样化的蜗牛物种得以进化。通过这种方式，蜗牛在清理和分解树叶的过程中进入并帮助塑造了这些岛屿的生态群落。它们还帮助塑造了土壤和健康的森林。至少，它们很有可能曾经这样做过，至于程度如何、方式如何、后果如何，我们可能永远都不会真正知道。

这些蜗牛还承载着生机勃勃的重要文化关系。特别是对于卡纳卡毛利人来说，蜗牛歌唱的故事已经融入了他们的生活，成为其充满活力的世界关怀的一部分。一个多世纪以来，殖民化、军事化、森林砍伐等破坏了许多这样的关系，但在马库亚山谷和这些岛屿上，（重新）建立联系和抵抗破坏的工作仍在继续。正如我们所看到的，蜗牛在这项工作中一直是而且可能仍然是强大的盟友。

我们需要故事来揭示这种复杂性、这些联系、这些历史和可能性。特别是，我们需要故事来关注物种灭绝与文化衰弱同时存在的现实，这种解构与重塑的模式跨越了自然科学与人文科学之间的界限。通过这种方式，我们能够应对物种灭绝的特殊性，以及它们的多样性、不均衡性带来的严重后果。

因此，尽管我们看到蜗牛并没有真正背着自己的家，相反，它们与其他蜗牛一起精心打造家园，通过自己的黏液痕迹和积累的经验将家园写入世界，但它们确实背负着许多其他东西。所有这些都与物种灭绝息息相关。每一次灭绝都有自己的故事。或者，更确切地说，每一次灭绝都有自己复杂的嵌套和交织的故事，这些故事可以追溯到深远的过去，而且仍在继续，以不同的方式吸引着不同的生命。简而言之，正如本书的书名所示，我们可以看到，在一个贝壳中有多个世界纠缠在一起，并处于危险之中。

回到卡埃纳角的岩石海岸线上，当我在沙子中寻找贝壳，在手中翻动着许多久违的生命和生活方式留下的痕迹时，我的思绪飘向了森林。我又想起了我在树丛中遇到的第一批蜗牛，它们静静地趴在一块粉红色荧光胶带上，安全地躲在围栏保护区后面。我不知道它们现在是否还在那里，在同一座山脉的另一端，在云层中。我在想，它们会不会很快就开始夜行冒险，爬到树枝上，为自己和别人留下黏糊糊的足迹，就像它们这个物种几百万年来在这些岛屿上的生活方式一样。我希望 100 年后，甚至 10 万年后，我手中的这些古老的蜗牛壳不会成为它们生活留下的唯一痕迹。就在那个瞬间，我还大胆地许下了一个更大的愿望：有朝一日，当森林里的一切都恢复如初，这些蜗牛的后代也许就能离开它们现在家园的束缚，在这片山脉上漫步，它们奇妙的歌声将回荡在整片夜空。

致谢

如果没有夏威夷许多人的热心支持和慷慨解囊，这本书是不可能完成的，是他们引导我进入蜗牛的非凡世界。正是这些人，就像蜗牛本身一样，吸引着我去讲述这些故事。他们耐心地回答了我的许多问题，并阅读和评论了我的章节草稿。不过，更重要的是，他们与我分享了他们对蜗牛的热爱。我衷心感谢迈克·哈德菲尔德、戴夫·西斯科、诺丽·杨、肯·海斯、布伦登·霍兰德、罗伯特·考伊和卡尔·克里斯滕森。

在我撰写本书的这些年里，夏威夷和其他地方的许多生物学家和自然资源保护主义者同意接受采访，与我一起讨论蜗牛。感谢梅丽莎·普莱斯、林赛·伦肖、文斯·科斯特洛、莎拉·戴尔斯曼、肯·卢科维亚克、罗纳德·蔡斯（Ronald Chase）和乔恩·阿布利特（Jon Ablett）。

一群不同的人也慷慨地献出了他们的时间和见解，与我分享了蜗牛融入卡纳卡毛利人生活和文化的多种方式。这些人是草裙舞老师和蜗牛保护者，他们是科学家、活动家、艺术家和学者。我衷心感谢斯帕基·罗德里格斯叔叔、琳内特·克鲁兹、科迪·普奥·帕塔、普阿凯亚·诺格迈尔、萨姆·奥胡·贡三世、拉里·林赛·木村、库帕·阿希、凯尔·梶弘、文斯·道奇和贾斯汀·希尔。同时也感谢大卫·亨金分享了他对马库亚山谷法律斗争的许多见解。

一些重要的学术背景也极大地丰富了本书的内容，包括与我讨论观点、对章节草稿或演示文稿提出意见的同事。我感谢夏威夷大学马诺阿分校太平洋岛屿研究中心的工作人员和学生，他们在我最长的研究访问期间接待了我。尤其要感谢亚历克斯·莫耶（Alex Mawyer），他为我提供了丰富而重要的反馈意见，以及持续不断的支持和鼓励。还有很多人与我一起阅读本书的草稿或讨论关键观点。我特别感谢沃里克·安德森（Warwick Anderson）、米歇尔·巴斯蒂安、布雷特·布坎南、丹妮尔·塞莱马耶（Danielle Celermajer）、苏菲·乔（Sophie Chao）、马修·克鲁鲁、文奇安·德斯普雷特、唐娜·哈拉维、朱莉娅·金特（Julia Kindt）、埃本·柯克希（Eben Kirksey）、布里特·克拉姆维格（Britt Kramvig）、埃莱娜·阿赫尔贝格尔·勒杜恩芙（Hélène Ahlberger Le Deunff）、杰米·洛里默（Jamie Lorimer）、斯蒂芬·穆克（Stephen Muecke）、乌苏拉·明斯特（Ursula Münster）、布兰迪·纳拉尼·麦克杜格尔、迈尔斯·欧凯（Myles Oakey）、艾米丽·奥戈曼（Emily O'Gorman）、克雷格·桑托斯·佩雷斯（Craig Santos Perez）、埃尔斯珀斯·普罗宾（Elspeth Probyn）、雨果·莱纳特（Hugo Reinert）、戴维·施洛斯贝格（David Schlosberg）、伊莎贝尔·施特恩格斯（Isabelle Stengers）、希瑟·斯旺森（Heather Swanson）、安娜·青、简·乌尔曼（Jane Ulman）、杰米·王（Jamie Wang）和萨姆·维丁（Sam Widin）。特别要感谢唐娜·哈拉维，我想是她在不知情的情况下发起了这个项目，当时她把我介绍给了她的朋友迈克·哈德菲尔德，并因此一起认识和探寻蜗牛，到现在已经快十年了。

此外，还要感谢以正式审稿人的身份对稿件提出反馈意见（大多为匿名）的各位学者。特别要感谢坎迪斯·藤金（Candace Fujikane），他富有洞察力的评论在几个关键地方为相关讨论增添了新的层次。

最后，我衷心感谢麻省理工学院出版社的贝丝·克莱文格（Beth Clevenger）对这一项目的坚定支持和热情帮助。我非常高兴能与您和团队其他成员一起合作，包括安东尼·赞尼诺（Anthony Zannino）、德博拉·坎托·亚当斯（Deborah Cantor-Adams）、斯蒂芬妮·萨克森（Stephanie Sakson）、莫莉·西曼斯（Molly Seamans）、玛丽·赖利（Mary Reilly）和杰伊·马尔西（Jay Martsi）。

本研究由澳大利亚研究理事会［Australian Research Council（FT160100098）］和悉尼大学（University of Sydney）资助。

注释

导言

1. 有关波利尼西亚人抵达夏威夷群岛的时间的持续研究更全面的讨论，请参阅：Patrick V. Kirch, "When Did the Polynesians Settle Hawai'i? A Review of 150 Years of Scholarly Inquiry and a Tentative Answer," *Hawaiian Archaeology* 12 (2011).
2. Sam 'Ohu Gon and Kawika Winter, "A Hawaiian Renaissance That Could Save the World," *American Scientist* 107, no. 4 (2019).
3. David D. Baldwin, "The Land Shells of the Hawaiian Islands," *Hawaiian Almanac and Annual* (1887): 62.
4. Norine W. Yeung and Kenneth A. Hayes, "Biodiversity and Extinction of Hawaiian Land Snails: How Many Are Left Now and What Must We Do to Conserve Them—A Reply to Solem (1990)," *Integrative and Comparative Biology* 58, no. 6 (2018).
5. Alan D. Hart, "Living Jewels Imperiled", *Defenders* 50 (1975).
6. Richard Primack, *Essentials of Conservation Biology* (Sunderland, MA: Sinaur Associates Inc., 1993); Anthony D. Barnosky et al., "Has the Earth's Sixth Mass Extinction Already Arrived?", *Nature* 471 (2011).
7. 参见世界自然保护联盟统计摘要（IUCN Summary Statistics），"表 3：按王国和类别划分的物种"（Table 3: Species by Kingdom and Class），所有数字均指红色名录第 2021-1 版。
8. Ronald B. Chase, *Behavior and Its Neural Control in Gastropod Molluscs* (Oxford: Oxford University Press, 2002), 3.

9. David Sepkoski, *Catastrophic Thinking*：*Extinction and the Value of Diversity from Darwin to the Anthropocene* (Chicago: University of Chicago Press, 2020), 24–27.

10. C. Mora et al., "How Many Species Are There on Earth and in the Ocean?," *PLoS Biology* 9, no. 8 (2011).

11. Robert H. Cowie et al., "Measuring the Sixth Extinction: What Do Mollusks Tell Us?," *Nautilus* 1 (2017).

12. Yeung and Hayes, "Biodiversity and Extinction of Hawaiian Land Snails."

13. Alan Solem, "How Many Hawaiian Land Snail Species Are Left? And What We Can Do for Them?," *Bishop Museum Occasional Papers* 30 (1990); Yeung and Hayes, "Biodiversity and Extinction of Hawaiian Land Snails."

14. 2020 年 3 月 9 日，Dave Sischo 在夏威夷州檀香山毕夏普博物馆组织的"Hui Kāhuli"会议上分享的数字。

15. 在陆地蜗牛中，它们是欧胡岛仅存的9个小玛瑙螺属物种（共41个），此外还有毛伊岛的 1 个物种和拉纳伊岛的 2 个物种。

16. 参见网站"hawaiibusiness"。另可参见：David L. Leonard Jr., "Recovery Expenditures for Birds Listed under the US Endangered Species Act: The Disparity between Mainland and Hawaiian Taxa," *Biological Conservation*, 141 (2008).

17. Yeung, and Hayes, "Biodiversity and Extinction of Hawaiian Land Snails," 1163.

18. Timothy R. New, "Angels on a Pin: Dimensions of the Crisis in Invertebrate Conservation," *American Zoologist* 33, no. 6 (1993). Also see Pedro Cardoso et al., "The Seven Impediments in Invertebrate Conservation and How to Overcome Them," *Biological Conservation* 144, no. 11 (2011).

19. Edward O.Wilson, "The Little Things That Run the World (the Importance and Conservation of Invertebrates)," *Conservation Biology* 1, no. 4 (1987). Also see C. M. Prather et al., "Invertebrates, Ecosystem Services and Climate Change," *Biological Reviews of the Cambridge Philosophical Society* 88, no. 2 (2013).

20. Aimee You Sato, Melissa Renae Price, and Mehana Blaich Vaughan, "Kāhuli: Uncovering Indigenous Ecological Knowledge to Conserve Endangered Hawaiian Land Snails," *Society & Natural Resources* 31, no. 3 (2018): 324.
21. Thom van Dooren, *Flight Ways*: *Life and Loss at the Edge of Extinction* (New York: Columbia University Press, 2014); Thom van Dooren and Deborah Bird Rose, "Lively Ethography: Storying Animist Worlds," *Environmental Humanities* 8 (2016).
22. Brett Buchanan, Michelle Bastian, and Matthew Chrulew, "Introduction: Field Philosophy and Other Experiments," *Parallax* 24, no. 4 (2018).
23. 关于环境科普和自然写作中涉及殖民化、全球化、军事化和剥夺进程的一些优秀范例，请参阅：Robin Wall Kimmerer, *Braiding Sweetgrass: Indigenous Wisdom, Scientific Knowledge and the Teachings of Plants* (Minneapolis, MN: MilkweedEditions, 2013); Raja Shehadeh, *Palestinian Walks: Notes on a Vanishing Landscape* (London: Profile Books, 2008); Michelle Nijhuis, *Beloved Beasts: Fighting for Life in an Age of Extinction* (New York: W. W. Norton, 2021); Rebecca Giggs, *Fathoms: The World in the Whale* (London: Scribe, 2020); Amitav Ghosh, *The Nutmeg's Curse: Parables for a Planet in Crisis* (Chicago: University of Chicago Press, 2021). 以及 Vandana Shiva 和 Gary Paul Nabhan 关于粮食和农业的大量著作。关于物种灭绝的文化和哲学层面的学术著作也越来越多：Deborah Bird Rose and Thom van Dooren, eds., "Unloved Others: Death of the Disregarded in the Time of Extinctions", *Australian Humanities Review* 50 (2011); Deborah Bird Rose，Thom van Dooren and Matthew Chrulew, *Extinction Studies: Stories of Time, Death and Generations* (New York: Columbia University Press, 2017); Deborah Bird Rose, *Wild Dog Dreaming: Love and Extinction* (Charlottesville: University of Virginia Press, 2011); van Dooren, *Flight Ways*; Ursula K. Heise, *Imagining Extinction: The Cultural Meanings of Endangered Species* (Chicago: University of Chicago Press, 2016); Susan McHugh, *Love in a Time of Slaughters: Human Animal Stories against Genocides and Extinctions* (University Park: Penn

State University Press, 2019); Dolly Jørgensen, *Recovering Lost Species in the Modern Age: Histories of Longing and Belonging* (Cambridge, MA: MIT Press, 2019); and Jamie Lorimer, *Wildlife in the Anthropocene: Conservation after Nature* (Minneapolis: University of Minnesota Press, 2015).

24. Noel Castree, "The Anthropocene and the Environmental Humanities: Extending the Conversation," *Environmental Humanities* 5 (2014); Nigel Clark, "Geo-Politics and the Disaster of the Anthropocene" , *The Sociological Review* 62 (2014); Heather Davis and Zoe Todd, "On the Importance of a Date, or Decolonizing the Anthropocene," *ACME: An International E-Journal for Critical Geographies* 16, no. 4 (2017); Elizabeth M. DeLoughrey, *Allegories of the Anthropocene* (Durham, NC: Duke University Press, 2019); Lesley Head, "The Anthropoceneans," *Geographical Research* 53, no. 3 (2015); Elizabeth Johnson et al., "After the Anthropocene: Politics and Geographic Inquiry for a New Epoch," *Progress in Human Geography* 38, no. 3 (2014); and Kyle Powys Whyte, "Our Ancestors' Dystopia Now: Indigenous Conservation and the Anthropocene," in *The Routledge Companion to the Environmental Humanities*, ed. Ursula K. Heise, Jon Christensen, and Michelle Niemann (London: Routledge, 2016).
25. Ashley Dawson, *Extinction: A Radical History* (New York: OR Books, 2016), 88.
26. Michael Hadfield, "Snails That Kill Snails," in *The Feral Atlas*, ed. Anna L. Tsing, Jennifer Deger, Alder Keleman Saxena, and Feifei Zhou (Stanford, CA: Stanford University Press, 2021).
27. Jonathan Kay Kamakawiwo'ole Osorio, *Dismembering Lāhui: A History of the Hawaiian Nation to 1887* (Honolulu: University of Hawai'i Press, 2002), 3.
28. 这种情况提醒我们，虽然“人类世”可能标志着一个激进动荡的时刻，甚至可能是世界末日，但对于许多人，尤其是原住民社区来说，帝国主义和持续的（定居者）殖民主义只要存在，就一直在终结世界。Kathryn Yusoff, *A Billion Black Anthropocenes or None* (Minneapolis: University of Minnesota Press, 2018). Also see Davis and Todd, "On the Importance of a Date."

29. Ty P. Kāwika Tengan, *Native Men Remade: Gender and Nation in Contemporary Hawai'i* (Durham, NC: Duke University Press, 2008), 67.
30. Noelani Goodyear-Ka'ōpua, "Protectors of the Future, Not Protestors of the Past: Indigenous Pacific Activism and Mauna a Wākea," *South Atlantic Quarterly* 116, no. 1 (2017).
31. 套用女权主义科学研究学者 Donna Haraway 提出的一个核心问题，并略作改动。Donna Haraway, *When Species Meet* (Minneapolis: University of Minnesota Press, 2008).
32. Audra Mitchell, "Revitalizing Laws, (Re)-Making Treaties, Dismantling Violence: Indigenous Resurgence against 'the Sixth Mass Extinction,'" *Social & Cultural Geography* 21, no. 7 (2020).
33. Henry A. Pisbry and C. Montague Cooke, *Manual of Conchology*, vol. 22 (Philadelphia: Academy of Natural Sciences, 1912), 320.
34. 正如 Sarah Bezan 所指出的那样，终结者可以压缩和具体化宏观历史上的灭绝过程，由于其规模和复杂性，这些过程无法被完全理解。通过这种方式，它们将抽象的过程个人化，反映在特定个体的生活中。事实上，正如 Bezan 所言，当人们讲述濒临灭绝的故事时，经常会叙述那些最后的动物个体以及照顾它们的人类的生死。Sarah Bezan, "The Endling Taxidermy of Lonesome George: Iconographies of Extinction at the End of the Line," *Configurations* 27, no. 2 (2019). On this topic, also see Dolly Jørgensen, "Endling, the Power of the Last in an Extinction-Prone World," *Environmental Philosophy* 14, no. 1 (2017).

第一章

1. Peter Williams, Snail (London: Reaktion Books, 2009), 14.

2. Brett Buchanan, "On the Trail of a Philosopher Ethologist," paper presented at The History, Philosophy, and Future of Ethology IV, Curtin University, Perth, 2019.
3. Ben Woodard, Slime Dynamics (Winchester, UK: John Hunt Publishing, 2012).
4. Martha Warren Beckwith, trans., The Kumulipo: A Hawaiian Creation Chant (Chicago: University of Chicago Press, 1951). On the Kumulipo, see Brandy Nālani McDougall, Finding Meaning: Kaona and Contemporary Hawaiian Literature (Tucson: University of Arizona Press, 2016).
5. Alan D. Hart, "The Onslaught against Hawaii' s Tree Snails," *Natural History* 87 (1978). 美国鱼类和野生动物管理局，"濒危和受威胁的野生动物和植物，将小玛瑙螺属夏威夷（欧胡岛）树蜗牛列为濒危物种"，《联邦公报》(*Federal Register*)，第46卷，第3178页，(1981年)。
6. 关于夏威夷群岛蜗牛物种多样性和分布的更全面讨论，请参阅：Robert H. Covie, "Variation in Species Diversity and Shell Shape in Hawaiian Land Snails: *In Situ* Speciation and Ecological Relationships," *Evolution* 49, no. 6 (1995).
7. Michael G. Hadfield and Barbara Shank Mountain, "A Field Study of a Vanishing Species, *Achatinella mustelina* (Gastropoda, Pulmonata), in the Waianae Mountains of Oahu," *Pacific Science* 34, no. 4 (1980); Hadfield, "Snails That Kill Snails."
8. Michael G. Hadfield and Donna Haraway, "The Tree-Snail Manifesto," *Current Anthropology* 60, no. S20 (2019).
9. Wallace M. Meyer et al., "Two for One: Inadvertent Introduction of *Euglandina* Species during Failed Bio-Control Efforts in Hawaii," *Biological Invasions* 19, no. 5 (2017).
10. C. J. Davis and G. D. Butler, "Introduced Enemies of the Giant African Snail, *Achatinafulica* Bowdich, in Hawaii (Pulmonata: Achatinidae)," *Proceedings of the Hawaiian Entomological Society* 18, no. 3 (1964). Also see Robert H. Cowie, "Patterns of Introduction of Non-Indigenous Non-Marine Snails

and Slugs in the Hawaiian Islands," *Biodiversity and Conservation* 7, no. 3 (1998).

11. Hadfield, "Snails That Kill Snails."
12. Meyer et al., "Two for One."
13. Thom van Dooren, "Invasive Species in Penguin Worlds: An Ethical Taxonomy of Killing for Conservation," *Conservation and Society* 9 (2011).
14. Claire Régnier, Benoît Fontaine, and Philippe Bouchet, "Not Knowing, Not Recording, Not Listing: Numerous Unnoticed Mollusk Extinctions," *Conservation Biology* 23, no. 5 (2009): 1218.
15. 在与蜗牛生物学家的交谈中，我发现"estivate"一词有不同的用法。有些人认为"estivate"是指在夏季或炎热的季节长时间不活动（实际上与冬季的"冬眠"相反），而有些人则认为"estivate"是指一系列广泛的不活动、休息的时期，包括许多蜗牛在温暖的白天活动的时间。在本书中，我正是从这个更广义的角度来使用这个词的。
16. Chase, *Behavior and Its Neural Control in Gastropod Molluscs*, 34–52.
17. A. Cook, "Homing by the Slug *Limax pseudoflavus*," *Animal Behaviour* 27 (1979).
18. T. P. Ng et al., "Snails and Their Trails: The Multiple Functions of Trail-Following in Gastropods," *Biological Reviews* 88, no. 3 (2013): 684.
19. Mark Denny, "The Role of Gastropod Pedal Mucus in Locomotion," *Nature* 285 (1980).
20. Ng et al., "Snails and Their Trails," 685.
21. Denny, "The Role of Gastropod Pedal Mucus in Locomotion"; Ng et al., "Snails and Their Trails," 684.
22. M. S. Davies and J. Blackwell, "Energy Saving through Trail Following in a Marine Snail," *Proceedings of the Royal Society B* 274 (2007).
23. Jakob von Uexk ü ll, *A Foray into the Worlds of Animals and Humans: With a Theory of Meaning*, trans. Joseph D. O' Neil (Minneapolis: University of Minnesota Press, 2010).
24. 在研究黏液痕迹的过程中，我不难发现，蜗牛以黏液的形式留下了化学物质的可见痕迹，这对于像我们这样以视觉为中心的生物来说，似乎比其他许多生物的化学感官世界更容易接近和理解。

25. Vinciane Despret, “The Enigma of the Raven,” *Angelaki* 20 (2015).
26. Joris M. Koene and Andries Ter Maat, “Coolidge Effect in Pond Snails: Male Motivation in a Simultaneous Hermaphrodite,” *BMC Evolutionary Biology* 7, no. 1 (2007).
27. Ng et al., “Snails and Their Trails,” 689.
28. Carl Edelstam and Carina Palmer, “Homing Behaviour in Gastropodes,” *Oikos* 2 (1950).
29. Edelstam and Palmer, “Homing Behaviour in Gastropodes,” 266.
30. Ng et al., “Snails and Their Trails,” 691.
31. 这不是一个相互竞争的故事。蜗牛可能喜欢并寻求（某些）同类的陪伴，这一事实为这种行为提供了心理或生理动机。功能性解释和动机性解释是在不同的生物学层面上运作的。根据我们感兴趣的问题，这两种解释可以同时成立。例如，蜗牛喜欢聚在一起的事实可能就是实现这种功能优势的进化机制之一。
32. 这项研究的重点是静水椎实螺（*Lymnaea stagnalis*），这并不是因为人们认为它们在这方面具有特别复杂或迷人的能力，而是因为它们的神经解剖结构相对简单，因此更容易研究。
33. K. Lukowiak et al., “Environmentally Relevant Stressors Alter Memory Formation in the Pond Snail *Lymnaea*,” *Journal of Experimental Biology* 217, no. 1 (2014).
34. Brenden S. Holland et al., “Tracking Behavior in the Snail *Euglandina rosea*: First Evidence of Preference for Endemic vs. Biocontrol Target Pest Species in Hawaii,” *American Malacological Bulletin* 30, no. 1 (2012).
35. Kavan T. Clifford et al., “Slime-Trail Tracking in the Predatory Snail, *Euglandina rosea*,” *Behavioral Neuroscience* 117, no. 5 (2003).
36. Wallace M. Meyer and Robert H. Cowie, “Feeding Preferences of Two Predatory Snails Introduced to Hawaii and Their Conservation Implications,” *Malacologia* 53, no. 1 (2010).

37. Nagma Shaheen et al., "A Predatory Snail Distinguishes between Conspecific and Heterospecific Snails and Trails Based on Chemical Cues in Slime," *Animal Behaviour* 70, no. 5 (2005); Clifford et al., "Slime–Trail Tracking in the Predatory Snail, *Euglandina rosea*."
38. Gary Snyder, *The Practice of the Wild* (Berkeley, CA: Counterpoint Press, 2010), 120.
39. Carlo Brentari, *Jakob von Uexküll: The Discovery of the Umwelt between Biosemiotics and Theoretical Biology* (Dordrecht: Springer, 2015), 240–241. Also see Matthew Chrulew, "Reconstructing the Worlds of Wildlife: Uexküll, Hediger, and Beyond," *Biosemiotics* 13, no. 1 (2020).
40. Brenden S. Holland, Marianne Gousy–Leblanc, and Joanne Y. Yew, "Strangers in the Dark: Behavioral and Biochemical Evidence for Trail Pheromones in Hawaiian Tree Snails," *Invertebrate Biology* 137, no. 2 (2018): 8.
41. Douglas K. Candland, "The Animal Mind and Conservation of Species: Knowing What Animals Know," *Current Science* 89, no. 7 (2005); Oded Berger–Tal et al., "Integrating Animal Behavior and Conservation Biology: A Conceptual Framework," *Behavioral Ecology* 22 (2011).
42. Val Plumwood, *Environmental Culture*: *Val Plumwood, Environmental Culture: The Ecological Crisis of Reason* (London: Routledge, 2002), 132. 当然，这种"人类"的感知和认知方式也深受文化、性别、语言等因素的影响。数十年的学术研究表明，即使在最基本的感官层面，人类对世界的体验也不是单一的。例如，David Howes ed ., *Empire of the Senses*: *The Sensual Culture Reader* (oxford : Berg publishers, 2004).
43. E. Hayward, "Sensational Jellyfish: Aquarium Affects and the Matter of Immersion," *differences* 23, no. 3 (2012): 177.
44. Vinciane Despret, "It Is an Entire World That Has Disappeared," in *Extinction Studies: Stories of Time, Death and Generations*, ed. Deborah Bird Rose, Thom van Dooren, and Matthew Chrulew (New York: Columbia University Press, 2017).

45. Eileen Crist, "Ecocide and the Extinction of Animal Minds," in *Ignoring Nature No More: The Case for Compassionate Conservation*, ed. Marc Bekoff (Chicago: University of Chicago Press, 2013), 59.

第二章

1. Brenden S. Holland, Luciano M. Chiaverano, and Cierra K. Howard, "Diminished Fitness in an Endemic Hawaiian Snail in Nonnative Host Plants," *Ethology Ecology & Evolution* 29, no. 3 (2017).
2. 关于生物地理学作为科学研究领域的历史，参见：David Quammen, *The Song of the Dodo: Island Biogeography in an Age of Extinctions* (New York: Scribner, 1996).
3. Robert Macfarlane, *Underland: A Deep Time Journey* (London: Penguin, 2019).
4. Brendan S. Holland and Robert H. Cowie, "A Geographic Mosaic of Passive Dispersal: Population Structure in the Endemic Hawaiian Amber Snail *Succinea caduca* (Mighels, 1845)," *Molecular Ecology* 16, no. 12 (2007): 2432.
5. Brenden S. Holland, "Land Snails," in *Encyclopedia of Islands* (Los Angeles: University of California Press, 2009).
6. Małgorzata Ożgo et al., "Dispersal of Land Snails by Sea Storms," *Journal of Molluscan Studies* 82, no. 2 (2016).
7. Ożgo et al., "Dispersal of Land Snails by Sea Storms."
8. Ożgo et al., "Dispersal of Land Snails by Sea Storms."
9. W. J. Rees, "The Aerial Dispersal of Mollusca," *Journal of Molluscan Studies* 36, no. 5 (1965).
10. Dee S. Dundee, Paul H. Phillips, and John D. Newsom, "Snails on Migratory Birds," *Nautilus* 80 (1967): 90.
11. Joseph Vagvolgyi, "Body Size, Aerial Dispersal, and Origin of the Pacific

Land Snail Fauna," *Systematic Biology* 24, no. 4 (1975).

12. Shinichiro Wada, Kazuto Kawakami, and Satoshi Chiba, "Snails Can Survive Passage through a Bird's Digestive System," *Journal of Biogeography* 39, no. 1 (2012).
13. 生物学家通常把这种新物种的传播和建立称为"殖民化"。在这种情况下，我避免使用这个词，并在其他地方写过关于在殖民地使用这种术语所引起的问题的文章：Thom van Dooren, "Moving Birds in Hawai'i: Assisted Colonisation in a Colonised Land," *Cultural Studies Review* 25, no. 1 (2019).
14. Sharon R. Kobayashi and Michael G. Hadfield, "An Experimental Study of Growth and Reproduction in the Hawaiian Tree Snails *Achatinella mustelina* and *Partulina redfieldii* (Achatinellinae)," *Pacific Science* 50, no. 4 (1996).
15. Robert H. Cowie and Brenden S. Holland, "Molecular Biogeography and Diversification of the Endemic Terrestrial Fauna of the Hawaiian Islands," *Philosophical Transactions B* 363, no. 1508 (2008). 由于各种原因，某些科群可能不止一次地成功抵达夏威夷群岛，因此这个数字只能是一个估计值。
16. See Val Plumwood, "Nature in the Active Voice," *Australian Humanities Review* 46 (2009): 125.
17. Sato, Price, and Vaughan, "Kāhuli," 324–325. Thanks to Cody Pueo Pata for sharing the name "pūpūkaniao" with me in the form of a newspaper article from *Ka Nupepa Kuokoa*, "Haina Nane," June 4, 1909 (vol. 46, no. 23).
18. Yoshio Kondo, "Whistling Land Snails. Letter to Dr. Roland W. Force," Bishop Museum Library manuscript (1965).
19. Sato, Price, and Vaughan, "Kāhuli," 325.
20. Sato, Price, and Vaughan, "Kāhuli," 325.
21. Sato, Price, and Vaughan, "Kāhuli," 325.
22. Holland, Chiaverano, and Howard, "Diminished Fitness in an Endemic Hawaiian Snail in Nonnative Host Plants."

23. Rob Nixon, *Slow Violence and the Environmentalism of the Poor* (Cambridge, MA: Harvard University Press, 2011).
24. Michael G. Hadfield, "Extinction in Hawaiian Achatinelline Snails," *Malacologia* 27, no. 1 (1986). Also see C. Régnier et al., "Extinction in a Hyperdiverse Endemic Hawaiian Land Snail Family and Implications for the Underestimation of Invertebrate Extinction.," *Conservation Biology* 29, no. 6 (2015).
25. Terry L. Hunt, "Rethinking Easter Island' s Ecological Catastrophe," *Journal of Archaeological Science* 34, no. 3 (2007); J. Stephen Athens, "*Rattus exulans* and the Catastrophic Disappearance of Hawai 'i' s Native Lowland Forest," *Biological Invasions* 11, no. 7 (2009).
26. Gon and Winter, "A Hawaiian Renaissance."
27. Paul D' Arcy, *Transforming Hawai'i: Balancing Coercion and Consent in Eighteenth-Century Kānaka Maoli Statecraft* (Canberra: ANU Press, 2018), 208; Carol A. MacLennan, *Sovereign Sugar: Industry and Environment in Hawai'i* (Honolulu: University of Hawai'i Press, 2014), 23, 27.
28. 目前尚不清楚这种保护的形式。温哥华似乎要求在 10 年内禁止捕杀它们，以确保它们在岛上建立起繁殖种群之前不会被全部捕杀。至于蜗牛是否受到了这种特殊形式的保护，还存在争议。不过，正如历史学家珍妮弗·纽厄尔（Jennifer Newell）所说，它们确实成了主要的牲畜，与卡美哈美哈（Kamehameha）关系密切，因此受到保护。Jennifer Newell, *Trading Nature*：*Tahitians, Europeans and Ecological Exchange* (Honolulu: University of Hawai'i Press, 2010), 135.
29. Newell, *Trading Nature*, 136.
30. Referenced in John Ryan Fischer, "Cattle in Hawai'i: Biological and Cultural Exchange," *Pacific Historical Review* 76, no. 3 (2007): 359.
31. Patricia Tummons, "First the Cattle, then the Bombs, Oust Hawaiians from Makua Valley," *Environment Hawai'i* 3, no. 5 (1992).
32. Deborah Bird Rose, *Reports from a Wild Country: Ethics for Decolonisation* (Sydney: UNSW Press, 2004), 85.

33. Seth Archer, *Sharks upon the Land: Colonialism, Indigenous Health, and Culture in Hawai'i, 1778-1855* (Cambridge: Cambridge University Press, 2018), 2.
34. MacLennan, *Sovereign Sugar*, 3.
35. MacLennan, *Sovereign Sugar*, 29.
36. MacLennan, *Sovereign Sugar*, 166–169.
37. Patricia Tummons, "Terrestrial Ecosystems," in *The Value of Hawai'i: Knowing the Past, Shaping the Future*, ed. Craig Howes and Jonathan K. K. Osorio (Honolulu: University of Hawai'i Press, 2010), 164–165.
38. Territory of Hawaii, *Report of the Commissioner of Agriculture and Forestry 1902* (Honolulu: Gazette Press, 1903).
39. Donna Haraway, "Anthropocene, Capitalocene, Plantationocene, Chthulucene: Making Kin," *Environmental Humanities* 6 (2015).
40. R. O' Rorke et al., "Not Just Browsing: An Animal That Grazes Phyllosphere Microbes Facilitates Community Heterogeneity," *ISME Journal* 11, no. 8 (2017); R. O' Rorke et al., "Dining Local: The Microbial Diet of a Snail That Grazes Microbial Communities Is Geographically Structured," *Environmental Microbiology* 17, no. 5 (2015).
41. Wallace M. Meyer, Rebecca Ostertag, and Robert H. Cowie, "Influence of Terrestrial Molluscs on Litter Decomposition and Nutrient Release in a Hawaiian Rain Forest," *Biotropica* 45, no. 6 (2013).
42. Storrs L. Olson and Helen F. James, "Descriptions of Thirty–Two New Species of Birds from the Hawaiian Islands: Part I. Non–Passeriformes," *Ornithological Monographs* 45 (1991): 25.
43. Anonymous, "One Last Effort to Save the Po 'ouli" (Honolulu: Hawai'i Department of Land and Natural Resources, US Fish and Wildlife Service—Pacific Islands, and Zoological Society of San Diego, 2003).
44. 关于美国生态学和生物多样性保护的历史，参见：Donald Worster, *Nature's Economy: A History of Ecological Ideas* (Cambridge: Cambridge University Press, 1994); David Takacs, *The Idea of Biodiversity:*

Philosophies of Paradise (Baltimore: Johns Hopkins University Press, 1996).

45. Aldo Leopold, *A Sand County Almanac, and Sketches Here and There* (New York: Oxford University Press, 1949).
46. Sherwin Carlquist in Puanani O. Anderson–Fung and Kepā Maly, “Hawaiian Ecosystems and Culture: Why Growing Plants for Lei Helps to Preserve Hawai‘i’s Natural and Cultural Heritage,” in *Growing Plants for Hawaiian Lei: 85 Plants for Gardens, Conservation, and Business*, ed. James R. Hollyer (Honolulu: College of Tropical Agriculture and Human Resources, University of Hawai‘i, 2017).
47. Brenden S. Holland, and Michael G. Hadfield, “Islands within an Island: Phylogeography and Conservation Genetics of the Endangered Hawaiian Tree Snail *Achatinella mustelina*,” *Molecular Ecology* 11, no. 3 (2002).
48. 这些分别是生物地理学家所说的“扩散”（dispersal）和“替代”（vicariance）过程的例子。
49. Baldwin, “The Land Shells of the Hawaiian Islands.”
50. Richard Lewontin, *The Triple Helix: Gene, Organism, and Environment* (Cambridge, MA: Harvard University Press, 2000); Susan Oyama, *Evolution's Eye: A Systems View of the Biology-Culture Divide* (Durham, NC: Duke University Press, 2000).
51. Tim Ingold, “An Anthropologist Looks at Biology,” *Man* (n.s.) 25, no. 2 (1990); Dorian Sagan, “Samuel Butler’ s Willful Machines,” *The Common Review* 9 (2011).
52. Karola Stotz, “Extended Evolutionary Psychology: The Importance of Transgenerational Developmental Plasticity,” *Frontiers in Psychology* 5, no. 908 (2014).
53. Ron Amundson, “John T. Gulick and the Active Organism: Adaptation, Isolation, and the Politics of Evolution,” in *Darwin's Laboratory: Evolutionary Theory and Natural History in the Pacific*, ed. Roy M. MacLeod and Philip F. Rehbock (Honolulu: University of Hawai‘i Press,

1994); Rebecca J. Rundell, “Snails on an Evolutionary Tree: Gulick, Speciation, and Isolation,” *American Malacological Bulletin* 29, nos. 1–2 (2011).

54. 令人称奇的是，古利克也是“生物可能塑造自身进化轨迹”这一认识的早期支持者。正如罗恩·阿蒙森（Ron Amundson）所指出的那样：“至少在鲍德温效应提出的十年前，古利克就已经指出，当生物体以一种新的方式行事时，它就会将自身与外部环境置于新的关系之中，从而改变影响其血统进化的选择性力量。” Amundson, “John T. Gulick and the Active Organism,” 132.
55. Epeli Hau ‘ofa, “Our Sea of Islands,” in *A New Oceania: Rediscovering Our Sea of Islands*, ed. Eric Waddell, Vijay Naidu, and Epeli Hau’ofa (Suva, Fiji: University of the South Pacific, 1993), 2–16; 7.
56. Tracey Banivanua Mar, *Decolonisation and the Pacific: Indigenous Globalisation and the Ends of Empire* (Cambridge: Cambridge University Press, 2016), 17.
57. Hau ‘ofa, “Our Sea of Islands,” 4. 感谢 Katerina Teaiwa 和“蓝色启示：超越人类视角的海洋探索方式”（BLUE Openings: Approaches to More-Than-Human Oceans）的其他与会者就这些文学与生物地理学之间的联系进行了有益的讨论（2021 年 11 月 16 日、17 日，丹麦奥胡斯大学）。
58. Lawrence R. Heaney, “Is a New Paradigm Emerging for Oceanic Island Biogeography?,” *Journal of Biogeography* 34 (2007): 753–757.
59. Elizabeth M. DeLoughrey, “The Myth of Isolates: Ecosystem Ecologies in the Nuclear Pacific,” *Cultural Geographies* 20, no. 2 (2013): 167–184.
60. 有关该项目的更多信息，请访问 Manoa Cliff Reforestation 网站。
61. Holland, Chiaverano, and Howard, “Diminished Fitness,” 237.
62. David E. Cooper, *The Measure of Things: Humanism, Humility, and Mystery* (Oxford: Oxford University Press, 2007).
63. Deborah Bird Rose, “Pattern, Connection, Desire: In Honour of Gregory Bateson,” *Australian Humanities Review* 35 (2005).

64. Noelani Arista, “Navigating Uncharted Oceans of Meaning: Kaona as Historical and Interpretive Method,” *PMLA* 125, no. 3 (2010): 666.
65. 我曾在《飞行方式》（*Flight Ways*）一书中详细探讨过这个问题，参见该书第 21~44 页。

第三章

1. Vernadette Vicuna Gonzalez, *Securing Paradise: Tourism and Militarism in Hawai'i and the Philippines* (Durham, NC: Duke University Press Books, 2013), 67–81; Eileen Momilani Naughton, “Thẹ Bernice Pauahi Bishop Museum: A Case Study Analysis of Mana as a Form of Spiritual Communication in the Museum Setting” (PhD diss., Simon Fraser University, 2001), 149–171.
2. 美国鱼类和野生动物局，“濒危和受威胁的野生动植物”（46 FR 3178）。
3. 总统特别工作组监管救济公告。随后发布了第 12291 号行政命令，可参见美国国家档案和记录管理局网站。
4. USFWS, “Endangered and Threatened Wildlife and Plants; Deferral of Effective Dates,” *Federal Register* 46 FR 40025 (1981).
5. Zygmunt J. B. Plater, “In the Wake of the Snail Darter: An Environmental Law Paradigm and Its Consequences,” *Journal of Law Reform* 19, no. 4 (1986): 829.
6. Wayne C. Gagné, “Conservation Priorities in Hawaiian Natural Systems,” *BioScience* 38, no. 4 (1988): 268.
7. 参见非营利性组织“Papahana Kuaola”的官方网站。
8. Candace Kaleimamoowahinekapu Galla et al., “Perpetuating Hula: Globalization and the Traditional Art,” *Pacific Arts Association* 14, no. 1 (2015).
9. Anderson-Fung 和 Maly 解释说，这个词源于“kino”（意为“形式或体现”）和“lau”（意为“许多”）。有些人认为，夏威夷人所知的几乎所有植物物种都被视为某种神灵。Anderson-Fung and Maly, "Hawaiian Ecosystems and Culture," 13.

10. Anderson-Fung and Maly, "Hawaiian Ecosystems and Culture"; Chai Kaiaka Blair-Stahn, "The Hula Dancer as Environmentalist: (Re-) Indigenising Sustainability through a Holistic Perspective on the Role of Nature in Hula," in *Proceedings of the 4th International Traditional Knowledge Conference*, ed. Joseph S. Te Rito and Susan M. Healy, 60–64 (Auckland: Knowledge Exchange Programme of Ngā Pae o te Māramatanga, 2010).
11. 引自：Blair-Stahn, "The Hula Dancer as Environmentalist."
12. 关于夏威夷殖民化的历史和当代现实的详细讨论，参见：Haunani-Kay Trask, *From a Native Daughter: Colonialism and Sovereignty in Hawai'i* (Honolulu: University of Hawai'i Press, 1999); Osorio, *Dismembering Lāhui*; Noenoe K. Silva, *Aloha Betrayed: Native Hawaiian Resistance to American Colonialism* (Durham, NC: Duke University Press, 2004); Noenoe K. Silva, *The Power of the Steel-Tipped Pen: Reconstructing Native Hawaiian Intellectual History* (Durham, NC: Duke University Press, 2017); Archer, *Sharks upon the Land*; Noelani Goodyear-Ka'ōpua, Ikaika Hussey, and Erin Kahunawaika'ala, eds., *A Nation Rising: Hawaiian Movements for Life, Land, and Sovereignty* (Durham, NC: Duke University Press, 2014).
13. Yoshio Kondo and William J. Clench, "Charles Montague Cooke, Jr.: A Bio-Bibliography," *Bernice P. Bishop Museum, Special Publication* 42 (1952): 9.
14. 将夏威夷定性为"被占领"或"被殖民"的土地是复杂的和有争议的，每个术语都会引起对过去和当前形势的不同理解，同时也会框定在主权斗争中可能采取的法律和政治应对措施。关于这一主题，参见：J. Kēhaulani Kauanui, *Paradoxes of Hawaiian Sovereignty: Land, Sex, and the Colonial Politics of State Nationalism* (Durham, NC: Duke University Press, 2018).
15. Leon No'eau Peralto, "O Koholālele, He 'Āina, He Kanaka, He I'a Nui

Nona Ka Lā: ReMembering Knowledge of Place in Koholālele, Hāmākua, Hawai'i," in *I Ulu I Ka'Āina: Land*, ed. Jonathan Osorio (Honolulu: University of Hawai'i Press, 2014), 76.
16. Sato, Price, and Vaughan, "Kāhuli," 330.
17. Charles Samuel Stewart, "Addenda: *Achatina stewartii* and *A. oahuensis* [1823]," *Manual of Conchology* 22 (1912).
18. Beckwith, *The Kumulipo: A Hawaiian Creation Chant.*
19. Anderson-Fung and Maly, "Hawaiian Ecosystems and Culture."
20. 参见 "hawaiipublicradio" 网站，于 2021 年 5 月 25 日访问。
21. Jonathan Goldberg-Hiller and Noenoe K. Silva, "Sharks and Pigs: Animating Hawaiian Sovereignty against the Anthropological Machine," *The South Atlantic Quarterly* 110 (2011): 436.
22. Goldberg-Hiller and Silva, "Sharks and Pigs," 436.
23. Sato, Price, and Vaughan, "Kāhuli," 324-325.
24. 参见 "manomano"，于 2021 年 5 月 25 日访问。这是一个夏威夷语字典网站，可实现夏威夷语与英语的转换。
25. Noah Gomes, "Reclaiming Native Hawaiian Knowledge Represented in Bird Taxonomies," *Ethnobiology Letters* 11, no. 2 (2020).
26. Gomes, "Reclaiming Native Hawaiian Knowledge," 34.
27. Gomes, "Reclaiming Native Hawaiian Knowledge."
28. Hadfield, "Extinction in Hawaiian Achatinelline Snails."
29. Baldwin, "The Land Shells of the Hawaiian Islands." 55
30. Osorio, *Dismembering Lāhui*, 9-13.
31. Robert E. Kohler, "Finders, Keepers: Collecting Sciences and Collecting Practice," *History of Science* 45, no. 4 (2007): 438.
32. E. Alison Kay, "Missionary Contributions to Hawaiian Natural History: What Darwin Didn't Know," *The Hawaiian Journal of History* 31 (1997).
33. Addison Gulick, *Evolutionist and Missionary, John Thomas Gulick: Portrayed through Documents and Discussions* (Chicago: University of Chicago Press, 1932), 112.

34. T. C. B. Rooke, "The Sandwich Island Institute: Inaugural Thesis, Delivered before the Sandwich Island Institute, Dec. 12, 1838." *The Hawaiian Spectator*, 1838.
35. Baldwin, "The Land Shells of the Hawaiian Islands," 55–56.
36. "Wedding Bells," *The Daily Bulletin*, Honolulu, HI, January 2, 1885, 1.
37. Kay, "Missionary Contributions," 39.
38. Hadfield, "Extinction in Hawaiian Achatinelline Snails," 70.
39. Jonathan Galka, "Mollusk Loves: Becoming with Native and Introduced Land Snails in the Hawaiian Islands," *Island Studies Journal* (forthcoming 2021).
40. Gulick, *Evolutionist and Missionary*, 120–121.
41. Archer, *Sharks upon the Land*, 225, 59–60.
42. Archer, *Sharks upon the Land*, 226.
43. Gulick, *Evolutionist and Missionary*, 125–126.
44. Gulick, *Evolutionist and Missionary*, 125–126.
45. Osorio, *Dismembering Lāhui*; Stuart Banner, *Possessing the Pacific: Land, Settlers, and Indigenous People from Australia to Alaska* (Cambridge, MA: Harvard University Press, 2007); Silva, *Aloha Betrayed*.
46. Davianna Pomaika'i McGregor, "Waipi'o Valley, a Cultural *Kīpuka* in Early 20th Century Hawai'i," *The Journal of Pacific History* 30, no. 2 (1995): 194–195.
47. MacLennan, *Sovereign Sugar*.
48. J. Kēhaulani Kauanui, *Hawaiian Blood: Colonialism and the Politics of Sovereignty and Indigeneity* (Durham, NC: Duke University Press, 2008), 75.
49. Puakea Nogelmeier, "Mai Pa'a I Ka Leo: Historical Voice in Hawaiian Primary Materials, Looking Forward and Listening Back" (PhD diss., University of Hawai'i at Mānoa, 2003), xii.
50. ku'ualoha ho'omanawanui, *Voices of Fire: Reweaving the Literary Lei of Pele and Hi'iaka* (Minneapolis: University of Minnesota Press, 2014), 33–64; Noelani Arista, "Listening to Leoiki: Engaging Sources in Hawaiian History," *Biography* 32, no. 1 (2009); Silva, *The Power of the Steel-Tipped Pen*.

51. Silva, *Aloha Betrayed*.
52. H. M. Ayres, “Under the Coconut Tree,” *The Hawaiian Star*, December 16, 1911.
53. MacLeod and Rehbock, *Darwin’s Laboratory*; Tom Griffiths and Libby Robin, eds., *Ecology and Empire: Environmental History of Settler Societies* (Seattle: University of Washington Press, 1997); Paula Findlen, *Possessing Nature: Museums, Collecting, and Scientific Culture in Early Modern Italy* (Berkeley: University of California Press, 1994); Nicholas Jardine, James A. Secord, and Emma C. Spary, eds., *Cultures of Natural History* (Cambridge: Cambridge University Press, 1996).
54. Libby Robin, “Ecology: A Science of Empire,” in *Ecology and Empire: Environmental History of Settler Societies*, ed. Tom Griffiths and Libby Robin (South Carlton: Melbourne University Press, 1997).
55. MacLennan, *Sovereign Sugar*.
56. C. M. Hyde, “Exhibition of Land Shells,” *The Pacific Commercial Advertiser*, February 28, 1895, 1.
57. Sune Borkfelt, “What’ s in a Name?: Consequences of Naming Non–Human Animals,” *Animals* 1 (2011); Etienne S. Benson, “Naming the Ethological Subject,” *Science in Context* 29, no. 1 (2016).
58. Russell Clement, “From Cook to the 1840 Constitution: The Name Change from Sandwich to Hawaiian Islands,” *Hawaiian Journal of History* 14 (1980).
59. Kay, “Missionary Contributions,” 39.
60. Anonymous, “Mount Tantalus Got Its Name from Punahou Boys,” *The Pacific Commercial Advertiser*, October 7, 1901.
61. McDougall, *Finding Meaning*.
62. ho’omanawanui, *Voices of Fire*, 55.
63. 毛利学者琳达·图希瓦伊·史密斯（Linda Tuhiwai Smith）在论述奥特亚罗瓦/新西兰的殖民化时指出：“重新命名土地可能与改变土地一样具有强大的意识形态力量。例如，学校里的原住民儿童被灌输他们和他们的父母世代居住的地方的新名称。这些地名出现在地图上，并在官方通讯中使用。这些新命名的土地与原住民用来追溯历史、唤醒精神元素或举行最简单的仪式的歌曲及吟唱越来越脱节。" Linda Tuhiwai Smith, *Decolonizing Methodologies: Research and Indigenous Peoples* (London: Zed Books, 2012), 107.

64. David D. Baldwin, "Descriptions of New Species of Achatinellidae from the Hawaiian Islands," *Proceedings of the Academy of Natural Sciences of Philadelphia* 47 (1895).
65. 在蜗牛中，小玛瑙螺属（*Achatinella*）蜗牛是颇受欢迎的一种。除了多尔蜗牛（*Achatinella dolei*），这些物种还包括 *Juddii*、*byronii*、*lyonsiana*、*cookei*、*stewartii* 和 *spaldingi*。这些物种中的很多后来被"修订"，因此不再被正式承认（第四章将进一步讨论）。其他物种要么已经灭绝，要么濒临灭绝。
66. Baldwin, "Descriptions of New Species," 220.
67. W. R. Farrington, "Editorial," *The Pacific Commercial Advertiser*, March 1, 1895, 1.
68. Hadfield, "Extinction in Hawaiian Achatinelline Snails," 73.
69. Hadfield, "Extinction in Hawaiian Achatinelline Snails," 74.
70. Hadfield, "Extinction in Hawaiian Achatinelline Snails," 74.
71. 例如，可参见：Baldwin, "The Land Shells of the Hawaiian Islands"; Gulick, *Evolutionist and Missionary*, 411.
72. Anonymous, "Notes of the Week," *The Hawaiian Gazette*, October 8, 1873.
73. Sepkoski, *Catastrophic Thinking*. On this topic, also see Patrick Brantlinger, *Dark Vanishings: Discourse on the Extinction of Primitive Races, 1800-1930* (Ithaca, NY: Cornell University Press, 2003); Miles A.Powell, *Vanishing America: Species Extinction, Racial Peril, and the Origins of Conservation* (Cambridge, MA: Harvard University Press, 2016).
74. Joseph J. Gouveia, "A Collecting Trip on the Island of Oahu, Hawaiian Islands, by the Gulick Natural History Club," *Nautilus*, 33, no. 2 (1919): 54–58.
75. David D. Baldwin, "Land Shell Collecting on Oahu," *Hawaii's Young People*

4, no. 8 (1900): 240.

76. 这种趋势源远流长，包括对人类和非人类多样性形式的收集/记录。历史讨论见：T. Griffiths, *Hunters and Collectors: The Antiquarian Imagination in Australia* (Cambridge: Cambridge University Press, 1996); and Robert E. Kohler, *All Creatures: Naturalists, Collectors, and Biodiversity, 1850-1950* (Princeton, NJ: Princeton University Press, 2013). 更多当代讨论，参见：Jenny Reardon, *Race to the Finish: Identity and Governance in an Age of Genomics* (Princeton, NJ: Princeton University Press, 2005); Carrie Friese, *Cloning Wild Life: Zoos, Captivity, and the Future of Endangered Animals* (New York: NYU Press, 2013); and Joanna Radin and Emma Kowal, eds., *Cryopolitics: Frozen Life in a Melting World* (Cambridge, MA: MIT Press, 2017).
77. Haunani-Kay Trask, "The Birth of the Modern Hawaiian Movement: Kalama Valley, O ʻahu," *Hawaiian Journal of History* 21 (1987); Goodyear-Ka ʻōpua, Hussey, and Kahunawaika ʻala, *A Nation Rising*.
78. Mehana Blaich Vaughan, *Kaiaulu: Gathering Tides* (Corvallis: Oregon State University Press, 2018); Gon and Winter, "A Hawaiian Renaissance" ; Candace Fujikane, *Mapping Abundance for a Planetary Future: Kanaka Maoli and Critical Settler Cartographies in Hawai'i* (Durham, NC: Duke University Press, 2021); Kawika Winter et al., "The Moku System: Managing Biocultural Resources for Abundance within Social-Ecological Regions in Hawai'i," *Sustainability* 10 (2018); Noelani Goodyear-Ka'ōpua, "Rebuilding the ʻAuwai: Connecting Ecology, Economy and Education in Hawaiian Schools," *AlterNative: An International Journal of Indigenous Peoples* 5, no. 2 (2009).
79. Kali Fermantez, "Re-Placing Hawaiians in Dis Place We Call Home," *Hūlili: Multidisciplinary Research on Hawaiian Well-Being* 8 (2012).
80. Gerald Vizenor, *Survivance: Narratives of Native Presence* (Lincoln: University of Nebraska Press, 2008); Brandy Nālani McDougall and Georganne Nordstrom, "Ma Ka Hana Ka'Ike (In the Work Is the Knowledge):

Kaona as Rhetorical Action," *College Composition and Communication* 63, no. 1 (2011).

81. McGregor, "Waipi'o Valley." 我在此使用"(重新)连接"[(re) connection]一词来描述这一过程。这是受到了 Cutcha Risling Baldy,一位胡帕族、尤罗克族和卡鲁克族学者的启发,他借鉴了 Mishuana Goeman 的研究成果,认为"re"这一前缀应被理解为"原住民不仅是在当下主张和命名(或绘制地图、进行创造),也是在参与一种(重新)生命化,用过去构建未来,并展示这些认识论基础如何成为一种持久的遗产,其话语既古老又现代,挑战了定居者殖民主义"。Cutcha Risling Baldy, "Coyote Is Not a Metaphor: On Decolonizing, (Re)claiming and (Re)naming 'Coyote,'" *Decolonization: Indigeneity, Education & Society* 4, no. 1 (2015).
82. Amy Ku'uleialoha Stillman, "The Hawaiian *Hula* and Legacies of Institutionalization," *Comparative American Studies: An International Journal* 5, no. 2 (2007); Nogelmeier, "Mai Pa'a I Ka Leo"; Arista, "Listening to Leoiki."
83. 有关分类学命名的历史和政治的详细讨论,请参阅:Stephen B. Heard, *Charles Darwin's Barnacle and David Bowie's Spider: How Scientific Names Celebrate Adventurers, Heroes, and Even a Few Scoundrels* (New Haven, CT: Yale University Press, 2020).
84. Kate Evans, "Change Species Names to Honor Indigenous Peoples, Not Colonizers, Researchers Say," *Scientific American* (2020).
85. 正如 Stephen Heard 所指出的:"探险和收集旅行通常有原住民导游、外勤助理和其他支持人员,这些人所做的贡献并非微不足道——如果没有他们,许多探险都会惨遭失败。例如,约翰·范怀赫(John van Wyhe)最近的一份汇编表明,阿尔弗雷德·拉塞尔·华莱士(Alfred Russel Wallace)对马来群岛的著名探险可能涉及 1 000 多位当地助理。" Heard, *Charles Darwin's Barnacle.*
86. Silva, *The Power of the Steel-Tipped Pen*; Arista, "Listening to Leoiki"; Nogelmeier, "Mai Pa'a I Ka Leo."

87. Sato, Price, and Vaughan, “Kāhuli,” 330.

第四章

1. José Antonio González-Oreja, “The Encyclopedia of Life vs. the Brochure of Life: Exploring the Relationships between the Extinction of Species and the Inventory of Life on Earth,” *Zootaxa* 1965, no. 1 (2008).
2. C. Mora, A. Rollo, and D. P. Tittensor, “Comment on ‘Can We Name Earth’s Species before They Go Extinct?’” Science 341, no. 6143 (2013); González-Oreja, “The Encyclopedia of Life.”
3. Andy Purvis, “A Million Threatened Species? Thirteen Questions and Answers” (2019).
4. Kondo and Clench, “Charles Montague Cooke, Jr.,” 4–5. 在担任这一职位之前，库克从 1902 年起担任藏品助理。
5. Robert H. Cowie, “Yoshio Kondo: Bibliography and List of Taxa,” *Bishop Museum Occasional Papers* 32 (1993); Carl C. Christensen, “Dr. Kondo Retires as Bishop Museum Malacologist,” *Hawaiian Shell News* 29, no. 1 (1981).
6. 值得注意的是，菠萝是夏威夷种植园的主要作物之一，这种植物与环境的破坏和卡纳卡毛利人从祖先的土地上流离失所有着千丝万缕的联系。库克的家族也从这种作物中获得了巨大的经济利益。库克的祖父是阿莫斯·斯塔尔·库克（Amos Starr Cooke），他在夏威夷王国和当时的夏威夷领地中扮演了许多其他重要的角色，包括共同创建了卡斯尔和库克公司（Castle & Cooke），该公司是“五大”公司之一，在夏威夷群岛拥有相当大的政治权力。卡斯尔和库克公司是一家主要的菠萝生产商，其子公司都乐公司（Dole）的名字至今仍是菠萝的代名词。因此，保存这些蜗牛遗体的酒精在很大程度上与殖民化、财富和特权的故事密不可分，而这些故事对库克的重要工作起到了不小的推动作用。

7. Kondo and Clench, “Charles Montague Cooke, Jr.”
8. Christensen, “Dr. Kondo Retires.”
9. William J. Clench, “John T. Gulick's Hawaiian Land Shells,” *Nautilus* 72 (1959).
10. Yeung and Hayes, “Biodiversity and Extinction of Hawaiian Land Snails,” 1160. 感谢 Nori 对该藏品过去和现在的收藏情况所作的补充说明及估算，正如我们将看到的，其中许多藏品尚未完全编目。
11. 参见美国贝壳学家网站中关于拜恩氏病（bynes disease）的问答的文章。
12. Bill Wood, “Hard Choices at Bishop Museum,” *Hawaii Investor* (October 1985); Naughton, “The Bernice Pauahi Bishop Museum,” 172–187.
13. Robert H. Cowie, Neal L. Evenhuis, and Carl C. Christensen, *Catalog of the Native Land and Freshwater Molluscs of the Hawaiian Islands* (Leiden: Backhuys Publishers, 1995).
14. 在创建这个目录的过程中，Cowie 和他的同事们编制了一份包含所有公认的夏威夷陆地蜗牛物种的清单，总数为 752 种。然而，自其发表以来，该名单又增加了 7 个物种。在 Mike Sevens 的《夏威夷群岛的贝壳：陆地贝壳》(*Shells of the Hawaiian Islands*：*The Land Shells*，Hackenheim：ConchBooks，2011 年）中描述了 2 个新物种，“*Partulina puupiliensis*” 和 “*Partulina hobdyi*”。此外，Sevens 将三个大岛亚种提升为完整物种。Nori、Ken 和他们的同事描述了另外 2 个新物种，“*Auriculella gagneorum*” 和 “*Endodonta christenseni*”。Kenneth A. Hayes et al., “The Last Known *Endodonta* Species? *Endodonta christenseni* sp. nov. (Gastropoda: Endodontidae),” *Bishop Museum Occasional Papers* 138 (2020); Norine W. Yeung et al., “Overlooked but Not Forgotten: The First New Extant Species of Hawaiian Land Snail Described in 60 Years, *Auriculella gagneorum* sp. nov. (Achatinellidae, Auriculellinae),” *ZooKeys* 950 (2020). 感谢 Rob Cowie 对自 1995 年目录以来描述的其他物种的详细解释。
15. Wayne C. Gagne and Carl C. Christensen, “Conservation Status of Native Terrestrial Invertebrates in Hawai‘i,” in *Hawaii's Terrestrial Ecosystems: Preservation and*

Management, ed. C. P. Stone and J. M. Scott (Honolulu: Cooperative National Park Resources Studies Unit, University of Hawai'i, 1985).

16. Yeung and Hayes, "Biodiversity and Extinction of Hawaiian Land Snails," 1159.
17. 2020 年 3 月 9 日，戴夫・西斯科（Dave Sischo）在夏威夷州檀香山毕夏普博物馆组织的"Hui Kāhuli"会议上分享的数字。
18. C. Régnier et al., "Foot Mucus Stored on FTA® Cards Is a Reliable and Non-Invasive Source of DNA for Genetics Studies in Molluscs," *Conservation Genetics Resources* 3, no. 2 (2011).
19. Baldwin, "The Land Shells of the Hawaiian Islands," 57.
20. Robert Cameron, *Slugs and Snails*, 19.
21. Kondo and Clench, "Charles Montague Cooke, Jr.," 9.
22. Alain Dubois, "Describing New Species," *Taprobanica: The Journal of Asian Biodiversity* 2, no. 1 (2011): 7.
23. 关于"*Liguus*"蜗牛和研究它们的人的精彩讨论，请参阅：Jonathan Galka, "*Liguus* Landscapes: Professional Malacology, Amateur Ligging, and the Social Life of Snail Science," *Journal of the History of Biology* 55, no. 4 (2022).
24. Lorraine Daston, "Type Specimens and Scientific Memory," *Critical Inquiry* 31 (2004): 156.
25. Joshua Trey Barnett, "Naming, Mourning, and the Work of Earthly Coexistence," *Environmental Communication* 13, no. 3 (2019): 294.
26. Prather et al., "Invertebrates, Ecosystem Services and Climate Change"; Nico Eisenhauer, Aletta Bonn, and Carlos A. Guerra, "Recognizing the Quiet Extinction of Invertebrates," *Nature Communications* 10, no. 1 (2019); Francisco Sánchez-Bayo and Kris A. G. Wyckhuys, "Worldwide Decline of the Entomofauna: A Review of Its Drivers," *Biological Conservation* 232 (2019).
27. Cowie et al., "Measuring the Sixth Extinction."
28. J. E. Baillie, C. Hilton-Taylor, and S. N. Stuart, eds., *A Global Species Assessment* (Gland: IUCN, 2004); Régnier, Fontaine, and Bouchet, "Not

Knowing, Not Recording, Not Listing."

29. S. N. Stuart et al., "The Barometer of Life," *Science* 328, no. 5975 (2010).
30. Michael R. Donaldson et al., "Taxonomic Bias and International Biodiversity Conservation Research," *FACETS* 1 (2016).
31. Cowie et al., "Measuring the Sixth Extinction," 4.
32. 有关软体动物物种权威的、频繁更新的数据库，见"MolluscaBase"。
33. Eisenhauer, Bonn, and Guerra, "Recognizing the Quiet Extinction of Invertebrates."
34. A. Dubois, "The Relationships between Taxonomy and Conservation Biology in the Century of Extinctions," *Comptes Rendus Biologies* 326, Suppl. 1 (2003): S10.
35. Gonz á lez–Oreja, "The Encyclopedia of Life."
36. Benoît Fontaine, Adrien Perrard, and Philippe Bouchet, "21 Years of Shelf Life between Discovery and Description of New Species," *Current Biology* 22 (2012).
37. M. J. Costello, R. M. May, and N. E. Stork, "Can We Name Earth's Species before They Go Extinct?," *Science* 339, no. 6118 (2013).
38. A. F. Sartori, O. Gargominy, and B. Fontaine, "Anthropogenic Extinction of Pacific Land Snails: A Case Study of Rurutu, French Polynesia, with Description of Eight New Species of Endodontids (Pulmonata)," *Zootaxa* 3640 (2013): 343.
39. Yeung, and Hayes, "Biodiversity and Extinction of Hawaiian Land Snails," 1162.
40. Purvis, "A Million Threatened Species?"
41. Charles Lydeard et al., "The Global Decline of Nonmarine Mollusks," *BioScience* 54, no. 4 (2004). 目前描述的物种图来自"MolluscaBase"网站。
42. Lydeard et al., "The Global Decline of Nonmarine Mollusks."
43. Ira Richling and Philippe Bouchet, "Extinct even before Scientific Recognition: A Remarkable Radiation of Helicinid Snails (Helicinidae) on the Gambier Islands, French Polynesia," *Biodiversity and Conservation* 22, no. 11 (2013).

44. Sartori, Gargominy, and Fontaine, "Anthropogenic Extinction of Pacific Land Snails."

45. Michelle Bastian, "Whale Falls, Suspended Ground, and Extinctions Never Known," *Environmental Humanities* 12, no. 2 (2020).

46. Cameron, *Slugs and Snails*, 38–48.

47. Dalia Nassar and Margaret M. Barbour, "Rooted," *Aeon* (October 16, 2019).

48. Richling and Bouchet, "Extinct even before Scientific Recognition."

49. Richling and Bouchet, "Extinct even before Scientific Recognition," 2442.

50. Cameron, *Slugs and Snails*, 330–32.

51. Melissa Mertl, "Taxonomy in Danger of Extinction," *Science Magazine* (May 22, 2002).

52. Richard Conniff, "Conservation Conundrum: Is Focusing on a Single Species a Good Strategy?," *Yale Environment 360* (May 17, 2018); Sandy J. Andelman and William F. Fagan, "Umbrellas and Flagships: Efficient Conservation Surrogates or Expensive Mistakes?," *Proceedings of the National Academy of Sciences* 97 (2000).

53. 参见 "the ecologist" 网站，2011 年题为《物种与生态系统：拯救老虎还是专注于更大的问题？》（*Species vs. Ecosystems*：*Save Tiger or Focus Bigger Issues*）的报道。2021 年 5 月 25 日访问。

第五章

1. Marion Kelly and Nancy Aleck, *Mākua Means Parents: A Brief Cultural History of Mākua Valley* (Honolulu: American Friends Service Committee, 1997), 2.

2. Tummons, "First the Cattle."

3. Patricia Tummons, "Army Tenure at Makua Valley Solidified after Statehood," *Environment Hawai'i* 3, no. 5 (1992).

4. Patricia Tummons, "Army's Application for EPA Permit Is Long, but Not

Informative," *Environment Hawai'i* 3, no. 5 (1992).

5. Alison A. Dalsimer, "Threatened and Endangered Species on DOD Lands," *Department of Defense Natural Resources Program Fact Sheet* (2016).
6. Dalsimer, "Threatened and Endangered Species" ; Bruce A. Stein, Cameron Scott, and Nancy Benton, "Federal Lands and Endangered Species: The Role of Military and Other Federal Lands in Sustaining Biodiversity," *BioScience* 58, no. 4 (2008).
7. US Department of Defense and US Fish & Wildlife Service, "The Military and the Endangered Species Act: Interagency Cooperation," *Factsheet* (2001).
8. 参见"Hawaii Business"网站，于2021年5月25日访问。Also see Leonard, "Recovery Expenditures."
9. 有关夏威夷文化、土地和主权斗争的历史和未来的详细讨论，请参阅：Goodyear-Ka'ōpua, Hussey, and Kahunawaika'ala, *A Nation Rising*. 另可参见：Kauanui, *Paradoxes of Hawaiian Sovereignty*.
10. 关于原住民和自然资源保护主义者之间的紧张关系、合作和冲突的讨论，可参见：Goldberg-Hiller and Silva, "Sharks and Pigs" ; Thom van Dooren, *The Wake of Crows: Living and Dying in Shared Worlds* (New York: Columbia University Press, 2019), 71–94; Eve Vincent and Timothy Neale, eds., *Unstable Relations: Indigenous People and Environmentalism in Contemporary Australia* (Perth: UWA Publishing, 2016); Paige West, James Igoe and Dan Brockington, "Parks and Peoples: The Social Impact of Protected Areas," *Annual Review of Anthropology* 35 (2006); Anna Lowenhaupt Tsing, *Friction: An Ethnography of Global Connection* (Princeton, NJ: Princeton University Press, 2005); June Mary Rubis and Noah Theriault, "Concealing Protocols: Conservation, Indigenous Survivance, and the Dilemmas of Visibility," *Social & Cultural Geography* 21, no. 7 (2019); Alexander Mawyer and Jerry K Jacka, "Sovereignty, Conservation and Island Ecological Futures." *Environmental Conservation* 45, no. 3 (2018); Liv Østmo and John Law, "Mis/translation, Colonialism, and Environmental Conflict," *Environmental Humanities* 10, no. 2 (2018).

11. David Vine, *Base Nation: How US Military Bases abroad Harm America and the World* (New York: Henry Holt and Company, 2015).
12. Niall McCarthy, “Report: The U.S. Military Emits More CO_2 than Many Industrialized Nations,” *Forbes* (June 13, 2019).
13. Carl C. Christensen and Michael G. Hadfield, *Field Survey of Endangered O‘ahu Tree Snails (Genus* Achatinella*) on the Makua Military Reservation* (Honolulu: Division of Malacology, Bernice P. Bishop Museum, 1984).
14. D’ Alté A. Welch, “Distribution and Variation of *Achatinella mustelina* Mighels in the Waianae Mountains, Oahu,” *Bernice P. Bishop Museum Bulletin* 152 (1938).
15. Christensen and Hadfield, *Field Survey*, 13.
16. Christensen and Hadfield, *Field Survey*, 16.
17. Patricia Tummons, “Endangered Snails of Makua Valley Are Placed at Risk by Army Fires,” *Environment Hawai‘i* 3, no. 5 (1992).
18. Tummons, “Endangered Snails of Makua Valley.”
19. Kalamaoka‘āina Niheu, “Pu’ uhonua: Sanctuary and Struggle at Mākua,” in *A Nation Rising*, ed. Goodyear–Ka‘ōpua, Hussey, and Kahunawaika‘ala.
20. Jonathan Kamakawiwo‘ole Osorio, “Hawaiian Souls: The Movement to Stop the U.S. Military Bombing of Kaho‘olawe,” in *A Nation Rising*, ed. Goodyear–Ka‘ōpua, Hussey, and Kahunawaika‘ala.
21. 参见“earth justice”网站，于 2021 年 5 月 25 日访问。
22. The Makua Implementation Team, *Implementation Plan: Makua Military, Reservation, Island of Oahu* (Honolulu: United States Army Garrison, Hawai‘i, 2003), 2–2.
23. Kelly 和 Aleck 引用的原始许可证的措辞。*Mākua Means Parents*, 9.
24. Tummons, “Army Tenure at Makua Valley Solidified after Statehood.”
25. 参见卡霍奥拉维岛保护区委员会官方网站（Kaho’ol Awe）中关于其历史的文章，2021 年 5 月 25 日访问。
26. David Havlick, “Logics of Change for Military–to–Wildlife Conversions in the United States,” *GeoJournal* 69, no. 3 (2007); David G. Havlick, *Bombs*

Away: Militarization, Conservation, and Ecological Restoration (Chicago: University of Chicago Press, 2018).

27. Havlick, "Logics of Change," 156.
28. Rick Zentelis and David Lindenmayer, "Bombing for Biodiversity–Enhancing Conservation Values of Military Training Areas," *Conservation Letters* 8, no. 4 (2015): 301.
29. Jobriath Rohrer et al., *Development of Tree Snail Protection Enclosures: From Design to Implementation* (Honolulu: Pacific Cooperative Studies Unit, University of Hawai ʻi at Mānoa, 2016).
30. 即使第一个科奥劳围栏保护区是由军队建造的，但在确定军方不会对相关物种造成直接负面影响后，隔离区随后被移交给了“蜗牛灭绝预防计划”（SEPP）。
31. “Maui Nui”，即“大毛伊岛”，主要是地质学家和生物学家用之来统称毛伊岛、摩洛卡岛、拉纳伊岛和卡霍奥拉维岛这四个岛屿。这些岛屿曾经是一个较大的岛屿，但由于过去 100 万年来海平面的变化，现在已经分开。

第六章

1. 感谢 Candace Fujikane 指出“kīpuka”一词在此语境中的恰当性。
2. Lesley Head, *Hope and Grief in the Anthropocene: Re-Conceptualising Human-Nature Relations* (London: Routledge, 2016).
3. Rebecca Solnit, *Hope in the Dark: Untold Histories, Wild Possibilities* (Edinburgh: Canongate Books, 2016), xii.
4. 正如我在其他作品中所指出的，这里的“关爱”（care）必须被理解为远不止是抽象的祝福。关爱他人、关爱一个可能的世界，就是在情感和道德上纠缠在一起，从而以我们力所能及的实际方式参与其中，帮助实现它。Van Dooren, *The Wake of Crows.*
5. A. F. James et al., "Modelling the Growth and Population Dynamics of the

Exiled Stockton Coal Plateau Landsnail, *Powelliphanta augusta*," *New Zealand Journal of Zoology* 40, no. 3 (2013).

6. Eben Kirksey 在下书中写到了希望、幸福和关爱的泡沫。Eben Kirksey, *Emergent Ecologies* (Durham, NC: Duke University Press, 2015).
7. D. Brossard et al., "Promises and Perils of Gene Drives: Navigating the Communication of Complex, Post-Normal Science," *Proceedings of the National Academy of Sciences* 116, no. 16 (2019). 许多夏威夷特有的森林鸟类现在都已灭绝，大多数幸存下来的鸟类也只能在人工饲养设施或日益缩小的栖息地栖息。在人类到来之前，已知有 113 种鸟类仅生活在夏威夷群岛，其中近三分之二已经灭绝。在仅存的 42 种鸟类中，大约四分之三被联邦列入《濒危物种法》。参见：Leonard, "Recovery Expenditures for Birds". 对于那些幸存下来的鸟类，恢复工作很可能需要消灭引入的蚊子，它们是毁灭性禽类疟疾的传播媒介。在考艾岛，气候变化也加剧了这一状况，气候变暖使蚊子得以侵入一些仅存的高海拔物种，如"akikiki"（*Oreomystis bairdi*）和"akeke 'e"（*Loxops caeruleirostris*）。
8. Carl C. Christensen, "Should We Open This Can of Worms? A Call for Caution Regarding Use of the Nematode *Phasmarhabditis hermaphrodita* for Control of Pest Slugs and Snails in the United States," *Tentacle* 27 (2019).
9. J. Fischer and D. B. Lindenmayer, "An Assessment of the Published Results of Animal Relocations," *Biological Conservation* 96 (2000).
10. Head, *Hope and Grief.*
11. Anna Lowenhaupt Tsing, "Blasted Landscapes, and the Gentle Art of Mushroom Picking," in *The Multispecies Salon: Gleanings from a Para-Site*, ed. Eben Kirksey (Durham, NC: Duke University Press, 2016).
12. Chantal Mouffe and Ernesto Laclau, "Hope, Passion, Politics," in *Hope: New Philosophies for Change*, ed. Mary Zournarzi (Annandale, NSW: Pluto Press, 2002), 126.
13. Stewart Brand, "The Dawn of De-Extinction. Are You Ready?," (2013); Elin Kelsey and Clayton Hanmer, *Not Your Typical Book about the Environment*

(Toronto: Owlkids, 2010).

14. Head, *Hope and Grief*.

15. Ashlee Cunsolo and Neville R. Ellis, "Ecological Grief as a Mental Health Response to Climate Change–Related Loss," *Nature Climate Change* 8, no. 4 (2018).

16. 参见"the Conversation"网站,《希望与哀悼：在人类世理解生态悲伤》(*Hope and Mourning: In the Anthropocene Understanding Ecological Grief*)。

17. Rose, *Wild Dog Dreaming*, 98.

18. James Hatley, "Blaspheming Humans: Levinasian Politics and the Cove," *Environmental Philosophy* 8, no. 2 (2011).

19. Deborah Bird Rose, "Slowly: Writing into the Anthropocene," *TEXT* 20 (2013).

20. Rose, *Wild Dog Dreaming*, 5.

21. 我的理解受到温德尔·贝里（Wendell Berry）重要著作的影响，他认为一些政治行动与其说是出于对"公众成功"的希望，不如说是出于"保存自己内心和精神中那些会被默许摧毁的品质的希望"。Wendell Berry，*What Are People For?*：*Essays*（Berkeley,CA:Counterpoint Press，2010），62. 然而，我自己的框架强调的是关系的可能性，而不是个人对特定自我的培养。

后记

1. Joji Uchikawa et al., "Geochemical and Climate Modeling Evidence for Holocene Aridification in Hawaii: Dynamic Response to a Weakening Equatorial Cold Tongue," *Quaternary Science Reviews* 29, nos. 23–24 (2010).

2. Michael G. Hadfield, Stephen E. Miller, and Anne H. Carwile, "The Decimation of Endemic Hawaiian Tree Snails by Alien Predators," *American Zoologist* 33 (1993).

3. Jessica A. Garza et al., "Changes of the Prevailing Trade Winds over the

Islands of Hawaii and the North Pacific," *Journal of Geophysical Research: Atmospheres* 117, no. D11 (2012): 16.

4. Charles H. Fletcher, *Hawai'i's Changing Climate: Briefing Sheet, 2010* (Honolulu: University of Hawai'i Sea Grant College Program, 2010), 2.
5. Fletcher, *Hawai'i's Changing Climate*, 3.
6. 参见 "Scientific American" 网站,《蜗牛濒临灭绝》(*Snails Going Extinct*)，2021 年 5 月 25 日访问。
7. T. A. Norris et al., "An Integrated Approach for Assessing Translocation as an Effective Conservation Tool for Hawaiian Monk Seals," *Endangered Species Research* 32 (2017); Chris D. Thomas, "Translocation of Species, Climate Change, and the End of Trying to Recreate Past Ecological Communities," *Trends in Ecology and Evolution* 26 (2011).
8. Van Dooren, "Moving Birds in Hawai 'i."
9. Yeung et al., "Overlooked but Not Forgotten."
10. Fujikane, *Mapping Abundance for a Planetary Future*; Goodyear-Ka 'ōpua, Hussey, and Kahunawaika 'ala, *A Nation Rising*. 关于世界其他地区的相关讨论，参见：Davis and Todd, "On the Importance of a Date, or Decolonizing the Anthropocene" ; Whyte, "Our Ancestors' Dystopia Now" ; DeLoughrey, *Allegories of the Anthropocene*.
11. Goodyear-Ka'ōpua, "Protectors of the Future," 186.
12. Kawika Winter et al., "The Moku System," 1.
13. Goodyear-Ka'ōpua, "Rebuilding the 'Auwai" ; Pua'ala Pascua et al., "Beyond Services: A Process and Framework to Incorporate Cultural, Genealogical, Place-Based, and Indigenous Relationships in Ecosystem Service Assessments," *Ecosystem Services* 26 (2017); Gon and Winter, "A Hawaiian Renaissance" ; Vaughan, *Kaiaulu: Gathering Tides*.